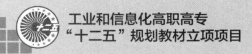

工业和信息化高职高专
"十二五"规划教材立项项目

于新文／主编

姜晓波 贾俊美／副主编

魏成娟／主审

建筑材料与检测

高等职业教育『十二五』土建类技能型人才培养规划教材

U0312263

人民邮电出版社

北 京

图书在版编目（CIP）数据

建筑材料与检测 / 于新文主编. -- 北京：人民邮
电出版社，2015.8
高等职业教育"十二五"土建类技能型人才培养规划
教材
ISBN 978-7-115-37130-0

Ⅰ. ①建… Ⅱ. ①于… Ⅲ. ①建筑材料-检测-高等
职业教育-教材 Ⅳ. ①TU502

中国版本图书馆CIP数据核字(2015)第038767号

内 容 提 要

本书为建筑工程技术专业建设项目系列教材之一。具体内容有绪论、建筑材料的基本性质、气
硬性胶凝材料、水泥的性能与检测、混凝土性能与检测、建筑砂浆性能及检测、墙体材料的性能及
检测、建筑钢材的性能及检测、防水材料的性能及检测、建筑塑料的性能及检测、建筑装饰材料的
性能及检测、建设工程质量检测等内容。本书融入各种新材料、新标准的介绍，是一部针对性和适
用性较强的专业基础课教材。

本书可作为高职高专院校建筑工程及相关专业的教材，也可作为广大自学者的学习用书和建筑
工程技术人员的参考用书，还可供有关工程技术人员阅读参考。

- 主　　编　于新文
　　副 主 编　姜晓波　贾俊美
　　主　　审　魏成娟
　　责任编辑　刘盛平
　　执行编辑　刘　佳
　　责任印制　杨林杰
- 人民邮电出版社出版发行　　北京市丰台区成寿寺路 11 号
　邮编　100164　电子邮件　315@ptpress.com.cn
　网址　http://www.ptpress.com.cn
　北京天字星印刷厂印刷
- 开本：787×1092　1/16
　印张：17.5　　　　　　　2015 年 8 月第 1 版
　字数：430 千字　　　　　2015 年 8 月北京第 1 次印刷

定价：39.80 元
读者服务热线：(010)81055256　印装质量热线：(010)81055316
反盗版热线：(010)81055315
广告经营许可证：京崇工商广字第 0021 号

前　言

随着我国经济的飞速发展，各类工程建设规模不断扩大，对施工员、预算员、质检员、监理员、质检员、试验员、安全员等岗位从业人员的需求也日益增加。作为建筑类相关从业人员，必须能够全面掌握建筑材料的基本性质和检测方法，科学合理选用建筑材料，而学好"建筑材料与检测"是掌握建筑材料基本技能的重要途径之一。

《建筑材料与检测》是高职院校建筑工程类专业的一门重要的专业基础课程。建筑材料的性能与检测技术是施工技术人员、工程管理人员、工程造价人员、工程监理人员必须掌握的基本技能，是建筑材料工程技术高技能型人才必须具备的基本技能。通过对本书的学习，学生应掌握建筑材料的基本性质，并能够科学、合理地使用建筑材料，达到节材、节能的目的。本书详细介绍了建筑工程中常用建筑材料的性能及主要项目的检测方法。

本书在编写过程中，引用了大量现有国家标准、行业标准和地方标准等，将其与实际紧密结合，同时还邀请了三名校外工程技术人员共同编写，增加了实际操作内容。与传统教材相比，针对性强，与实际结合紧密。通过试验和实训的操作训练，学生能加深对国家标准的理解和掌握，熟练掌握相关知识。

本书全面介绍了常用建筑材料的性能及其相应的检测项目。全书共分11章，各章的主要内容说明如下。

绪论：重点介绍建筑材料的分类，建筑材料在经济建设中的重要性，建筑材料的发展及趋势，建筑材料的检测及技术标准、本课程的主要研究内容以及力图达到学习的目的。

第1章：建筑材料的基本性质。重点介绍了材料的物理性质、材料的力学性质、材料的耐久性质以及材料的组成、结构、构造及对材料性质的影响。

第2章：气硬性胶凝材料。重点介绍石灰、石膏、水玻璃的生产、性质及应用。

第3章：水泥的性能与检测。重点介绍硅酸盐水泥、掺混合材料的硅酸盐水泥、铝酸盐水泥和其他品种水泥的生产、性质、应用以及保管与运输等；水泥的细度、标准稠度用水量、安定性、水泥净浆凝结时间及水泥胶砂强度检验方法（ISO法）等内容。

第4章：混凝土的性能与检测。重点介绍混凝土的分类、特点，普通混凝土的组成材料，普通混凝土的主要技术性质，混凝土外加剂，普通混凝土的配合比设计，普通混凝土的质量检验与控制，以及砂的筛分析试验、混凝土的坍落度试验、混凝土抗压强度试验等。

第5章：建筑砂浆的性能与检测。重点介绍建筑砂浆分类、砌筑砂浆技术性能和配合比设计、抹灰砂浆的技术性质和配合比设计。建筑砂浆的稠度、分层度检测、保水率、抗压强度试验等。

第6章：墙体材料的性能与检测。重点介绍砌墙砖、砌块、墙用板材的性能与应用，以及墙体材料的检验方法，如尺寸测量、外观质量检查、抗折强度测试、抗压强度测试等。

第 7 章：建筑钢材的性能与检测。重点介绍钢材的基本知识，建筑钢材的主要技术性能，建筑工程中常用建筑钢材的技术标准与选用，钢材的锈蚀、防火与防止。钢筋的拉伸性能、钢筋的弯曲（冷弯）性能检测方法等。

第 8 章：防水材料的性能与检测。重点介绍石油沥青、防水卷材、防水涂料的性能及应用，以及石油沥青针入度、软化点测试方法，沥青防水卷材拉力、耐热度、柔度的测试方法等。

第 9 章：建筑塑料的性能与检测。重点介绍塑料门窗、塑料管材与管件的性能及建筑塑料制品的质量检测。

第 10 章：建筑装饰材料的性能与检测。重点介绍建筑玻璃、建筑陶瓷、建筑装饰石材、建筑涂料、木材等内容。

第 11 章：建筑工程质量检测，重点介绍工程质量检测常用方法，回弹法检测混凝土强度，钻芯法检测混凝土强度。

每章内容的后面围绕所授内容和需要掌握的重点知识精心筛选了适量的习题，供读者检测学习效果。

本书的参考学时为 72～96 学时，建议采用理论实践一体化教学模式，各章的参考学时见下面的学时分配表。

学时分配表

项　　目	课　程　内　容	学　　时
	绪论	2
第 1 章	建筑材料的基本性质	2～4
第 2 章	气硬性胶凝材料	2～4
第 3 章	水泥的性能与检测	10～12
第 4 章	混凝土的性能与检测	16～18
第 5 章	建筑砂浆的性能与检测	4～6
第 6 章	墙体材料的性能与检测	6～8
第 7 章	建筑钢材的性能与检测	10～12
第 8 章	防水材料的性能与检测	4～6
第 9 章	建筑塑料的性能与检测	4～6
第 10 章	建筑装饰材料的性能与检测	4～6
第 11 章	建筑工程质量检测	6～8
	课程考评	2
课时总计		72～96

本书由于新文任主编，主要负责课程标准制定，以及全书的整合、修改工作。魏成娟（企业）任主审，负责书中相关标准的审核。姜晓波、贾俊美（企业）任副主编，其中姜晓波编写第 3 章、第 6 章和第 7 章，贾俊美编写第 11 章（部分）并协助主编完成其他工作。其他参编人员的分工为：杜汝强编写绪论、第 1 章和第 2 章，梁斌编写第 4 章和第 5 章，韩晓冬编写第 8 章和第 10 章，姬君编写第 9 章，李学光（企业）编写第 11 章（部分）。

在全书编写过程中，参考了有关国家和行业的最新规范及一些文献资料，谨向这些文献的作者致以诚挚的敬意。

由于编者水平有限，书中难免有不妥之处，敬请读者批评指正。

编　者

2015 年 3 月

目　录

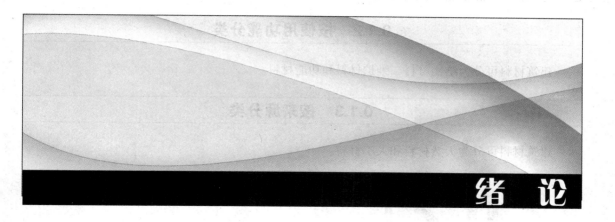

绪 论

各类建筑工程都是由材料构成的。材料的性能在很大程度上决定了建筑工程的使用功能，也是决定不同种类建筑工程性质的主要因素。正确选择和合理使用建筑工程材料，对整个建筑工程的安全、实用、美观、耐久及造价有着非常重要的意义。

建筑材料是指各类建筑工程（工业与民用建筑、水利、道路桥梁、港口等）中所用的材料及制品。

0.1 建筑材料的分类

0.1.1 按化学成分类

1. 无机材料

无机材料是指以无机物构成的材料，主要包括金属材料和非金属材料。其中金属材料包括黑色金属材料（钢、铁及其合金等）、有色金属材料（铜、铝及其合金等），非金属包括天然石材（砂、石及石材制品等）、胶凝材料（水泥、石灰、石膏、水玻璃等）、混凝土及制品（预拌混凝土、预拌砂浆、混凝土砌块、板材等）、烧土制品（砖、瓦、玻璃、陶瓷等）。

2. 有机材料

有机材料是指以有机物构成的材料，主要包括植物材料（木材、竹材等）、沥青材料（石油沥青、煤沥青、沥青制品等）及高分子材料（塑料、涂料、胶粘剂、合成橡胶等）。

3. 复合材料

复合材料是指无机—有机复合材料（纤维混凝土、聚合物混凝土等），金属—非金属复合材料（钢纤维混凝土等）。复合材料能够使单一材料之间得以互补、发挥复合后材料的综合优势，成为当代建筑材料发展应用的主流。

0.1.2 按使用功能分类

建筑材料可分为结构材料、维护材料和功能材料。

0.1.3 按来源分类

建筑材料可分为天然材料和人工材料。

0.2 建筑材料在经济建设中的重要性

建筑材料是一切建筑工程的物质基础，在现代化建设中占有举足轻重的地位和作用，这主要表现在以下三方面。

0.2.1 建筑材料是保证建筑工程质量的重要前提

建筑材料的性能、质量、品种和规格直接影响建筑工程的结构形式、施工方法、坚固性以及耐久性，在建筑材料的生产、采购、储运、保管、使用和检验评定中，任何一个环节的失误都可能造成工程质量的缺陷，甚至造成质量事故。

0.2.2 建筑材料直接关系到建筑工程的造价

在建筑工程中，与建筑材料有关的费用占工程造价的 70 % 以上，装饰工程所占比重更大，在实际工程中，建筑材料的选择、使用及管理对工程成本影响很大，正确选择和合理使用材料，是提高经济效益的关键。

0.2.3 建筑材料的发展促进建筑技术现代化

建筑材料从传统的土、木、砖、瓦到水泥、钢筋、玻璃、陶瓷、高分子材料，使建筑技术产生了质的飞跃，带动了人类建筑技术的发展和进步。

0.3 建筑材料的发展及趋势

建筑材料的发展史，是人类文明史的一部分。随着社会生产力和科学技术的发展，建筑材料也在逐步发展中。人类从不懂使用材料到简单地使用土、石、树木等天然材料，进而掌握人造材料的制造方法，从烧制石灰、砖、瓦，发展到烧制水泥和大规模炼钢，建筑结构也从简单的砖木结构发展到钢和钢筋混凝土结构。材料的发展反过来又使社会生产力和科学技术得到了发展。20世纪中期以后，建筑材料发展速度更加迅速。朝着轻质、高强、多功能方向发展，新材料不断出现，高分子合成材料及复合材料更是异军突起，越来越多地被应用于各种建筑工程上。就人类可持续发展来说，建筑材料正在向着再生化、利废化、节能化方向发展。为人类提供有益健康的生活环境。

建筑工程对材料的消耗量极大，历史发展到今天，使得可利用的自然资源和能源已非常有限，由于以往生产建筑工程材料对自然资源的攫取，已使自然环境遭到了巨大的破坏，因此节约资源和能源对建筑业来说也是一项重要的历史责任。

0.4 建筑材料的检测及技术标准

0.4.1 建筑材料的检测

建筑材料检测是根据现有技术标准、规范的要求，采用科学合理的技术手段和方法，对被检测建筑材料的技术参数进行检验和测定的过程。检测目的是判定所检测材料的各项性能是否符合质量等级的要求以及是否可以用于建筑工程中。检测是确保建筑工程质量的重要环节。

建筑材料检测主要包括见证取样、试件制作、送样、检测、填写检测报告等环节。

见证取样、试件制作、送样是在建设单位或工程监理单位人员的见证下，由施工单位的现场试验人员对工程中涉及结构安全的试块、试件和材料进行现场取样，并送至经过省级以上建设行政主管部门对其资质认可和质量技术监督部门对其计量认证的质量检测单位进行检测。

检测、填写检测报告是由具有相应资质等级的质量检测机构进行的。参与检测的人员必须持有相关的资质证书，不得修改检测原始数据。检测报告应包括委托单位、委托日期、报告日期、样品编号、工程名称、样品产地及名称、规格及代表数量、检测依据、检测项目、检测结果、结论等。

0.4.2 建筑材料的技术标准

1. 技术标准是产品质量的技术依据

建筑材料技术标准是材料生产、质量检验、验收及材料应用等方面的技术准则和必须遵守的技术法规，包括产品规格、分类、技术要求、检验方法、验收规则、标志、运输、储存及使用说明等内容，是供需双方对产品质量验收的依据。

2. 技术标准的种类

目前我国的技术标准包括国家标准、行业标准、地方标准、企业标准等。

（1）国家标准：在全国范围内适用。由国务院标准化行政主管部门编制，由国家技术监督局审批并发布，国家标准是最高标准，具有指导性和权威性。如国家强制性标准代号"GB"；国家推荐性标准代号"GB/T"。

（2）行业标准：在全国的行业范围内适用。当没有国家标准而又需要在某行业范围内统一技术要求时制定，由中央部委机构指定有关研究机构、院校或企业等起草或联合起草，再报主管部门审批，国家技术监督局备案后发布，当国家有相应标准颁布，该行业标准废止，如建筑材料行业标准代号"JC"或"JC/T"；建筑工程行业标准代号"JGJ或JGJ/T"等。

（3）地方标准：在某地区范围内使用。凡没有国家标准和行业标准时，可由相应地区研究机构、院校或企业等，结合本地区的实际情况制定或联合制定的标准，以满足地方检测和验收的需要，如代号"DB"或"DB/T"。

（4）企业标准：只限于企业内部适用。在没有国家标准、行业标准、地方标准时，企业是以保证材料质量，满足材料使用要求为目的时而编制的标准，如代号"QB"。

技术标准有试行和执行之分，强制性与推荐性之分，如国家标准"GB×××—××××"和"GB/T×××—××××"，其中有"T"的为推荐性标准，无"T"的为强制性标准。在强制性国家标准中有强制性条文一般用黑体字表示，即必须强制执行的条文。各类标准都具有时间性，由于技术水平的不断提高，环境条件的不断变化，标准也应不断更新。

我国为适应全球化发展趋势，各类标准正在实现与国际标准的接轨，如 ISO(国际标准)、ASTM(美国材料与试验协会标准)、DIN(德国工业标准)、BS(英国标准、)JIS(日本标准)等。

3. 标准的表示方法

标准的表示方法为标准名称、标准代号、编号、发布年代。举例如下：

国家强制性标准：《通用硅酸盐水泥》(GB175—2007)

国家推荐性标准：《建筑用砂》(GB/T14684—2011)

建工行业标准：《普通混凝土配合比设计规程》(JGJ55—2011)

天津市地方标准：《天津市预防混凝土碱——集料反应技术规程》(DB/T 29-176—2010)

0.5 本课程的主要研究内容及学习目的

材料科学是一门由基础科学互相渗透而形成的新学科。它主要研究材料的内部结构与材料性能的关系，并探索用外部因素来改变材料的性能。由于在研究中采用现代技术，使材料科学近年来取得较大进展。不久的将来，人类按指定性能设计和制造新材料的时代将会到来。

建筑材料是一门专业基础课。它除了为后续的建筑工程施工技术、施工组织、计量与计价、质量与安全管理、混凝土技术、外加剂技术等专业课提供必要的基础知识外，也为在工程实际中解决建筑材料问题提供一定的基本理论知识和基本试验技能。

建筑材料课程主要学习建筑工程中常用建筑材料的原料、成分、生产过程、技术性能、质量检验、适用范围及储存运输。作为建筑工程技术施工、管理、材料的生产、营销人员，应了解材料的原料、生产过程及储运，重点掌握材料的技术性能、质量检验及实际应用。

建筑材料是一门实践性较强的课程，读者在学习中除要掌握与材料有关的一些基本理论外，更应掌握如何在工程实际中正确使用各种材料，使工程达到既安全可靠、经久耐用，又经济合理的目的。

建筑材料检测技术是建筑材料学科的一个重要组成部分。读者通过对材料的检测除能验证学过的理论知识、丰富感性知识外，还能学习基本的试验技能，提高动手能力和分析问题、解决问题的能力。在今后的学习及工作实践中，在接触建筑材料的问题时，要善于运用已学过的知识来分析、解决问题，进一步巩固和深化对建筑材料的认识，并能正确合理使用建筑材料，以确保工程质量。

第1章

建筑材料的基本性质

　　建筑材料是构成各类建筑工程的物质基础，各种建筑物都是由各种不同的材料经设计、施工建造而成。建筑材料所处的环境、部位、使用功能的要求和作用不同时，对建筑材料的性质要求也就不同，为此建筑材料必须具备相应的基本性质，如用于结构的材料要具有相应的力学性质，以承受各种力的作用。根据土木工程的功能需要，还要求材料具有相应的防水、绝热、隔声、防火、装饰等性质，如地面的材料要具有耐磨的性质；墙体材料应具有绝热、隔声性质；屋面材料应具有防水性质。而土木工程材料在长期的使用过程中，经受日晒、雨淋、风吹、冰冻和各种有害介质侵蚀，因此还要求材料有良好的耐久性。

　　可见，建筑材料的应用与其所具有的性质是密切相关的。土木工程材料的基本性质，主要包括物理性质、力学性质和耐久性。

【学习目标】

1. 掌握建筑材料的物理性质；
2. 掌握建筑材料的力学性质；
3. 了解建筑材料的耐久性质；
4. 掌握建筑材料的组成、结构、构造及对材料性质的影响。

1.1 材料的物理性质

1.1.1　与质量有关的性质

1. 密度

密度是指材料在绝对密实状态下单位体积的质量。材料的密度可按下式算：

$$\rho = \frac{m}{V}$$

（1-1）

式中：m——材料在干燥状态下的质量，kg；

V——干燥材料在绝对密实状态下的体积，m^3；

ρ——材料的密度，g/cm^3 或 kg/m^3。

材料在绝对密实状态下的体积，是指材料不包括孔隙体积在内的固体物质所占的体积。土木工程材料中，除了钢材、玻璃等材料可近似地直接量取其密实体积外，其他绝大多数材料都含有一定的孔隙，故可将材料磨成细粉，经干燥至恒重后，用李氏瓶法测定其密实体积。

2. 表观密度

表观密度是指材料在自然状态下单位体积的质量。材料的表观密度可按下式计算：

$$\rho_0 = \frac{m}{V_0} \tag{1-2}$$

式中：m——材料的质量，kg；

V_0——材料在自然状态下的体积，m^3；

ρ_0——材料的表观密度，kg/m^3。

材料在自然状态下的体积，是指包括孔隙体积在内的材料体积。外形规则材料的体积，可直接用尺度量后计算求得；外形不规则材料的体积，可将材料表面涂蜡后用排水法测定。

当材料的孔隙中含有水分时，其质量（包括水的质量）和体积均会发生变化，影响材料的表观密度，故所测的表观密度必须注明其含水状态。通常材料的表观密度是指材料在气干状态（长期在空气中的干燥状态）下的表观密度。另外，在不同的含水状态下，还可测得材料的干表观密度、湿表观密度及饱和表观密度。

3. 堆积密度

堆积密度是指粒状或粉状材料在自然堆积状态下单位体积的质量。自然堆积状态下的体积包括颗粒之间的空隙体积在内，通常用容器的标定容积表示。材料的堆积密度可按下式计算：

$$\rho_0' = \frac{m}{V_0'} \tag{1-3}$$

式中：m——材料的质量，kg；

V_0'——材料在自然堆积状态下的体积，m^3；

ρ_0'——材料的堆积密度，kg/m^3。

4. 密实度与孔隙率

（1）密实度

密实度是指材料体积内被固体物质所充实的程度。密实度可表示为：

$$D = \frac{V}{V_0} \times 100\% = \frac{\rho_0}{\rho} \times 100\% \tag{1-4}$$

式中：D——材料的密实度，%；

V——材料在绝对密实状态下的体积，m^3；

ρ——材料的密度，kg/m^3；

ρ_0——材料的表观密度，kg/m^3。

V_0——材料在自然状态下的体积，m^3。

（2）孔隙率

孔隙率是指材料中孔隙体积占材料总体积的百分数。孔隙率可表示为：

$$P = \frac{V_0 - V}{V_0} \times 100\% = \left(1 - \frac{\rho_0}{\rho}\right) \times 100\% \qquad （1-5）$$

材料孔隙率的大小，表明材料的密实程度。孔隙率及孔隙特征（如孔隙的大小、是否封闭或连通、分散情况等）影响材料的力学、耐久及导热等性质。

材料的密度、表观密度、孔隙率是材料最基本的物理参数，它们反映了材料的密实程度。密度与表观密度除用以计算孔隙率外，还可用以计算材料的体积与质量。

5. 填充率与空隙率

对于松散颗粒状态材料，如砂、石子等，可用填充率和空隙率表示互相填充的疏松致密程度。

（1）填充率

填充率是指散粒状材料在堆积体积内被颗粒所填充的程度。填充率可表示为：

$$D' = \frac{V}{V_0'} \times 100\% = \frac{\rho_0'}{\rho} \times 100\% \qquad （1-6）$$

式中：D'——散粒状材料在堆积状态下的填充率，%。

（2）空隙率

散粒状材料颗粒之间的空隙体积占材料堆积状态下总体积的百分数，称为散粒材料的空隙率。

$$P' = \frac{V_0' - V_0}{V_0'} \times 100\% = \left(1 - \frac{\rho_0'}{\rho_0}\right) \times 100\% \qquad （1-7）$$

在建筑工程中，材料的密度、表观密度和堆积密度常用来计算材料的用量、构件的自重、配料计算及确定材料的堆放空间。

几种常用材料的密度、表观密度、堆积密度如表 1-1 所示。

表 1-1　　　　　　　　几种常用材料的密度、表观密度、堆积密度

材料名称	密度（g/cm³）	表观密度（kg/m³）	堆积密度（kg/m³）
钢材	7.85	7800～7850	—
花岗岩	2.70～3.00	2500～2900	—
石灰石（碎石）	2.48～2.76	2300～2700	1400～1700
砂	2.50～2.60	—	1500～1700
水泥	2.80～3.10	—	1600～1800
粉煤灰（气干）	1.95～2.40	1600～1900	550～800
烧结普通砖	2.60～2.70	2000～2800	—
烧结多孔砖	2.60～2.70	900～1450	—
黏土	2.50～2.70	—	1600～1800

续表

材料名称	密度（g/cm³）	表观密度（kg/m³）	堆积密度（kg/m³）
普通水泥混凝土	—	1950～2500	—
红松木	1.55～1.60	400～600	—
普通玻璃	2.45～2.55	2450～2550	—
铝合金	2.70～2.90	2700～2900	—
泡沫塑料	—	20～50	—

1.1.2　与水有关的性质

1. 亲水性与憎水性

固体材料在空气中与水接触时，根据其表面能否被水润湿，可分为亲水性材料与憎水性材料两种。

材料的亲水性与憎水性可用润湿角 θ 来说明，如图 1-1 所示。

在材料、水、空气三相交点处，沿水滴表面所作切线与材料表面的夹角，称为润湿角 θ。θ 越小，表明材料越易被水湿润。$\theta=0$ 时，材料完全被水浸润；θ 越大，表明材料越难被水湿润。

一般认为，当润湿角 $\theta \leqslant 90°$ 时，表明水分子间的内聚力小于水分子与材料分子间的吸引力，则材料表面会被水润湿，这种材料称为亲水性材料〔见图 1-1（a）〕，如木材、混凝土、砂、石等；当润湿角 $\theta > 90°$ 时。表明水分子间的内聚力大于水分子与材料分子间的吸引力，则材料表面不会被水润湿，这种材料称为憎水性材料〔见图 1-1（b）〕，如沥青、石蜡等。

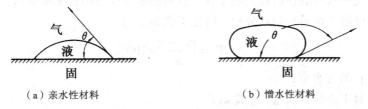

（a）亲水性材料　　　　　　　　（b）憎水性材料

图 1-1　材料的浸润示意图

2. 吸水性与吸湿性

（1）吸水性

材料在水中吸收水分的性质称为吸水性。吸水性的大小常以吸水率表示，可用质量吸水率和体积吸水率来表示。

① 质量吸水率

质量吸水率是指材料吸水饱和时，所吸水的质量占材料干燥质量的百分率。用公式表示为

$$W_{\mathrm{m}} = \frac{m_1 - m}{m} \times 100\%$$

（1-8）

式中：W_m——材料的质量吸水率，%；

   m——材料在干燥状态下的质量，g 或 kg；

   m_1——材料吸水饱和时质量，g 或 kg。

② 体积吸水率

体积吸水率是指材料吸水饱和时，所吸水分体积占材料干燥体积的百分率。用公式表示为：

$$W_V = \frac{m_1 - m}{V_0} \times \frac{1}{\rho_w} \times 100\% \qquad (1\text{-}9)$$

式中：W_V——材料的体积吸水率，%；

   V_0——干燥材料在自然状态下的体积，cm^3 或 m^3；

   ρ_w——水的密度，常温下取 $\rho_w = 1g/cm^3$。

材料的体积吸水率与质量吸水率之间的关系为

$$W_V = W_m \times \rho_0 \qquad (1\text{-}10)$$

式中：ρ_0——材料在干燥状态下的表观密度，g/cm^3。

材料的吸水性除与材料本身的亲水性或憎水性有关外，还与材料的孔隙特征有关。一般孔隙率越大，吸水性越强。孔隙率相同时，具有开口且连通的微小孔隙构造的材料，吸水性一般要强于封闭的或粗大连通孔隙构造的材料。

各种材料吸水性相差甚大，如花岗岩等致密岩石质量吸水率为 0.1%～0.7%，普通混凝土为 2%～3%，而木材或其他轻质材料的质量吸水率常大于 100%，即湿质量是干质量的几倍，此时最好用体积吸水率表示其吸水性。材料吸水后，表观密度增大，导热性增大，强度降低，体积膨胀，一般会对材料造成不利影响。

（2）吸湿性

材料吸收空气中水分的性质称为吸湿性。材料的吸湿性可用含水率表示，含水率为材料中所含水的质量与材料干燥质量的百分比，可用下式表示为

$$W_h = \frac{m_s - m}{m} \times 100\% \qquad (1\text{-}11)$$

式中：W_h——材料的含水率，%；

   m——材料干燥时的质量，g 或 kg；

   m_s——材料吸湿后的质量，g 或 kg。

干的材料在空气中能吸收空气中的水分；湿的材料在空气中又会失去水分，最终材料中的水分与周围空气的湿度达到平衡。此时，材料的含水率称为平衡含水率。

材料的吸湿性主要与材料的组成、孔隙率，特别是孔隙特征有关，还与周围环境的温度与湿度有关。一般来说，环境中温度越高，湿度越低，含水率越小。材料吸湿后，除了本身质量增加外，还会降低其绝热性、强度及耐久性，对工程产生不利的影响。

3. 耐水性

材料长期在水的作用下不被破坏，强度也不显著降低的性质称为耐水性。

一般材料含有水分时，由于内部微粒间结合力减弱而强度有所降低，即使致密的材料也会因此影响强度。若材料中含有某些易被水软化的物质（如黏土、石膏等），强度降低就更为严重。

因此，对长期处于水中或潮湿环境中的建筑材料，必须考虑耐水性。

材料的耐水性以软化系数 K_s 表示：

$$K_s = \frac{f_w}{f} \qquad (1\text{-}12)$$

式中：K_s——软化系数；

f_w——材料在水饱和状态下的抗压强度，MPa；

f——材料在干燥状态下的抗压强度，MPa。

软化系数的范围在 0～1。软化系数的大小，有时成为选择材料的重要依据。工程中通常把 K_s 大于 0.85 的材料称为耐水材料，对于经常与水接触或处于潮湿环境的重要建筑物，必须选用耐水材料；用于受潮较轻或次要的建筑物时，材料的软化系数也不得小于 0.75。

4. 抗渗性

抗渗性是指材料在压力水作用下抵抗渗透的性质。材料的抗渗性通常用渗透系数 K 和抗渗等级 P 表示。

（1）渗透系数 K

根据达西定律，在一定时间内，透过材料试件的水量 Q 与试件断面积 A、水位差 H 及透水时间 t 成正比，与试件厚度 d 成反比，即：

$$Q = K \frac{H}{d} At \qquad (1\text{-}13)$$

或

$$K = \frac{Q}{At} \frac{d}{H}$$

式中：K——渗透系数，m/s；

Q——渗透水量，m^3；

A——透水面积，m^2；

d——试件厚度，m；

H——水位差，m；

T——透水时间，s。

渗透系数 K 越大，表明材料的抗渗透性能越差。

（2）抗渗等级 P

抗渗等级是指材料在规定试验条件下，承受规定的水压力不渗透。如 P8、P10，分别表示承受 0.8MPa、1.0MPa 水压力不渗透。

材料的抗渗性与材料的亲水性、孔隙率、孔隙特征、裂缝等缺陷有关。孔隙封闭且孔隙率小的材料，抗渗性就较高。

地下建筑物及储水建筑物常受到压力水的作用，所以要求所用的材料有一定的抗渗性。

5. 抗冻性

抗冻性是指材料在吸水饱和状态下，经多次冻融循环而不被破坏，同时也不严重降低强度的性质。当充满材料孔隙的水结冰时，由于冰的体积增大约 9%，冰对孔壁产生巨大压力，使孔壁开裂。当冰融化后，水又进入裂缝，再冻结时，裂缝进一步扩展。冻融次数越多，材料的破坏越严重。

材料的抗冻性用抗冻等级 F 表示，如 F50 表示经过 50 次冻融循环，质量损失不超过 5%，强度损失不超过 25%。通常采用材料吸水饱和后，在−18℃～−20℃冻结，再在 18℃～20℃的水中融化，这样的一个过程称为一次冻融循环。

材料的抗冻性，与材料本身的成分、构造、强度、耐水性、吸水饱和程度、孔隙率及孔隙特征等因素有关，也与冻结的温度、冻结速度及冻融频繁程度等因素有关。

用于建筑物冬季水位变化区的材料，要求有较好的抗冻性。另外，由于抗冻性较好的材料，对抵抗温度、干湿变化等风化作用的性能也较好，所以即使处于温暖地区的建筑物，为了抗风化，材料也必须具有一定的抗冻性要求。

1.1.3　与热有关的性质

1. 导热性

材料传导热量的性质称为导热性。当材料两侧表面存在温差时，热量会由温度较高的一面传向温度较低的一面，材料的导热性可用导热系数表示。

以单层平板为例，如图 1-2 所示，若材料两侧的温度差为（t_1-t_2），经过时间 z，由温度为 t_1 的一侧传至温度为 t_2 的一侧的热量为

$$Q = \lambda \frac{A(t_1 - t_2)z}{d} \qquad (1\text{-}14)$$

则导热系数的计算公式为

$$\lambda = \frac{Qd}{Az(t_1 - t_2)}$$

式中：A——导热系数，W/（m·K）；

　　　Q——传导的热量，J；

　　　d——材料的厚度，m；

　　　A——传热面积，m^2；

　　　z——传热时间，s；

　　　t_1-t_2——材料两侧的温度差 K。

材料的导热系数越小，保温性越好。建筑材料的导热系数一般为 0.02 W/（m·K）～3.00 W/（m·K）。

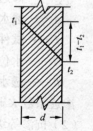

图 1-2　材料导热

通常 $\lambda \leq 0.23$ W/（m·K）的材料可作保温隔热材料。

材料的导热性与材料的孔隙率、孔隙特征有关。一般来说，孔隙率越大，导热系数越小。具有互不连通封闭微孔构造材料的导热系数，要比粗大连通孔隙构造材料的导热系数小。当材料的含水率增大时，导热系数也随之增大。

材料的导热系数对建筑物的保温隔热有重要意义。在大体积混凝土温度及温度控制计算中，混凝土的导热系数是一个重要的指标。

几种常用材料的导热系数如表 1-2 所示。

表 1-2 几种材料的导热系数

材料名称	导热系数 W/（m·K）	材料名称	导热系数 W/（m·K）
钢	44.74	松木　顺纹	0.34
花岗岩	3.50	横纹	0.17
普通混凝土	1.51	石膏板	0.25
普通黏土砖	0.80	水	0.58
密闭空气	0.023		

2. 热容量

热容量是指材料在受热时吸收热量、冷却时放出热量的能力。质量为 1kg 材料的热容量，称为该材料的比热容。

热容量 Q 的计算公式为

$$Q = cm(t_1 - t_2) \tag{1-15}$$

式中：Q——材料吸收或放出的热量，J；

　　c——材料的比热容，J/（kg·K）；

　　m——材料的质量，kg；

$t_1 - t_2$——材料受热或冷却前后的温差，K。

其中比热容 c 值是真正反映不同材料热容性差别的参数，可由上式导出

$$c = \frac{Q}{m(t_1 - t_2)} \tag{1-16}$$

混凝土的比热容约为 1×10^3J/（kg·K），钢为 0.48×10^3，松木为 2.72×10^3J/（kg·K），普通黏土砖为 0.88×10^3J/（kg·K），水为 4.19×10^3J/（kg·K）。

在冬夏季施工中，对材料加热或冷却进行计算时，均要考虑材料的热容量。在房屋建筑中，用比热容大的材料，对保持室内温度的稳定有很大的意义。

1.2 材料的力学性质

材料的力学性质是指材料在外力作用下抵抗破坏的能力与变形性质，包括材料的强度、弹性和塑性、脆性和冲击韧性、硬度与磨损、磨耗等。

1.2.1 材料的强度和比强度

1. 强度

材料在外力（荷载）作用下抵抗破坏的能力，称为强度。通常以材料在外力作用下失去承载能力时的极限应力来表示，也称为极限强度。

　　材料抵抗由静荷载产生应力破坏的能力，称为材料的静力强度。它是以材料在静荷载作用下达到破坏时的极限应力值来表示的。

　　由于外力作用情况不同，材料主要有抗拉、抗压、抗弯、抗剪四种强度。材料的静力强度是通过对材料试件进行破坏试验而测得的，如表1-3所示，列出各种强度测定时，试件的受力情况和各种强度的计算公式。

　　材料的静力强度主要取决于材料的成分、结构与构造。不同种类的材料，强度不同；同一种材料，受力情况不同时强度也不同。如混凝土、砖、石等脆性材料，抗压强度较高，抗弯强度很低，抗拉强度则更低；而低碳钢、有色金属等塑性材料的抗压、抗拉、抗弯、抗剪强度则大致相等。同一种材料结构构造不同时，强度也有较大的差异。如孔隙率大的材料，强度往往较低。又如层状材料或纤维状材料会表现出各向强度有较大的差异。细晶结构的材料，强度一般要高于同类粗晶结构材料。

　　除上述内在因素会影响材料强度外，测定材料强度时的试验条件，如试件尺寸和形状、试验时的加荷速度、试验时的温度与湿度、试件的含水率等也会对试验结果有较大的影响。如测定混凝土强度时，同样条件下，棱柱体试件的抗压强度要小于同样截面尺寸的立方体试件抗压强度。尺寸较小的正方体试件强度要高于尺寸较大的立方体试件强度。

表 1-3 　　　　　　　　　　　　　　静力强度的分类

强度类别	受力情况	计算式	备注
抗拉强度		$f_t = \dfrac{F}{A}$	
抗压强度		$f_t = \dfrac{F}{A}$	F—破坏荷载，N； A—受荷面积，mm^2； l—跨度，mm； b—断面宽度，mm； h—断面高度，mm。
抗弯强度		$f_b = \dfrac{3Fl}{2bh^2}$	
抗剪强度		$f_t = \dfrac{F}{A}$	

　　混凝土立方体试件在压力机上受压时，压力机的上下压板及试件会发生横向变形。压力机的钢质压板的弹性模量约为混凝土弹性模量的5～10倍，而钢的泊松比却只是混凝土的2倍左右。因此，在荷载作用下，压板的横向应变要小于混凝土的横向应变（无约束下的应变）。这样，压力机上下压板与试件间会产生摩擦力，对试件的横向膨胀产生约束，这被称为环箍效应。越接近试件端面，这种约束作用越大，大约距试件端面 $\dfrac{\sqrt{3}}{2}a$（a 为试件的横向尺寸）的范围以外，约束作用消失。所以，试件破坏后为上下顶接的两个截头棱锥体 [见图1-3（a）]。尺寸较大的试件，中间部分受摩擦阻力影响较小，比尺寸小的试件容易破坏。同时，大尺寸试件存在裂缝、

孔隙等缺陷的几率较大，故大尺寸试件测得的强度值偏低。棱柱体试件由于高度较大，中间部分几乎不受环箍效应的作用，其抗压强度要低于同样截面尺寸的立方体试件。

如在压力机压板和试件间加润滑剂，环箍效应将大大减小，试件将出现直裂破坏[见图1-3（b）]，测得的强度也较低。

试件受压面上的凹凸不平及缺棱掉角，会引起应力集中使强度测定值降低。一般来说，加荷速度较快时强度的测定值要比加荷速度较慢时强度的测定值高些。所以测定材料强度时，必须严格按照标准规定的方法进行。

（a）有摩擦阻力影响　　　　　（b）无摩擦阻力影响

图 1-3　混凝土立方体试件受压破坏情况

对于以强度为主要指标的材料，通常以材料强度值的高低划分成若干等级，称为强度等级，如水泥、混凝土、砂浆等用强度等级来表示。

2. 比强度

比强度是按单位体积质量计算的材料强度，即材料的强度与其表观密度之比，是衡量材料轻质高强的一项重要指标。比强度越大，材料轻质高强的性能越好。优质的结构材料，要求具有较高的比强度。轻质高强的材料是未来建筑材料发展的主要方向。

1.2.2　材料的变形

材料在外力作用下，由于质点间平衡位置改变，质点产生相对位移而形状与体积发生变化，称为材料的变形。

1. 弹性与塑性

材料在外力作用下产生变形，当外力除去后，又能恢复原来形状的性质称为弹性。这种能完全恢复的变形称为弹性变形（或瞬时变形）。

在外力作用下，材料产生变形，当外力取消后，材料不能恢复到原来形状，且不产生裂缝的性质称为塑性。这种不能恢复的变形称为塑性变形（或永久变形）。

实际上，完全的弹性材料是没有的。有些材料当应力不大时表现为弹性，而应力超过某一限度后，即发生塑性变形，如建筑钢材；有些材料受力后，弹性变形与塑性变形同时发生，外力除去后，弹性变形消失，塑性变形不能消失，如混凝土。

2. 脆性与冲击韧性

材料在外力作用下达到一定限度产生突然破坏，破坏时无明显塑性变形的性质称为脆性。

具有这样性质的材料称为脆性材料，如石料、混凝土、生铁、石膏、陶瓷等。这类材料的抗拉强度远小于抗压强度，不宜承受冲击或振动荷载。

材料在冲击、振动荷载作用下抵抗破坏的性能，称为冲击韧性。冲击韧性以材料冲击破坏时消耗的能量表示。有些材料在破坏前有显著的塑性变形，如低碳钢、有色金属、木材等。这类材料在冲击振动荷载作用下，能吸收较大的能量，有较高的韧性。用于桥梁、路面、吊车梁等受冲击、振动荷载作用的、有抗震要求及负温下工作的结构材料，要求有较高的冲击韧性。

选用材料时要考虑材料的脆性与韧性。

3. 徐变

固体材料在恒定外力长期作用下，变形随时间延长而逐渐增大的现象称为徐变。

对于非晶体材料来说，徐变是由于材料在外力作用下内部产生类似液体的黏性流动而造成的。对于晶体材料来说，则由于在切应力作用下材料内部晶格错动和滑移而发生徐变。

1.2.3 材料的硬度、磨损及磨耗

1. 硬度

材料抵抗其他较硬物体压入的能力，称为硬度。硬度大的材料耐磨性较好，但不易加工。

一般来说，硬度较大的材料强度也较高，有些材料硬度与强度之间有较好的相互关系。测定硬度的方法简单，而且不破坏被测材料，所以有些材料可以通过测定硬度来推算其强度。

如在测定混凝土结构强度时，可用回弹硬度来推算其强度的近似值。

2. 磨损及磨耗

材料受摩擦作用而减少质量和体积的现象称为磨损。材料同时受摩擦和冲击作用而减少质量和体积的现象称为磨耗。地面、路面等经常受摩擦的部位要求材料有较好的抗磨性能。

硬度大、强度高、韧性好、构造均匀致密的材料，抗磨性较好。

1.3

材料的耐久性

材料的耐久性是指在各种外界因素作用下，能长期正常工作，不破坏、不失去原来性能的性质。

材料在建筑物中，除受到各种力的作用外，还长期受到环境中各种自然因素的破坏作用。这些破坏作用包括物理作用、化学作用及生物作用。

物理作用包括干湿变化、温度变化及冻融变化。干湿变化及温度变化引起材料胀缩，并导致内部裂缝扩展，长此以往材料就会破坏。在寒冷地区，冻融变化对材料的破坏作用更为明显。

化学作用主要是酸、碱、盐等物质的水溶液及气体对材料的侵蚀作用，使材料变质而破坏。

生物作用是指昆虫、菌类对材料的蛀蚀，使材料产生腐朽等破坏作用。

各种材料可能会由于不同的作用而被破坏。如砖、石、混凝土等建筑材料大多由于物理作用而被破坏；金属材料易被氧化腐蚀；木材及其他植物纤维组成的天然有机材料，常因生物作用而被破坏；沥青及高分子合成材料，在阳光、空气、热的作用下会逐渐硬脆老化而被破坏。因此，建筑材料在贮运及使用过程中应采取妥善的措施，提高材料的耐久性。

材料的耐久性是一项综合性质，它反映了材料的抗渗性、抗冻性、抗风化性、抗化学侵蚀性、抗碳化性、大气稳定性及耐磨性等。

影响耐久性的内在因素很多，主要有材料的组成与构造、材料的孔隙率及孔隙特征、材料的表面状态等。在工程中，必须考虑材料的耐久性。提高材料耐久性的主要措施有：根据使用环境选择耐久性较好的材料；采取各种方法尽可能降低材料的孔隙率，改善材料的孔隙结构，对材料表面进行表面处理以增强抵抗环境作用的能力。

1.4 材料的组成、结构、构造对材料性质的影响

1.4.1 材料的组成

不同材料由不同的化学成分及矿物成分组成。由于组成成分不同，材料的物理、化学、力学性质也有差异。如碳素钢与合金钢，由于所含的化学成分不尽相同，因而它们的物理、化学、力学性质也有较大的差异。又如，硅酸盐水泥与高铝水泥，矿物成分不同，性质也不同。即使化学及矿物成分都相同，但各种成分比例不同时，材料的性质也不同。如改变硅酸盐水泥熟料中的几种矿物成分的比例，便可得到低热的硅酸盐大坝水泥或快硬早强的快硬硅酸盐水泥。这两种水泥的凝结硬化速度及水化热等性质与硅酸盐水泥有较大差别。

1.4.2 材料的结构

材料的结构是指材料的微观组织状态。材料的结构可分为晶体、非晶体（玻璃体）及胶体三类。

1. 晶体结构

晶体结构是由离子、原子、分子等质点，按一定的规则排列而成的空间格子（晶格）组成的固体。

晶体具有固定的几何外形。由于晶格在各个方向上质点排列情况与数量不同，所以由晶格组成的晶粒是各向异性的，但由于晶粒的排列是不规则的，因而晶体材料在宏观上又显出各向同性。

晶体材料在外力作用下，表现为具有弹性，但当外力较大时，由于切应力达到一定限度而发生晶格沿晶面滑动，使材料产生塑性变形。如软钢和某些有色金属在应力较大时表现为塑性。

晶粒的大小、形状及分布状态也会影响晶体的性质。晶粒小，分布均匀，则强度高。因此，对钢材进行热处理，可使晶粒细化，使其强度提高。

2. 玻璃体结构

玻璃体是熔融物急速冷却、质点来不及按一定规律排列而形成的无定形体。由于形成过程中没有结晶放热过程，内部积蓄大量内能，是一种不稳定的结构，故具有较高的活性。如粒化高炉矿渣是由高炉中的熔渣经骤冷处理而成的，在外界的化学物质激发下能释放出内能而具有化学活性，可用作水泥的活性混合材料。另外，玻璃体内部质点排列无一定规则，不具有空间格子结构，各向同性，而且没有固定熔点，熔融时只出现软化现象。

3. 胶体结构

胶体是一些直径在 $1\mu m \sim 100\mu m$ 之间的细小固体粒子（分散相）分散在介质中而形成的结构体系。由于胶体颗粒十分微小，其表面积很大，故有很大的表面能，吸附力很强，具有很大的胶结力。

当胶体中分散的微粒可以布朗运动而自由运动时，这种胶体称为溶胶；当胶体由于脱水或微粒凝聚，使分散质点不能再布朗运动而自由运动时，成为凝胶。凝胶结构中质点成连续的网状结构，包住了液体，体系失去了流动性，成为半固体状态。凝胶结构在搅拌、振动作用下黏度降低变为溶胶，具有流动性。静置一定时间后，溶胶又恢复为凝胶而且可以反复多次。这种溶胶、凝胶互变的性质称为触变性。硅酸盐水泥的主要水化产物是凝胶体，混凝土的徐变就是由水泥凝胶体而产生的。

1.4.3　材料的构造

材料的构造是指其宏观的组织状态，常见的材料有层状、纤维状、致密状、多孔状等构造。材料的构造对材料的性质也有较大的影响。

层状、纤维状构造的材料，质点的排列是有方向性的，故其性质也是有方向性的，称为各向异性，如竹、木、石棉、胶合板等。

致密状构造的材料，一般表观密度较大，强度较高，抗渗、抗冻性较好，如致密的岩石、钢、玻璃等。

多孔状构造的材料，如砖、加气混凝土、泡沫塑料等，它们的孔隙率都较大，表观密度小。多孔状构造材料的性质不仅与其孔隙率有关，还与孔隙特征（如孔隙的大小、封闭或连通情况等）有关。

习　题

一、填空题

1. 建筑材料按化学性质分三大类：_____、_____、_____。

2. 建筑材料的技术标准主要有：_____、_____、_____、_____。

3. 当水与材料接触时，沿水滴表面作切线，此切线和水与材料接触面的夹角，称_____。

4. 材料吸收水分的能力，可用吸水率表示，一般有两种表示方法：_____和_____。

5. 材料在水的作用下，保持原有性质的能力，称_____用_____表示。

6. 材料抵抗压力水渗透的性质称_____，用_____或_____表示。

7. 材料抗渗性大小与_____和_____有关。

8. 材料的变形特征有两种类型：_____和_____。

9. 根据材料被破坏前塑性变形显著与否，将材料分为_____与_____两大类。

二、选择题

1. 某铁块的体积密度 $\rho_0=m/$（   ）。

A. V_0 　　　B. $V_孔$ 　　　C. V 　　　D. V_0'

2. 某粗砂的堆积密度 $\rho_0'=m/$（   ）。

A. V_0 　　　B. V_0' 　　　C. V 　　　D. 其他

3. 材料的孔隙率 $P=$（   ）。

A. $\dfrac{V_孔}{V_0}\times100\%$ 　　　B. $\dfrac{V_0-V}{V_0}\times100\%$

C. $(1-\dfrac{V}{V_0})\times100\%$ 　　　D. $(\dfrac{1-\rho_0}{\rho})\times100\%$

4. 材料憎水性是指润湿角（   ）。

A. $\theta<90°$ 　　　B. $\theta>90°$ 　　　C. $\theta=90°$ 　　　D. $\theta=0$

5. 材料的吸水率与（   ）有关。

A. 亲水性 　　　B. 憎水性 　　　C. 孔隙率 　　　D. 软化系数

6. 材料的耐水性可用（   ）表示。

A. 亲水性 　　　B. 憎水性 　　　C. 抗渗性 　　　D. 软化系数

7. 材料抗冻性的好坏取决于（   ）。

A. 水饱和度 　　　B. 孔隙特征

C. 变形能力 　　　D. 软化系数

8. 按材料比强度高低排列正确的是（   ）。

A. 木材、石材、钢材 　　　B. 石材、钢材、木材

C. 钢材、木材、石材 　　　D. 木材、钢材、石材

三、名词解释

密度；表观密度；导热系数；强度；耐水性

四、简答

1. 材料的密度、表观密度、体积密度及堆积密度有什么区别？怎么测定？

2. 材料的孔隙率与空隙率有何区别？它们如何计算？

3. 怎么区分材料的亲水性与憎水性？

4. 材料受冻破坏的原因是什么？抗冻性大小如何表示？为什么通过水饱和度可以看出材料的抗冻性如何？

5. 试说明导热系数的单位、物理意义及其影响因素。

6. 何谓冲击韧性、硬度和耐磨性？

7. 何谓材料的弹性变形与塑性变形？何谓塑性材料与脆性材料？

五、计算题

1. 一块状材料（孔隙特征为开口连通），自然状态下体积为 72cm³，自然状态下（含水）的质量为 129.1g，烘干后（体积不变）质量为 121.5g，材料的密度为 2.7g/cm³，求其表观密度、含水率、孔隙率各是多少？

2. 某一块状材料，完全干燥时的质量为 120g，自然状态下的体积为 50cm³，绝对密实状态下的体积为 30cm³；

（1）试计算其密度、表观密度和孔隙率。

（2）若体积受到压缩，其表观密度为 3.0g/cm³，其孔隙率减少多少？

3. 某墙体材料的密度为 2.7g/cm³，干燥状态下表观密度为 1600kg/m³，其质量吸水率 23%。试求其孔隙率并估计该材料的抗冻性如何？

4. 某墙体材料的密度为 2.7g/cm³，干燥状态下体积为 1.862g/cm³，其质量吸水率 4.62%。试估计该材料的抗冻性如何？

5. 破碎的岩石试样经完全干燥后，其质量为 482g，将其放入盛有水的量筒中，经一定时间石子吸水饱和后，量筒中的水面由原来的 452cm 刻度上升至 630cm 刻度。取出石子，擦干表面水分后称得质量为 487g。试求该岩石的表观密度、体积密度及吸水率。

第2章

气硬性胶凝材料

经过自身的物理、化学作用后，能由液体或半固体（泥膏状）变为坚硬的固体，并能把块状或散粒状材料胶结成整体的材料称为胶凝材料。胶凝材料根据化学组成分为无机胶凝材料和有机胶凝材料两大类。无机胶凝材料根据硬化条件又可分为气硬性与水硬性胶凝材料两类。

气硬性胶凝材料只能在空气中凝结硬化，并保持或继续增长强度，如石灰、石膏、水玻璃及镁质胶凝材料（如菱苦土）等。水硬性胶凝材料不仅能在空气中，而且能更好地在水中凝结硬化，并保持或继续增长强度，如水泥。气硬性胶凝材料宜用于地面上干燥环境的建筑物，不宜用于潮湿环境，更不可用于水中。水硬性胶凝材料可用于地上、地下、水下的建筑物。

【学习目标】

1. 掌握石灰的原料及烧制工艺，石灰的熟化与硬化过程，石灰的质量标准与应用，石灰的用途，石灰的储存等；
2. 掌握石膏的生产及品种，建筑石膏的硬化过程，建筑石膏的技术性质，了解石膏板种类和应用；
3. 了解水玻璃的技术性质和应用。

2.1 石灰

石灰是应用较早的胶凝材料，它成本低、生产工艺简单，在建筑工程中应用较广。

2.1.1 石灰的原料及烧制

石灰主要有两个来源：一个来源是以碳酸钙（$CaCO_3$）为主要成分的矿物、岩石（如方解石、石灰岩、大理石）或贝壳，经煅烧而得生石灰（CaO）；另一个来源是化工副产品，如用碳化钙（CaC_2）制取乙炔时产生的电石渣，其主要成分是 $Ca(OH)_2$，即熟石灰。

碳酸钙煅烧的化学反应为：

$$CaCO_3 \xrightarrow{900\sim1100\,℃} CaO + CO_2 \uparrow$$

煅烧温度一般以 1000 ℃为宜。温度低时，则产生有效成分少，表观密度大，核心为不能熟化的欠火石灰。欠火石灰中 CaO 含量低，降低石灰利用率。温度过高时，CaO 与原料所带杂质（黏土）中的某些成分反应，生成熟化速度很慢的过火石灰。过火石灰如用于建筑上，会在已经硬化的砂浆中吸收水分而继续熟化，产生体积膨胀，引起局部爆裂或脱落，影响工程质量。

有些石灰岩中含有碳酸镁 $MgCO_3$（如白云质石灰岩），烧成的生石灰中含氧化镁 MgO。当 MgO 含量≤5%时，称为钙质石灰；当 MgO 含量>5%时，称为镁质石灰。镁质石灰熟化较慢，但硬化后强度稍高。

2.1.2　石灰的熟化与硬化

1. 熟化

生石灰在使用前，一般要加水使之消解成膏状或粉末状的消石灰，此过程称为石灰的熟化。其反应式为：

$$CaO+H_2O=Ca(OH)_2+64.9\ kJ$$

石灰熟化时，放出大量的热，体积膨胀 1 倍～2.5 倍。煅烧良好、氧化钙含量高的石灰熟化较快，放热量与体积膨胀也较多。

石灰熟化的方法一般有两种：

（1）制石灰膏

在化灰池或熟化机中加入 2.5 倍～3 倍生石灰质量的水，生石灰熟化成的 $Ca(OH)_2$ 经滤网流入储灰池，在储灰池中沉淀成石灰膏。石灰膏在储灰池中储存（陈伏）两周以上，使熟化慢的颗粒充分熟化，然后使用。陈伏期间，石灰膏上应保留一层水，使石灰膏与空气隔绝，避免碳化。

石灰膏可用来拌制砌筑砂浆或抹面砂浆。石灰膏的表观密度为 $1300kg/m^3\sim1400kg/m^3$，1kg 生石灰可熟化成 1.5L～3L 石灰膏。

（2）制消石灰粉

用喷壶在生石灰上分层淋水，使其消解成消石灰粉。制消石灰粉的理论用水量为生石灰质量的 31.2%，由于熟化时放热，部分水分蒸发，故实际加水量常为生石灰质量的 60%～80%。加水量以既能充分熟化、又不过湿成团为度。

消石灰粉也需放置一段时间，使其进一步熟化后使用。消石灰粉可用于拌制灰土（石灰、黏土）及三合土（石灰、黏土、砂石或炉渣等），因其熟化不一定充分，一般不宜用于拌制砂浆及灰浆。

建筑消石灰粉也可由工厂生产供应，其质量应符合《建筑消石灰粉》（JC/T 481—1992）的要求。

2. 硬化

石灰浆在空气中逐渐硬化，硬化过程是两个同时进行的物理及化学变化过程：

（1）结晶过程

石灰膏中的游离水分蒸发或被砌体吸收，$Ca(OH)_2$ 从饱和溶液中以胶体析出，胶体逐渐变浓，使 $Ca(OH)_2$ 逐渐结晶析出，促进石灰浆体的硬化。

（2）碳化过程

石灰膏表面的氢氧化钙与空气中的二氧化碳反应生成碳酸钙晶体，析出的水分则逐渐被蒸发，反应式为：

$$Ca(OH)_2 + CO_2 + nH_2O = CaCO_3 + (n+1)H_2O$$

这个反应必须在有水的条件下进行，而且反应从石灰膏表层开始，进展逐趋缓慢。当表层生成碳酸钙 $Ca(OH)_2$ 结晶的薄层后，阻碍了 CO_2 的进一步深入，同时也影响水分蒸发，所以石灰硬化速度变慢，强度与硬度都不太高。

以上两个变化过程，只能在空气中进行，且 $Ca(OH)_2$ 溶于水，故石灰是气硬性的，不能用于水下或长期处于潮湿环境下的建筑物中。

2.1.3 建筑生石灰的分类和标记

1. 分类

按生石灰的加工情况分为建筑生石灰和建筑生石灰粉。

按生石灰的化学成分分为钙质石灰和镁质石灰两类。根据化学成分的含量每类分成各个等级，见表2-1。

表 2-1 建筑生石灰的分类

类　别	名　称	代　号
钙质石灰	钙质石灰 90	CL 90
	钙质石灰 85	CL 85
	钙质石灰 75	CL 75
镁质石灰	镁质石灰 85	ML 85
	镁质石灰 80	ML 80

2. 标记

生石灰的识别标志由产品名称、加工情况和产品依据标准编号组成。生石灰块在代号后面加 Q，生石灰粉在代号后面加 QP。

如符合 JC/T479—2013 的钙质生石灰粉 90 的标记为：CL 90-QP JC/T479—2013。说明：CL—钙质石灰；90—（CaO+ MgO）百分含量；QP—粉状。

JC/T479—2013—产品依据标准。

2.1.4 生石灰的技术要求

建筑生石灰的化学成分和物理性质符合表2-2和表2-3的要求。

表2-2 建筑生石灰的化学成分（%）

名　　称	（CaO+ MgO）含量	MgO 含量	CO₂ 含量	SO₃ 含量
CL 90-Q；CL 90-QP	≥90	≤5	≤4	≤2
CL 85-Q；CL 85-QP	≥85	≤5	≤7	≤2
CL 75-Q；CL 75-QP	≥75	≤5	≤12	≤2
ML 85-Q；ML 85-QP	≥85	> 5	≤7	≤2
ML 80-Q；ML 80-QP	≥80	> 5	≤7	≤2

表2-3 建筑生石灰的物理性质

名　　称	产浆量（dm³/10kg）	细度	
		0.2mm 筛余量（%）	90μm 筛余量（%）
CL 90-Q CL 90-QP	≥26 —	— ≤2	— ≤7
CL 85-Q CL 85-QP	≥26 —	— ≤2	— ≤7
CL 75-Q CL 75-QP	≥26 —	— ≤2	— ≤7
ML 85-Q ML 85-QP	— —	— ≤2	— ≤7
ML 80-Q ML 80-QP	— —	— ≤7	— ≤2

2.1.5　石灰的特性

建筑石灰的特性

（1）可塑性好

生石灰熟化成的石灰浆，是一种表面吸附水膜的高度分散的 $Ca(OH)_2$ 胶体，能降低颗粒之间的摩擦，因此具有良好的可塑性。利用这一性质，将其掺入水泥浆中，可显著提高砂浆的可塑性和保水性。

（2）凝结硬化慢、强度低

石灰浆在空气中的凝结硬化速度慢，使得 $Ca(OH)_2$ 和 $CaCO_3$ 结晶很少，最终硬化后的强度很低。

（3）硬化时体积收缩

石灰在硬化过程中要蒸发掉大量的游离水分，使得体积显著地收缩，易出现干缩裂缝。故石灰浆不宜单独使用，一般要掺入其他材料混合使用，如砂、麻刀、纸筋等，以抵抗收缩引起的开裂。

（4）吸湿性强，耐水性差

生石灰会吸收空气中的水分而熟化；硬化后的石灰，如长期处于潮湿环境或水中，$Ca(OH)_2$ 就会逐渐溶解而导致结构破坏，故耐水性差。

（5）放热量大，腐蚀性强

生石灰的熟化是放热反应，放出大量的热；熟石灰中的 $Ca(OH)_2$ 具有较强的腐蚀性。

根据建筑材料行业标准《建筑生石灰》（JC/T 479—2013）规定，按有效氧化钙及氧化镁含量及杂质的相对含量，钙质石灰与镁质石灰均可分为优等品、一等品及合格品。

2.1.6 石灰的用途

1. 拌制灰浆及砂浆

如麻刀灰、纸筋灰、石灰砂浆、混合砂浆（石灰水泥或石灰黏土混合砂浆），用于砌筑或抹面。

2. 拌制灰土、三合土

灰土为消石灰粉与黏土按 2∶8 或 3∶7 的体积比加少量水拌成。三合土为消石灰粉、黏土、砂按 1∶2∶3 的体积比，或者消石灰粉、砂、碎砖（或碎石）按 1∶2∶4 的体积比加少量水拌成。灰土及三合土经分层夯实后，强度较黏土高，而且因 $Ca(OH)_2$ 与土中的少量活性氧化硅与活性氧化铝反应，生成不溶于水的水化硅酸钙和水化铝酸钙而具有一定的水硬性。灰土、三合土主要用于建筑物、路面或地面的垫层、地基的换土处理及地下建筑物的防水。

3. 建筑生石灰粉

将生石灰磨成细粉称为建筑生石灰粉。

建筑生石灰粉可以加入石灰质量 100%～150% 的水拌成石灰浆直接使用，这样石灰的熟化、硬化便成为一个连续的过程。粉状石灰熟化较快，熟化放出的热又进一步促使硬化加快。同时，由于拌灰浆时加水较少，故建筑生石灰粉硬化后的强度可比石灰膏硬化后的强度高 2 倍左右，硬化速度快 30 倍～50 倍。此外，生石灰中夹杂的欠火灰或过火灰也磨成细粉，它们的危害大大减轻。这种用法较好，但加水量必须严格控制。

建筑生石灰粉也可先加较多的水熟化成石灰膏或石灰乳后使用。这样效果虽不如上法明显，但仍可提高石灰利用率并缩短陈伏期。

用建筑生石灰粉拌制灰土、三合土或生产硅酸盐制品，其强度可比用消石灰粉高得多。

建筑生石灰粉的质量标准应符合建筑材料行业标准《建筑生石灰》（JC/T 479—2013）的要求。

此外，石灰还可以作石灰碳化制品及硅酸盐制品的主要原料。

2.1.7 石灰的储存

生石灰储存应防潮防水，以免吸水自然熟化后硬化，并注意周围不要堆放易燃物，防止熟化时放热酿成火灾。

生石灰不宜长期储存，一般储存期不超过一个月。如要存放，可熟化成石灰膏，上覆砂土或水与空气隔绝，以免硬化。

2.2 石膏

石膏是以硫酸钙为主要成分的气硬性胶凝材料，具有轻质、高强、保温隔热、耐火、防水吸音等良好性能，石膏制品作为高效节能的新型材料，已得到快速发展并得到广泛应用。常用的石膏胶凝材料种类有建筑石膏、高强石膏、高温煅烧石膏等。

2.2.1　石膏的生产及品种

生产石膏的主要原料是天然二水石膏，又称软石膏或生石膏，也可采用各种工业副产品（化工石膏）。将天然二水石膏或化工石膏经加热、煅烧、脱水、磨细可得石膏胶凝材料。随着加热的条件和程度不同，可得到性质不同的石膏产品。

1.　建筑石膏

将天然二水石膏或工业副产品石膏经脱水处理制得的，以 β 型半水硫酸钙（$\beta–CaSO_4 \cdot 1/2H_2O$）为主要成分，不预加任何外加剂或添加剂的粉状胶凝材料称为建筑石膏。

建筑石膏为白色或灰白色粉末，密度为 $2.6g/cm^3 \sim 2.75g/cm^3$，堆积密度为 $800kg/m^3 \sim 1000kg/m^3$，多用于建筑抹灰、粉刷、砌筑砂浆及各种石膏制品。

建筑石膏按原材料种类分为天然建筑石膏（N），脱硫建筑石膏（S）和磷建筑石膏（P）。

2.　高强石膏

将二水石膏在压力为 0.13MPa、温度为 124℃的密闭蒸压釜内蒸炼，得到的是 α 型半水石膏（$\alpha—CaSO_4 \cdot 1/2H_2O$），即高强石膏。$\alpha$ 型半水石膏晶体粗大、密实强度高、用水量小，主要用于较高的抹灰工程、装饰制品和石膏板。掺入防水剂时，可生产高强防水石膏及制品。

3.　高温煅烧石膏

α 型半水石膏若继续加热，随着温度升高，会依次生成 α 型、β 型脱水半水石膏，α 型、β 型可溶性硬石膏，不溶性硬石膏和煅烧石膏。其中，脱水半水石膏及可溶性硬石膏加水后仍能很快凝结硬化，而不溶性硬石膏几乎完全不凝结，也无强度，成为死烧石膏。加热温度超过800℃时，生成的煅烧石膏，由于分解出 CaO，在 CaO 的激发下，又重新具有凝结硬化能力，被称为地板石膏（也称高温煅烧石膏）。地板石膏主要用于砌筑及制造人造大理石的砂浆，还可加入稳定剂、填料等经塑化压制成地板材料。

2.2.2　建筑石膏的硬化

建筑石膏加水拌合后，可调制成可塑性浆体，经过一段时间反应后，将失去塑性，并凝结硬化成具有一定强度的固体。其凝结硬化主要是由于半水石膏与水相互作用，还原成二水石膏：

$$CaSO_4 \cdot 1/2H_2O + 2/3H_2O \rightarrow CaSO_4 \cdot 2H_2O$$

由于二水石膏在水中的溶解度较半水石膏在水中的溶解度小得多，所以二水石膏不断从过饱和溶液中沉淀而析出胶体微粒，由于二水石膏析出，破坏了原有半水石膏的平衡浓度，这时半水石膏会进一步溶解和水化，直到半水石膏全部水化为二水石膏为止。随着水化的进行，二水石膏生成晶体量不断增加，水分逐渐减少，浆体开始失去可塑性，这称为初凝。而后浆体继续变稠，颗粒之间的摩擦力、黏结力增加，并开始产生结构强度，表现为终凝。其间晶体颗粒逐渐长大、连生和互相交错，使浆体强度不断增长，这个过程称为硬化。石膏的凝结硬化过程是一个连续的溶解、水化、胶化、结晶的过程。

2.2.3　建筑石膏的技术性质

1. 凝结硬化快

建筑石膏凝结硬化较快，一般初凝仅几分钟，终凝不超过半小时。规范规定建筑石膏的初凝时间不小于 3min，终凝时间不大于 30min。

2. 凝结硬化时体积微膨胀

建筑石膏硬化后，体积略有膨胀，所以可不掺加填料而单独使用，并能很好地填充模型，使得硬化体表面饱满，尺寸精确，轮廓清晰，具有良好的装饰性。

3. 孔隙率大、表观密度小、强度较低

建筑石膏水化的理论用水量为 18.6%，为了满足施工要求的可塑性，实际加水量为 60%～80%，石膏凝结后多余水分蒸发，导致孔隙率大、重量减轻、强度降低、导热性低、吸声性好。

4. 调温、调湿、装饰性好

由于石膏内大量毛细孔隙对空气中的水蒸气具有较强的吸附能力，所以对室内的空气湿度有一定的调节作用，再加上石膏制品表面细腻、平整、色白，是理想的环保型室内装饰材料。

5. 防火性能良好

建筑石膏硬化后的主要成分是含有两个结晶水分子的二水石膏，当遇火时，结晶水蒸发，吸收热量并在表面生成具有良好绝热性的"蒸汽幕"，能够有效抑制火焰蔓延和温度的升高。

6. 耐水性、抗渗性、抗冻性差

石膏硬化后孔隙率高，吸水性、吸湿性强，在潮湿环境中，晶体粒子间的结合力会削弱，因此不耐水，不抗冻，浸水后强度大大降低，所以使用时，应注意所处环境的影响。

根据国家标准《建筑石膏》（GB 9776—2008），建筑石膏按强度、细度、凝结时间应符合表 2-2 技术要求，按 2h 抗折强度分为 3.0、2.0、1.6 三个等级。要求分为优等品、一等品和合格品三个等级。见表 2-4。

表 2-4　　　　　　　　　　　　　　建筑石膏的技术标准

技术指标		优等品	一等品	合格品
抗折强度（MPa）		2.5	2.1	1.8
抗压强度（MPa）		4.9	3.9	2.9
细度：0.2mm 方孔筛筛余（%不大于）		5.0	10.0	15.0
凝结时间（min）	初凝时间不小于	6		
	终凝时间不大于	30		

2.2.4　石膏板

石膏板是以石膏为主要原料掺入填料、外加剂或其他材料复合制成。石膏板具有轻质、绝热、吸声、不燃和可锯可钉等性能，可用作吊顶、内墙面装饰材料。

为减轻表观密度降低导热性，可掺入锯末、膨胀珍珠岩、膨胀蛭石、陶粒、膨胀矿渣、煤渣等轻质多孔填料，也可加入泡沫剂或加气剂制成泡沫石膏板或加气石膏板；为提高抗拉强度、减小脆性，可掺入纸筋、麻丝、石棉、玻璃纤维等纤维状填料，也可在石膏板表面贴纸；在石膏板上穿孔可制成吸声板。

目前国内生产的石膏板有以下几种。

1. 纸面石膏板

建筑石膏加入适量轻质填料、纤维、发泡剂、缓凝剂等，加水拌成料浆，浇注在进行中的纸面上，成型后上层覆以面纸，经凝固、切断、烘干而成。

纸面石膏板可用作墙面、吊顶材料，也可穿孔后作吸声材料。一般纸面石膏板不宜用于潮湿环境，但表面经过特殊处理也可用潮湿环境。

2. 空心石膏条板

石膏中掺入轻质及纤维填料，制成类似混凝土空心板的条板，宽度为450mm～600mm，厚度为 60mm～100mm，长为 2500mm～3000mm，孔洞率为 30%～40%，7孔～9孔。这种板施工方便，不用龙骨，可用作轻质隔板。

3. 纤维石膏板

建筑石膏中掺入玻璃纤维、纸浆、矿棉等纤维加工制成的无纸面石膏板。它的抗弯强度和弹性模量都高于纸面石膏板。

4. 装饰石膏板

建筑石膏中加入纤维材料及少量胶料，经加水搅拌、成型、修边而制成的正方形板，边长200mm～900mm，有平板、多孔板、花纹板、浮雕板等。

2.3 水玻璃

2.3.1 水玻璃的生产及性质

土建工程中常用的水玻璃是硅酸钠（$Na_2O \cdot nSiO_2$）的水溶液，俗称泡花碱。

将石英砂或石英岩粉加入 Na_2CO_3 或 Na_2SO_4 在玻璃熔炉内熔化，在 $1300℃\sim1400℃$ 温度下，得固态水玻璃。

$$nSiO_2+Na_2CO_3 =Na_2O \cdot nSiO_2+CO_2\uparrow$$

固态水玻璃在 $0.3MPa\sim0.4MPa$ 压力的蒸汽锅内，溶于水成黏稠状的水玻璃溶液。其分子式中的 n 为 SiO_2 与 Na_2O 的物质的量，称为水玻璃的模数。

水玻璃溶于水，使用时仍可加水稀释，其溶解的难易程度与 n 值的大小有关。n 值越大，水玻璃的黏度越大，越难溶解，但却易分解硬化。土建工程中常用水玻璃的 n 值一般在 $2.5\sim2.8$。

水玻璃在空气中与 CO_2 作用，由于干燥和析出无定形二氧化硅 $nSiO_2 \cdot mH_2O$ 而硬化。

$$Na_2O \cdot nSiO_2+CO_2+mH_2O =Na_2CO_3+nSiO_2 \cdot mH_2O$$

这个反应进行得很慢，为了加速硬化，可加入适量氟硅酸钠（Na_2SiF_6）或氯化钙（$CaCl_2$）。硬化后的水玻璃是以二氧化硅（SiO_2）为主要成分的固体，属于非晶态空间网状结构，因此水玻璃具有较高的黏结强度、良好的耐酸性能和较高的耐热性。

2.3.2 水玻璃的应用

1. 作灌浆材料用以加固地基。将水玻璃溶液与氯化钙溶液同时或交替灌入地基中，填充地基土颗粒空隙并将其胶结成整体，可提高地基承载能力及地基土的抗渗性。

2. 涂刷或浸渍混凝土结构或构件，提高混凝土的抗风化及抗渗能力。但不能对石膏制品进行涂刷或浸渍，因为水玻璃与石膏反应生成硫酸钠晶体，会在制品孔隙内部产生体积膨胀，使石膏制品受到破坏。

3. 掺入砂浆或混凝土，使水泥速凝，可用于堵漏。

4. 以水玻璃为胶凝材料配制耐酸或耐热砂浆或混凝土。

5. 配制快凝防水剂，掺入水泥浆、砂浆或混凝土中，用于堵漏、抢修。

习　题

一、填空题

1. 胶凝材料按化学组成分为_____和_____。

2. 无机胶凝材料按硬化条件分为_____和_____。

3. 建筑石膏与水拌合后，最初是具有可塑性的浆体，随后浆体变稠失去可塑性，但尚无强度时的过程称为_____，以后逐渐变成具有一定强度的固体过程称为_____。

4. 国家标准《建筑石膏》（GB 9776—2008）中对建筑石膏的技术要求有_____和_____。

5. 水玻璃常用的促硬剂是_____。

二、选择题

1. 建筑石膏按原材料种类分为（　　　　）。

A. 天然建筑石膏　　　　B. 脱硫建筑石膏　　　　C. 磷建筑石膏　　　　D. 高强度石膏

2. 建筑生石灰的技术要求主要有（　　　　）。

A. 细度　　　　　　　　B. 强度　　　　　　　　C. 有效 CaO、MgO 含量

D. 未消化残渣含量　　　E. CO_2 含量　　　　　F. 产浆量

3. 石膏的技术要求主要有（　　　　）。

A. 细度　　　　　　　　　　　　　　　B. 强度

C. 有效 CaO、MgO 含量　　　　　　　D. 凝结时间

4. 生产石膏的主要原料是（　　　　）。

A. $CaCO_3$　　　　　B. $Ca(OH)_2$　　　　C. $CaSO_4 \cdot 2H_2O$　　　　D. CaO

5. 生产石灰的主要原料是（　　　　）。

A. $CaCO_3$　　　　　B. $Ca(OH)_2$　　　　C. $CaSO_4 \cdot 2H_2O$　　　　D. CaO

三、名词解释

胶凝材料；气硬性胶凝材料；水硬性胶凝材料；石膏的初凝；石膏的终凝

四、简答题

1. 气硬性胶凝材料与水硬性胶凝材料有何区别？

2. 何谓石灰的熟化和"陈伏"？为什么要"陈伏"？

3. 什么是生石灰、熟石灰、过火石灰与欠火石灰？

4. 对石灰的运输和储藏有哪些要求？

5. 石灰浆体是如何硬化的？石灰的性质有哪些特点？其用途如何？

6. 石膏为什么不宜用于室外？

7. 简述欠火石灰与过火石灰对石灰品质的影响与危害。

8. 使用石灰砂浆作为内墙粉刷材料，过了一段时间后，出现了凸出的呈放射状的裂缝，试分析原因。

9. 石膏作内墙抹灰时有什么优点？

第3章

水泥的性能与检测

　　水泥呈粉末状，与水拌和成可塑性的浆体，经过一系列物理化学变化逐渐变成坚硬的固体，并能将散粒材料或块状材料胶结成为整体的水硬性胶凝材料。水泥浆体不仅能在空气中硬化，而且还能更好地在水中硬化、保持并继续增长其强度，所以水泥属于水硬性胶凝材料。

　　水泥是主要的建筑材料之一，广泛应用于工业与民用建筑、交通、水利、电力和国防工程等各领域。水泥作为胶凝材料可以制成混凝土、钢筋混凝土和预应力混凝土构件，也可以用来配制砌筑、抹面、地面和装饰砂浆等。

【学习目标】

1. 了解硅酸盐水泥的矿物组成及特征；
2. 掌握通用硅酸盐水泥的主要技术性能及应用范围，能根据工程特点正确选择水泥；
3. 了解其他品牌水泥；
4. 掌握常用水泥的检验和贮存要求。

　　水泥按矿物组成可分为硅酸盐水泥、铝酸盐水泥、硫铝酸盐水泥和铁铝酸盐水泥等系列，其中硅酸盐系列水泥生产量最大，而且应用最为广泛。

　　水泥按用途和特性分为通用水泥、专用水泥以和特性水泥三大类。通用水泥是指用于土木建筑工程一般用途的水泥，如硅酸盐水泥、普通硅酸盐水泥、矿渣硅酸盐水泥、火山灰质硅酸盐水泥、粉煤灰硅酸盐水泥和复合硅酸盐水泥，即所谓六大水泥。专用水泥是指适应专门用途的水泥，如砌筑水泥、道路水泥和油井水泥等。特性水泥是指具有比较突出的某种性能的水泥，如快硬硅酸盐水泥、抗硫酸盐硅酸盐水泥、膨胀水泥和中热、低热矿渣水泥等。

3.1 硅酸盐水泥

3.1.1 硅酸盐水泥的定义

根据按国家标准《通用硅酸盐水泥》（GB 175—2007）规定，凡由硅酸盐水泥熟料、0%～5%石灰石或粒化高炉矿渣、适量石膏磨细制成的水硬性胶凝材料，称为硅酸盐水泥。

硅酸盐水泥分为Ⅰ型和Ⅱ型两种类型：不掺加混合材料的称Ⅰ型硅酸盐水泥，其代号为P·Ⅰ；在硅酸盐水泥熟料粉磨时掺入不超过水泥质量5%的石灰石或粒化高炉矿渣混合材料的水泥称Ⅱ型硅酸盐水泥，其代号为P·Ⅱ。

3.1.2 硅酸盐水泥的生产

生产硅酸盐水泥的原料主要是石灰质原料、黏土质原料和少量校正原料。石灰质原料主要提供 CaO，如石灰石和白垩等。黏土质原料主要提供 SiO_2、Al_2O_3 和少量的 Fe_2O_3，如黏土、黄土和页岩等。校正原料主要提供 Fe_2O_3 和 SiO_2，如铁矿粉、砂岩等。

硅酸盐水泥的生产过程简单概括起来为"两磨一烧"。以石灰质原料与黏土质原料为主，有时加入少量铁矿粉等，按适当比例配合共同磨细成生料粉（干法生产）或生料浆（湿法生产），经均化后送入回转窑或立窑中进行高温煅烧得到水泥熟料，再将熟料与适量石膏共同磨细，即可得到 P·Ⅰ型硅酸盐水泥。P·Ⅰ型硅酸盐水泥的生产工艺流程，如图 3-1 所示。

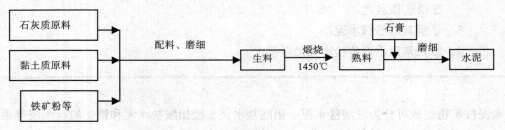

图 3-1 硅酸盐水泥生产工艺流程示意图

3.1.3 硅酸盐水泥的组成

硅酸盐水泥由熟料、石膏和混合材料三部分组成。

1. 硅酸盐水泥熟料的矿物组成和特性

将生料煅烧得到熟料，在煅烧过程中，生料中的 CaO、SiO_2、Al_2O_3 和 Fe_2O_3 等氧化物在高温下互相反应而生成以硅酸钙为主要成分的产物。硅酸盐水泥熟料矿物的组成主要有：硅酸三钙（$3CaO \cdot SiO_2$ 简写为 C_3S）；硅酸二钙（$2CaO \cdot SiO_2$ 简写为 C_2S）；铝酸三钙（$3CaO \cdot Al_2O_3$ 简写为 C_3A）；铁铝酸四钙（$4CaO \cdot Al_2O_3 \cdot Fe_2O_3$ 简写为 C_4AF）。

水泥熟料中各种矿物成分及其含量决定了水泥的性能，硅酸盐水泥熟料矿物的特性见表 3-1。

表 3-1　　　　　　　　　　硅酸盐水泥熟料矿物的特性

特性	硅酸三钙（C_3S）	硅酸二钙（C_2S）	铝酸三钙（C_3A）	铁铝酸四钙（C_4AF）
含量（%）	37～60	15～37	7～15	10～18
水化反应速度	快	慢	最快	快
水化放热量	大	小	最大	中
强度	高	早期低，后期高	低	低
耐腐蚀性	差	好	最差	中

由表 3-1 可知，硅酸三钙（C_3S）的水化速度较快，水化热较大，且热量主要是早期放出，其强度最高，尤其对早期强度影响明显，是决定水泥强度的主要矿物；硅酸二钙（C_2S）的水化速度最慢，水化热最小，且热量主要是后期放出，是保证水泥后期强度的主要矿物；铝酸三钙（C_3A）对硅酸盐水泥的整体强度影响不大，但是凝结硬化速度最快、水化热最大而且硬化时体积收缩最大；铁铝酸四钙的强度和硬化速度一般，主要特性是干缩性小，耐磨性和耐化学腐蚀性好，有利于提高水泥抗折强度。由于水泥是几种熟料矿物的混合物，改变矿物组成的相对含量，水泥的性能即发生相应的变化，可制成不同性能的水泥。如提高铝酸三钙含量，可制得高强水泥；提高硅酸三钙和铝酸三钙含量，可制得快硬水泥；提高硅酸二钙含量，降低硅酸三钙和铝酸三钙含量，可制得中、低热水泥；提高铝酸四钙含量，降低铝酸三钙含量，可制得道路水泥。

上面四种矿物中硅酸盐矿物（包括硅酸三钙与硅酸二钙）是主要的，它们占水泥熟料总含量的 70% 以上。铝酸三钙和铁铝酸四钙称为溶剂性矿物，一般占水泥熟料总量的 18%～25%。为了得到合理矿物组成的水泥熟料，要严格控制生料的化学成分及煅烧条件。

2. 石膏缓凝剂

在水泥生产过程中掺入了适量石膏与熟料共同粉磨，石膏的作用是调节水泥的凝结时间，减缓水泥凝结速度，使之便于施工操作。一般石膏的掺入量为水泥质量的 3%～5%。

3.1.4　硅酸盐水泥的水化和凝结硬化

水泥加水拌合后形成可塑性的水泥浆，水泥颗粒表面的矿物会与水发生化学水化反应，随着水化反应的进行，水泥浆体逐渐变稠失去可塑性，这一过程称为水泥的凝结；随着水化反应的继续进行，凝结的水泥浆逐渐产生强度并发展成为坚硬的水泥石，这一过程成为硬化。水泥的水化是复杂的化学反应，水泥的凝结、硬化是一个连续的、复杂的物理化学变化过程。

1. 水泥熟料矿物的水化

水泥加水后，水泥颗粒表面的熟料矿物开始与水发生化学反应，形成水化产物，并放出一定热量，其反应式如下：

$$2（3CaO \cdot SiO_2）+6H_2O \rightarrow 3CaO \cdot 2SiO_2 \cdot 3H_2O +3Ca（OH）_2$$

　　　　硅酸三钙　　　　　　　　水化硅酸钙　　　　氢氧化钙

$$2（2CaO \cdot SiO_2）+4H_2O \rightarrow 3CaO \cdot 2SiO_2 \cdot 3H_2O +Ca（OH）_2$$

　　　　硅酸二钙

$$3CaO \cdot Al_2O_3+6H_2O \rightarrow 3CaO \cdot Al_2O_3 \cdot 6H_2O$$

　　　　铝酸三钙　　　　　　　　　水化铝酸钙

$$4CaO \cdot Al_2O_3 \cdot Fe_2O_3+ 7H_2O \rightarrow 3CaO \cdot Al_2O_3 \cdot 6H_2O+ CaO \cdot Fe_2O_3 \cdot H_2O$$

　　铁铝酸四钙　　　　　　　　水化铝酸三钙　　　　　水化铁酸钙

$$3CaO \cdot Al_2O_3 \cdot 6H_2O+3（CaSO_4 \cdot 2H_2O）+19H_2O \rightarrow 3CaO \cdot Al_2O_3 \cdot 3CaSO_4 \cdot 31H_2O$$

　　水化铝酸钙　　　　　　　石膏　　　　　　　　高硫型水化硫铝酸钙（钙矾石）

表 3-2 列出了各种水化产物的名称及代号。

表 3-2　　　　　　　　　　硅酸盐水泥的主要水化产物名称、代号及含量范围

水化产物分子式	名称	代号	所占比例
$3CaO \cdot 2SiO_2 \cdot 3H_2O$	水化硅酸钙	$C_3S_2H_3$ 或 C-S-H	70%
$Ca（OH）_2$	氢氧化钙	CH	20%
$3CaO \cdot Al_2O_3 \cdot 6H_2O$	水化铝酸钙	C_3AH_6	不定
$CaO \cdot Fe_2O_3 \cdot H_2O$	水化铁酸一钙	CFH	不定
$3CaO \cdot Al_2O_3 \cdot 3CaSO_4 \cdot 31H_2O$	高硫型水化硫铝酸钙(钙矾石)	$C_3AS_3H_{31}$	不定

　　从上述反应式中可以看出，硅酸盐水泥水化后，生成的主要水化产物为水化硅酸钙（$3CaO \cdot 2SiO_2 \cdot 3H_2O$）、水化铁酸钙（$CaO \cdot Fe_2O_3 \cdot H_2O$）凝胶体；氢氧化钙[$Ca（OH）_2$]、水化铝酸钙（$3CaO \cdot Al_2O_3 \cdot 6H_2O$）、水化硫铝酸钙（$3CaO \cdot Al_2O_3 \cdot 3CaSO_4 \cdot 32H_2O$）晶体等，其中水化硅酸钙几乎不溶于水，具有胶体物质的特性，通常称为 C-S-H 凝胶，具有较高的强度。

　　水泥熟料磨细后，与水反应快，凝结时间很短，不便使用。为了调节水泥的凝结时间，在熟料磨细时，掺适量石膏与反应最快的熟料矿物铝酸三钙的水化物作用生成难溶的水化硫铝酸钙，覆盖于未水化的铝酸三钙周围，阻止其继续快速水化，因而延缓了水泥的凝结时间。

2. 硅酸盐水泥的凝结硬化

　　水泥的凝结硬化是非常复杂的过程。国内外许多学者提出了许多关于水泥凝结硬化的理论，如结晶理论、胶体理论等。随着现代科技的发展进步，水泥凝结硬化理论不断发展完善，但仍然存在许多问题，有待于进一步研究。

　　水泥加水拌和后，水泥颗粒表面开始与水发生水化反应，未水化的水泥颗粒分散在水中，形成水泥浆体[见图 3-2（a）]；随着水化反应的进行，生产的水化产物逐渐形成水化物膜层，此时的水泥浆既有可塑性又有流动性[见图 3-2（b）]。随着水化反应的继续进行，水化产物增多、膜层增厚，并互相接触连接，形成凝聚结构。此时，水泥浆体就开始失去流动性和部分可塑性，但不具有强度，即水泥的初凝[见图 3-2（c）]。当水化作用不断深入并加速进行，生成较多的凝胶和晶体水化产物，并互相贯穿而使网络结构不断加强，终至水泥浆体完全失去可塑性，并具有一定的强度，此水泥的终凝[见图 3-2（d）]。之后，水化反应进一步进行，水化物

也随时间的延续而增加，且不断填充于毛细孔中，水泥浆体形成的网络结构更趋致密，水泥石的强度大为提高并逐渐变成坚硬固体，这一过程称为水泥的硬化。

水泥的硬化持续时间很长，而且强度增长率也不同，最初 3d 内的强度增大幅度较大，3d 到 7d 强度的增长率有所下降，7d 到 28d 前度增长率进一步下降，28d 强度增长率越来越小，甚至几十年后水泥的强度仍在缓慢增长。

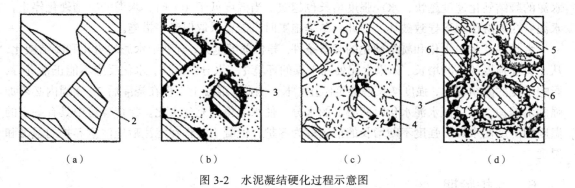

（a）　　　　（b）　　　　（c）　　　　（d）

图 3-2　水泥凝结硬化过程示意图

1—水泥颗粒；2—水；3—凝胶体；4—晶体；5—水泥颗粒未水化部分；6—毛细孔

3.1.5　影响硅酸盐水泥凝结硬化的因素

1．水泥熟料矿物的组成

水泥熟料的矿物组成是影响水泥凝结硬化的最主要因素。水泥熟料中不同矿物组成的凝结硬化速度不同，当各种矿物的比例不同时，水泥的凝结硬化速度不同，强度增长和水化热也不同。当提高水泥熟料中 C_3S 和 C_3A 含量时，水泥的水化反应速率快，凝结硬化速度加快。

2．水泥细度

水泥颗粒的粗细直接影响水泥的水化、凝结硬化、强度及水化热等。在同等条件下，水泥颗粒越细，总表面积越大，与水接触面积越大，水化反应速度快，水化产物增长快，凝结硬化快，早期强度高。但水泥颗粒过细，水泥硬化时产生的收缩较大，影响后期强度；水泥磨得越细，耗能越多，成本越高，而且水泥颗粒过细，容易与空气中的二氧化碳反应，使水泥的贮存期缩短。

3．石膏掺量

水泥中掺入石膏的目的是用于调节水泥的凝结时间，起到缓凝作用，而且由于反应产生的水化物钙矾石晶体还能改善水泥石的早期强度。但石膏的掺量过多时，反而不能起到缓凝作用，会引起水泥强度降低，严重时会引起水泥体积安定性不良，使水泥石产生膨胀开裂。因此，石膏的掺量应适当，一般为水泥质量的 3%～5%。

4．水灰比

水泥的水灰比是指水泥浆中水与水泥质量之比。拌和水泥浆时，当所加入的水量远远超过水泥水化所需用水量时，多余的水在硬化的水泥石内形成数量较多的毛细孔，降低了水泥的密实程度，从而使水泥石的强度降低。

5．温度和湿度

适宜的温度和湿度有利于水泥的水化和凝结硬化，有利于水泥的早期强度发展。温度越高，水泥的凝结硬化速度越快，水泥强度增长也越快。当温度低于 0℃时，水泥的凝结硬化停止，水泥石在冻融作用下导致破坏。因此，冬季施工时，需要采取保温等措施。

水是保证水泥水化和凝结硬化的必备条件。养护湿度越大，有利于水泥的水化和凝结硬化，从而保证强度的不断增长。如果水泥处在干燥的环境中，水分蒸发快，水化反应不能正常进行，影响水泥的凝结硬化，强度增长慢甚至停止增长。因此，混凝土工程在浇灌后 2～3 周内必须加强洒水养护，以保证水泥水化时所必需的水分，使水泥得到充分水化。保持环境中具有一定的温度和湿度使水泥石强度不断增长的措施称为养护，混凝土工程在浇注后应注意养护的温度和湿度。

6．养护龄期

水泥的水化硬化是一个长时间不断深入进行的过程，在适宜的温度和湿度养护条件下，水泥石的强度随龄期增长而增长。实践证明，水泥一般在 28d 内水化速度较快，强度发展也较快，28d 后强度增长缓慢，但水泥的强度增长可以持续若干年。工程中常以水泥 28d 的强度作为设计依据。

水泥的凝结硬化除与以上因素有关外，还与水泥的受潮程度和掺入外加剂的种类等因素有关。

3.1.6　硅酸盐水泥的技术性质

国家标准《通用硅酸盐水泥》（GB 175—2007）对硅酸盐水泥的主要技术性质要求如下。

1．细度

细度是指水泥颗粒的粗细程度。水泥的细度影响水泥需水量、凝结时间、强度和安定性。水泥颗粒越细，与水反应的表面积越大，因而水化反应的速度越快，水泥石的早期强度越高，但水泥颗粒过细，硬化体的收缩也大，易产生裂缝，而且水泥在储运过程中易受潮而降低活性。因此，水泥细度应适当，根据国家标准规定，硅酸盐水泥的细度用比表面积表示，其比表面积应不小于 300 m^2/kg。

2．标准稠度及标准稠度用水量

水泥标准稠度是指以标准方法拌制水泥净浆、测试并达到规定的可塑性时的稠度。水泥净浆标准稠度用水量是指水泥净浆达到标准稠度所需的加水量，它用水和水泥质量之比的百分数表示。在测定水泥凝结时间、体积安定性等性能时，为使所测结果有可比性，规定在试验时所使用的水泥净浆必须按国家标准《水泥标准稠度用水量、凝结时间、安定性检验方法》（GB/T 1346—2001）规定进行测试，并达到规定的水泥净浆标准稠度。由于各种水泥的矿物组成、细度和混合材料的种类及掺量不同，拌合成标准稠度时的用水量也不同，水泥标准稠度用水量一般为 24%～33%。

3. 凝结时间

凝结时间是指水泥从加水开始到失去流动性，即从可塑状态发展到开始形成固体状态所需的时间。水泥凝结时间分为初凝时间和终凝时间。初凝时间为水泥从开始加水拌和起至水泥浆开始凝结所需的时间；终凝时间是从水泥开始加水拌和起至水泥浆完全凝结，并开始产生强度所需的时间。

水泥的凝结时间对施工有重大意义。水泥的初凝不宜过短，以便在施工时有足够的时间完成混凝土或砂浆的搅拌、运输、浇筑和振捣等操作；水泥的终凝不宜过长，以便使混凝土尽快硬化具有一定的强度，尽快拆除模板，提高施工效率。国家标准规定：硅酸盐水泥初凝时间不得早于 45min，终凝时间不得迟于 390min。

4. 体积安定性

水泥安定性是指水泥在凝结过程中体积变化的均匀性。安定性不良的水泥，在浆体硬化过程中或硬化后体积发生不均匀的膨胀、翘曲，并引起开裂。体积安定性不良的水泥应做不合格品处理，严禁用于工程中。

引起水泥安定性不良的主要原因有三个。

（1）游离氧化钙过多。熟料中所含过烧的游离氧化钙（f—CaO）水化速度很慢，往往在水泥硬化后才开始水化，这些氧化物在水化时体积剧烈膨胀，从而使水泥石开裂。国家标准规定，用沸煮法检验游离氧化钙引起的水泥安定性不良，可采用试饼法和雷氏法进行测试。

（2）游离氧化镁过多。原料中 MgO 过多时，经高温煅烧后形成游离氧化镁（f—MgO），游离氧化镁与水反应非常缓慢，在水泥硬化几个月后膨胀引起开裂。国家标准规定，水泥熟料中游离氧化镁含量不得超过 5.0%，或采用压蒸法检验游离氧化镁引起的水泥安定性不良。

（3）掺入的石膏过多。当石膏掺入过多时，在水泥硬化后，多余的石膏与水泥石中固态的水化铝酸钙继续反应生高硫型水硫铝酸钙晶体（$3CaO \cdot Al_2O_3 \cdot 3CaSO_4 \cdot 31H_2O$），使体积膨胀，也会引起水泥石开裂。因此，国家标准规定：三氧化硫含量不得超过 3.5%。

5. 强度与强度等级

水泥强度是水泥的重要指标，是评定水泥强度等级的依据。水泥强度与水泥的矿物组成、水泥细度、混合材料的品种及掺量等因素有关。

《水泥胶砂强度检验标准方法（ISO 法）》（GB/T 17671—1999）规定：试体是由按质量计的一份水泥、三份中国 ISO 标准砂，用 0.5 的水灰比拌制的一组塑性胶砂制成。中国 ISO 标准砂的水泥抗压强度结果必须与 ISO 基准砂的相一致。在试体成型试验室的温度应保持在 20℃±2℃，相对湿度应不低于 50%，按规定的方法制成 40mm×40mm×160mm 的试件，在标准条件下（温度 20℃±1℃，相对湿度在 90%以上）进行养护，分别测其 3d、28d 的抗压强度和抗折强度，以确定水泥的强度等级。根据硅酸盐水泥 3d、28d 的抗压强度和抗折强度划分硅酸盐水泥强度等级，并按照 3d 强度的大小分为普通型和早强型（用 R 表示）。

硅酸盐水泥分为 42.5、42.5R、52.5、52.5R、62.5、62.5R 六个强度等级。各强度等级水泥的各龄期强度值不得低于国家标准《通用硅酸盐水泥》（GB 175—2007）规定（见表 3-3），如有一项指标低于表中数值，则应降低强度等级。

表 3-3　　　　　　　　　　　　　硅酸盐水泥各龄期的强度值

品　　种	强度等级	抗压强度（MPa）		抗折强度（MPa）	
		3d	28d	3d	28d
硅酸盐水泥	42.5	17.0	42.5	3.5	6.5
	42.5R	22.0	42.5	4.0	6.5
	52.5	23.0	52.5	4.0	7.0
	52.5R	27.0	52.5	5.0	7.0
	62.5	28.0	62.5	5.0	8.0
	62.5R	32.0	62.5	5.5	8.0

6．水化热

水化热是指水泥和水之间发生水化反应放出的热量，通常以焦耳/千克（J/kg）表示。水泥水化放出的热量以及放热速度，主要决定于水泥的矿物组成、细度、混合材料的品种及掺量等。熟料矿物中铝酸三钙和硅酸三钙的含量越高，水泥细度越细，则水化热越大。水化热较大的水泥对冬季施工是有利的，在一定程度上能防止冻害，但对于大体积混凝土工程是有害的，由于水化热大量聚集在内部，造成混凝土内部与表面的温差较大，内部受热膨胀，表面冷却收缩，从而在温度应力下引起混凝土开裂。因此，在大体积混凝土工程施工中，不宜采用水化热较大的硅酸盐水泥，而应采用水化热小的水泥，如中热水泥、低热矿渣水泥等，水化热的数值可根据国家标准规定的方法测定。

7．化学指标

国家标准还对硅酸盐水泥的不溶物、烧矢量、氯离子、氯离子、三氧化硫和氧化镁含量等化学指标做了明确规定。

3.1.7　水泥石的腐蚀

水泥石在通常使用条件下具有较好的耐久性。当在某些侵蚀性的介质长期作用下，如流动的淡水、酸和酸性水、强碱等作用下，水泥石的结构会逐渐遭到破坏，变得疏松，强度下降甚至破坏，这种现象称为水泥的腐蚀。

引起水泥石腐蚀的原因很多，作用也很复杂，现简单介绍几种主要的侵蚀类型。

1．软水侵蚀（溶出性侵蚀）

工业冷凝水、蒸馏水、天然的雨水、雪水以及含重碳酸盐很少的河水及湖水，均属软水。硅酸盐水泥属于典型的水硬性胶凝材料，对于一般的江、河、湖水等具有足够的抵抗能力。在静水或无水压的水中，软水的侵蚀仅限于表面，水泥石受到的侵蚀不明显。当水泥石长期与流动的软水作用时，软水将已硬化的水泥石中的固相组分（特别是水化产物氢氧化钙）逐渐溶解带走，氢氧化钙的溶失，并促使硬化水泥石中的水化硅酸钙、水化铝酸钙的分解，最后变成无胶结能力的低碱性硅酸凝胶和氢氧化铝。由于硅酸盐水泥水化形成的水泥石中氢氧化钙含量可达 20%，所以受溶出性侵蚀尤为严重。

2. 酸性侵蚀

（1）碳酸侵蚀。工业污水、地下水常溶解较多的二氧化碳。水中的二氧化碳与水泥石中氢氧化钙反应生成的碳酸钙，如碳酸钙继续与含碳酸的水作用，则变成易溶于水的碳酸氢钙 $[Ca（HCO_3）_2]$，由于碳酸氢钙的溶失、氢氧化钙浓度的降低，会使水泥石中其他水化产物的分解，从而使水泥石结构破坏。其化学反应如下：

$$Ca（OH）_2+CO_2+H_2O \rightarrow CaCO_3+2H_2O$$
$$CaCO_3+CO_2+H_2O \rightarrow Ca（HCO_3）_2$$

由碳酸钙转变为碳酸氢钙的反应是可逆的，当水中溶有较多的 CO_2 时，则上式反应同右进行，形成碳酸的侵蚀。

（2）一般酸侵蚀。工业废水、地下水中、沼泽水中常含无机酸和有机酸，工业窑炉中烟气常含有二氧化硫，遇水后即生成亚硫酸。各种酸类对水泥石造成不同程度的腐蚀作用，它们与水泥石中的氢氧化钙作用后生成的化合物，或者易溶于水，或者体积膨胀而导致水泥石破坏。对水泥石腐蚀作用最快的是无机酸中的盐酸、氢氟酸、硫酸和有机酸中的醋酸、蚁酸和乳酸。以盐酸、硫酸和水泥石中氢氧化钙作用为例，其反应式如下：

盐酸水泥石中的氢氧化钙作用：

$$2HCl+Ca（OH）_2 \rightarrow CaCl_2+2H_2O$$

生成的氯化钙易溶于水而导致水泥石破坏。

硫酸与水泥石中的氢氧化钙作用：

$$H_2SO_4+Ca（OH）_2 \rightarrow CaSO_4 \cdot 2H_2O$$

生成的二水石膏（$CaSO_4 \cdot 2H_2O$）结晶膨胀对水泥石产生膨胀性破坏。

3. 盐类侵蚀

（1）硫酸盐侵蚀。海水、地下水及某些工业污水中常含有钠、钾、铵等的硫酸盐，它们与水泥石中的氢氧化钙反应生成硫酸钙，硫酸钙与水泥石中固态的水化铝酸钙作用，生成比原体积增加 1.5 倍以上的高硫型水化硫铝酸钙（钙矾石），由于体积膨胀而使已硬化的水泥石开裂、破坏。其反应式为：

$$3CaO \cdot Al_2O_3 \cdot 6H_2O+3（CaSO_4 \cdot 2H_2O）+ 19H_2O \rightarrow 3CaO \cdot Al_2O_3 \cdot 3CaSO_4 \cdot 31H_2O$$

（2）镁盐侵蚀。海水及地下水中常含有大量的镁盐，主要是硫酸镁和氯化镁。它们与水泥石中的氧氧化钙反应，其反应式如下：

$$MgSO_4+Ca（OH）_2+2H_2O \rightarrow CaSO_4 \cdot 2H_2O+Mg（OH）_2$$
$$MgCl_2+Ca（OH）_2 \rightarrow CaCl_2+Mg（OH）_2$$
$$3CaO \cdot Al_2O_3 \cdot 6H_2O+3（CaSO_4 \cdot 2H_2O）+19H_2O \rightarrow 3CaO \cdot Al_2O_3 \cdot 3CaSO_4 \cdot 31H_2O$$

反应生成的氢氧化镁 $[Mg（OH）_2]$ 松软而无胶凝能力，氯化钙（$CaCl_2$）和硫酸钙（$CaSO_4 \cdot 2H_2O$）易溶解于水，均能使水泥石强度降低或破坏。同时，尚未溶出的硫酸钙可与水泥石中的铝酸盐反应，引起水泥石膨胀破坏。因此，硫酸镁对水泥石起着镁盐和硫酸盐的双重侵蚀作用。

4. 强碱侵蚀

硅酸盐水泥水化产物呈碱性，一般碱类溶液如浓度不大时一般是无害的，但铝酸盐含量较高的硅酸盐水泥遇到强碱作用后也会破坏，如氢氧化钠可与水泥石中未水化的铝酸钙作用，生成易溶的铝酸钠。

$$3CaO \cdot Al_2O_3 + 6NaOH \rightarrow 3Na_2O \cdot Al_2O_3 + 3Ca（OH）_2$$

$$2NaOH + CO_2 \rightarrow Na_2CO_3 + H_2O$$

当水泥石被氢氧化钠溶液浸透后又在空气中干燥，与空气中的二氧化碳作用生成碳酸钠。碳酸钠在水泥石毛细孔中结晶膨胀，导致水泥石破坏。

5. 腐蚀

水泥石的腐蚀实际上是一个极为复杂的物理化学作用过程，且很少为单一的腐蚀作用，常常是几种作用同时存在，互相影响。内因和外因共同导致水泥石发生腐蚀，外因是侵蚀性介质，而内因是水泥石的组成和结构两个因素：一是水泥石中存在氢氧化钙和水化铝酸钙等易引起腐蚀的成分，二是水泥石本身结构不密实，侵蚀性介质易于进入内部引起破坏。

根据以上腐蚀原因的分析，可采取下列防腐蚀的措施：

（1）根据侵蚀环境特点，合理选用水泥品种。例如，选用水化物中氢氧化钙含量少的水泥，可以提高对软水等侵蚀作用的抵抗能力；为了抵抗硫酸盐腐蚀，可用含铝酸钙低的水泥。

（2）提高水泥石的密实度。为了提高水泥混凝土的密实度，使侵蚀性介质不易渗入内部，应该合理设计混凝土的配合比，尽可能采用低水灰比和选择适当的施工方法，如机械搅拌、振捣、掺外加剂等。此外，还可以在水泥石表面进行碳化或氟硅酸处理，使之生成难溶的碳酸钙外壳或氟化钙及硅胶薄膜，以提高表面的密实度，也可减少侵蚀性介质的渗入。

（3）加作保护层用耐腐蚀的石料、陶瓷、塑料、沥青等覆盖于水泥石的表面，以防止腐蚀介质与水泥石直接接触。

3.1.8　硅酸盐水泥的特性及应用

1. 强度高

硅酸盐水泥凝结硬化速度快，强度高，且强度增长速度快，因此适合于早期强度要求高的工程、高强混凝土结构和预应力混凝土结构，如现浇混凝土梁、板、柱和预制构件。

2. 水化热高

硅酸盐水泥中硅酸三钙、铝酸三钙含量高，早期放热量大，放热速度快，对冬季施工较为有利。但放热量大对于大体积混凝土施工不利，不适于做大坝等大体积混凝土工程和冬季施工。

3. 抗冻性好

硅酸盐水泥拌和物不易发生泌水现象，硬化后的水泥石较密实，所以抗冻性好。适合于冬期施工高寒地区受反复冻融作用的混凝土工程。

4. 碱度高、抗碳化能力强

硅酸盐水泥硬化后水泥石呈碱性，而处于碱性环境中的钢筋可在其表面形成一层钝化膜保护钢筋，不容易锈蚀。

水泥石中的氢氧化钙和空气中的二氧化碳和水作用生成碳酸钙的过程称为碳化。碳化使水化产物由碱性变为中性，从而使钢筋因没有碱性环境的保护而发生锈蚀，造成混凝土结构的破坏。但硅酸盐水泥中由于氢氧化钙的含量高，碳化时水泥的碱度下降少，所以其抗碳化能力强。特别适用于重要的钢筋混凝土结构和二氧化碳浓度高的环境。

5. 耐腐蚀性差

由于硅酸盐水泥中含有大量的氢氧化钙及水化铝酸三钙，容易受到软水、酸类和一些盐类的侵蚀，因此不适于用在受流动水、压力水、酸类及硫酸盐侵蚀的工程。

6. 耐热性差

硅酸盐水泥石在超过250℃时水化物开始脱水，水泥石强度下降，当受热达600℃以上时，水泥石由于体积膨胀而造成破坏。因此硅酸盐水泥不宜单独用于耐热混凝土工程。

3.2 掺混合材料的硅酸盐水泥

凡在硅酸盐水泥熟料中，掺入一定量的混合材料和适量石膏，共同磨细制成的水硬性胶凝材料，均属于掺混合材料的硅酸盐水泥。在硅酸盐水泥中掺加一定量的混合材料，能改善原水泥的性能，增加品种，提高产量，节约熟料，降低成本，扩大水泥的使用范围。

按掺入混合材料的品种和数量，掺混合材料的硅酸盐水泥可分为普通硅酸盐水泥、矿渣硅酸盐水泥、火山灰质硅酸盐水泥、粉煤灰硅酸盐水泥、复合硅酸盐水泥等。上述掺混合材料的硅酸盐水泥属通用水泥类。

3.2.1 混合材料

在水泥生产过程中，为改善水泥性能，调节水泥强度等级而掺入泥中的矿物质原料称为混合材料。混合材料分为活性混合材料和非活性混合材料。

1. 活性混合材料

活性混合材料是指能与水泥水化产物氢氧化钙等发生化学反应，生成水硬性胶凝材料，凝结硬化后具有强度并能改善硅酸盐水泥的某些性质，称为活性混合材料。

活性混合材料具有火山灰性或潜在水硬性，或兼有火山灰性和水硬性的矿物质材料。火山灰性是指磨细的矿物质材料和水拌和成浆体后，单独不具有水硬性，但在常温下与外加的石灰一起和水后的浆体，能形成具有水硬性化合物的性能，如火山灰、粉煤灰、硅藻土等。潜在水硬性是指该类矿物质材料只需在少量外加剂的激发条件下，即可利用自身溶出的化学成分，生成具有水硬性的化合物，如粒化高炉矿渣等。常用活性混合材料主要有：粒化高炉矿渣、火山灰质混合材料和粉煤灰。

（1）粒化高炉矿渣。粒化高炉矿渣是高炉冶炼生铁所得，以硅酸钙与铝硅酸钙等为主要成分的熔融物，经急速冷却而形成的颗粒。矿渣的化学成分主要为三氧化二铝、二氧化硅，通常占总量的 90%以上，此外尚有少量的氧化镁、氧化亚铁和一些硫化物等。矿渣的活性，不仅取决于化学成分，而且在很大程度上取决于内部结构。矿渣熔体在急冷成粒时，阻止了熔体向结晶结构转变，而形成玻璃体，因此具有潜在水硬性，即粒化高炉矿渣在有少量激发剂的情况下，其浆体具有水硬性。

（2）火山灰质混合材料。火山灰质混合材料是具有火山灰性的天然或人工的矿物质材料。如天然的火山灰、凝灰岩、浮石、硅藻土等，人工的有烧黏土、煤矸石灰渣、粉煤灰及硅灰等。火山灰质混合材料的化学成分主要为三氧化二铝、二氧化硅，其潜在水硬性原理与粒化高炉矿渣相同。

（3）粉煤灰。粉煤灰是从电厂煤粉炉烟道气体中收集的粉末，以三氧化二铝和二氧化硅为主要化学成分，含少量的氧化钙。粉煤灰的潜在水硬性原理与粒化高炉矿渣相同。

2. 非活性混合材料

非活性混合材料是指在水泥中主要起填充作用，而又不损害水泥性能的矿物质材料。非活性混合材料掺入水泥中主要起调节水泥强度等级，增加水泥产量及降低水化热等作用。常用的非活性混合材料有磨细石英砂、石灰粉及磨细的块状高炉矿渣与高硅质炉灰等。

3.2.2 掺混合材料硅酸盐水泥的组成及技术要求

1. 普通硅酸盐水泥

普通硅酸盐水泥简称普通水泥，其代号为 P·O，是由硅酸盐水泥熟料 5%～20%混合材料、适量石膏，经磨细制成的水硬性胶凝材料。掺活性混合材料时，最大掺量不得超过 20%，其中允许用不超过水泥质量 5%的窑灰或不超过水泥质量 8%的非活性混合材料来代替。掺非活性混合材料，最大掺量不得超过水泥质量的 8%。

由于普通硅酸盐水泥混合材料掺量很少，因此其性能与同等级的硅酸盐水泥相近。但由于掺入了少量的混合材料，与硅酸盐水泥相比，普通水泥硬化速度稍慢，其 3d、28d 的抗压强度稍低，这种水泥被广泛应用于各种强度等级的混凝土或钢筋混凝土工程，是我国水泥的主要品种之一。国家标准《通用硅酸盐》（GB 175—2007）中对普通硅酸盐水泥的技术要求为：

（1）细度。用比表面积法进行检验，普通硅酸盐水泥的比表面积应不小于 300 m²/kg。

（2）凝结时间。初凝不得早于 45min。终凝不得迟于 600 min。

（3）强度等级。普通硅酸盐水泥的强度等级分为 42.5、42.5 R、52.5、52.5 R 共 4 个强度等级，各强度等级。各龄期的强度应满足表 3-4 所示的数值。

表 3-4		普通硅酸盐水泥各强度等级、各龄期强度值		
强度等级	抗压强度（MPa）		抗折强度（MPa）	
	3d	28d	3d	28d
42.5	16.0	42.5	3.5	6.5
42.5R	21.0	42.5	4.0	6.5
52.5	22.0	52.5	4.0	7.0
52.5R	26.0	52.5	5.0	7.0

2. 矿渣硅酸盐水泥、火山灰质硅酸盐水泥、粉煤灰硅酸盐水泥和复合硅酸盐水泥

（1）定义、代号及水化特点

① 矿渣硅酸盐水泥。凡由硅酸盐水泥熟料和粒化高炉矿渣、适量石膏磨细制成的水硬性胶凝材料称为矿渣硅酸盐水泥（简称矿渣水泥），代号 P·S（A 或 B）。当水泥中粒化高炉矿渣掺量按质量百分比计为 21%～50%时，代号为 P·S·A；当水泥中粒化高炉矿渣掺量按质量百分比计为 51%～70%时，代号为 P·S·B。允许用活性混凝土材料、非活性混合材料和窑灰中的任意一种材料代替矿渣，代替数量不得超过水泥质量的 8%。

矿渣硅酸盐水泥的水化分两步进行，即二次水化。首先是熟料矿物的水化，生成水化硅酸钙、氢氧化钙、水化铝酸钙、水化铁酸钙和水化硫铝酸钙等水化产物；其次是活性混合材料的水化，$Ca(OH)_2$ 起着碱性激发剂的作用，使混合材料中的 Al_2O_3 和 SiO_2 充分发挥活性，它与 Al_2O_3 和 SiO_2 作用生成水化硅酸钙、水化铝酸钙等水化产物，两种反应交替进行又相互制约。

矿渣硅酸盐水泥中的石膏，一方面可以调节水泥的凝结时间；另一方面起着激发剂的作用，它与水化铝酸钙起反应，生成水化硫铝酸钙。所以，矿渣硅酸盐水泥中的石膏掺量可以比硅酸盐水泥的多一些，但若掺量过多，会降低水泥的质量，故三氧化硫（SO_3）的含量不得超过 4.0%。

② 火山灰质硅酸盐水泥。凡由硅酸盐水泥熟料和火山灰质混合材料、适量石膏磨细制成的水硬性胶凝材料称为火山灰质硅酸盐水泥（简称火山灰水泥），代号 P·P。水泥中火山灰质混合材料掺量按质量百分比计为 21%～40%。

火山灰质硅酸盐水泥的水化、硬化过程及水化产物与矿渣硅酸盐水泥相类似。火山灰质混合材料品种多，组成与结构差异较大，虽然各种火山灰水泥的水化、硬化过程基本相同，但水化速度和水化产物等却随着混合材料种类、硬化环境和水泥熟料的不同而发生变化。

③ 粉煤灰质硅酸盐水泥。凡由硅酸盐水泥熟料和粉煤灰、适量石膏磨细制成的水硬性胶凝材料称为粉煤灰硅酸盐水泥（简称粉煤灰水泥），代号 P·F。水泥中粉煤灰掺量按质量百分比计为 21%～40%。

粉煤灰硅酸盐水泥的水化、硬化过程与矿渣硅酸盐水泥相似，但也有不同之处。粉煤灰的活性组成主要是玻璃体，这种玻璃体比较稳定而且结构致密，不易水化。在水泥熟料水化产物 $Ca(OH)_2$ 的激发下，经过 28d 到 3 个月的水化龄期，才能在玻璃体表面形成水化硅酸钙和水化铝酸钙。

④ 复合硅酸盐水泥。凡由硅酸盐水泥熟料、两种或两种以上规定的混合材料、适量石膏磨细制成的水硬性胶凝材料，称为复合硅酸盐水泥（简称复合水泥），代号 P·C。水泥中混合材料总掺加量按质量百分比计应大于 20%，但不超过 50%。允许用不超过 8%的窑灰代替部分混合材料；掺矿渣时混合材料掺量不得与矿渣硅酸盐水泥重复。

复合硅酸盐水泥中掺入两种或两种以上的混合材料，可以明显地改善水泥的性能，克服了掺加单一混合材料水泥的弊端，有利于水泥的使用与施工。复合硅酸盐水泥的性能一般受所用混合材料的种类、掺量及比例等因素的影响，早期强度高于矿渣硅酸盐水泥、火山灰质硅酸盐水泥、粉煤灰硅酸盐水泥，大体上的性能与上述三种水泥相似，适用范围较广。

（2）技术要求

① 细度、凝结时间及体积安定性。细度：要求 80 μm 方孔筛筛余不大于 10%或 45 μm 方孔筛筛余不大于 30%；凝结时间及体积安定性这三项指标要求与普通硅酸盐水泥相同安定。

② 氧化镁和三氧化硫含量。熟料中氧化镁的含量不宜超过 5.0%。如果水泥中氧化镁的含量大于 6.0%时，需进行水泥压蒸安定性试验并合格，对 P·S·B 型水泥不作要求。

熟料中氧化镁的含量为 5.0%～6.0%时，如矿渣水泥中混合材料总掺量大于 40%或火山灰水泥和粉煤灰水泥中混合材料掺加量大于 30%，制成的水泥可不做压蒸试验。

矿渣硅酸盐水泥中三氧化硫的含量不得超过 4.0%，火山灰质硅酸盐水泥、粉煤灰硅酸盐水泥和复合硅酸盐水泥中三氧化硫的含量不得超过 3.5%。

③ 强度与强度等级。矿渣硅酸盐水泥、火山灰硅酸盐水泥、粉煤灰硅酸盐水泥、复合硅酸盐水泥按 3d，28d 龄期抗压强度及抗折强度分为 32.5、32.5R、42.5、42.5R、52.5、52.5R 共 6 个强度等级。各强度等级各龄期的强度值应满足表 3-5 所示的数值。

表 3-5　　　　矿渣水泥、火山灰水泥、粉煤灰水泥及复合硅酸盐水泥强度等级

强度等级	抗压强度（MPa）		抗折强度（MPa）	
	3d	28d	3d	28d
32.5	10.0	32.5	2.5	5.5
32.5R	15.0		3.5	5.5
42.5	15.0	42.5	3.5	6.5
42.5R	19.0		4.0	6.5
52.5	21.0	52.5	4.0	7.0
52.5R	23.0		4.5	7.0

（3）特性与应用

矿渣硅酸盐水泥、火山灰质硅酸盐水泥、粉煤灰硅酸盐水泥及复合硅酸盐水泥在组成上具有共性（均是硅酸盐水泥熟料，加较多的活性混合材料，再加上适量石膏磨细制成的），所以它们在性能上也存在着共性。

① 凝结硬化慢，早期强度低，后期强度高。由于掺入大量的混合材料，水泥的凝结硬化速度慢，早期强度低。由于水泥的水化分两步进行，即二次水化，水泥硬化后期的强度较高。因为水泥的早期强度较低，不宜用于早期强度要求较高的工程。

② 水化热较低。水泥中熟料含量的减少，使水泥水化时放热量高的硅酸三钙和铝酸三钙等矿物含量相对减少，二次水化反应速度变慢，故水化热较低，可适用于大体积混凝土工程，但

不宜冬季施工。

③ 耐腐蚀能力较好。这类水泥水化产物中氢氧化钙、水化铝酸钙含量较少，碱度低，对抵抗软水、酸类、盐类侵蚀能力明显提高，可用于有耐腐蚀要求的混凝土工程。但这种水泥的抗碳化能力较差，容易使钢筋发生锈蚀，不宜用于重要的钢筋混凝土结构和预应力混凝土。

④ 蒸汽养护效果好。这种水泥在低温条件下水化速度明显减慢，在蒸汽养护的高温高湿环境中，活性混合材料参与二次水化反应，强度提高幅度较大，适宜蒸汽养护。

⑤ 抗冻性、耐磨性差。与硅酸盐水泥相比较，由于加入较多的混合材料，用水量增大，水泥石中孔隙较多，故抗冻性、耐磨性较差，不适用于受反复冻融作用的工程及有耐磨要求的工程。

矿渣硅酸盐水泥、火山灰硅酸盐水泥、粉煤灰硅酸盐水泥和复合硅酸盐水泥除上述的共性外，各自的特点如下：

① 矿渣硅酸盐水泥。矿渣硅酸盐水泥的耐热性较好，能耐400℃高温。由于矿渣为玻璃体结构，亲水性差，所以矿渣硅酸盐水泥的保水性差，泌水性大。

② 火山灰质硅酸盐水泥。火山灰质硅酸盐水泥颗粒较细，泌水性小，故具有较高的抗渗性，适用于有一般抗渗要求的混凝土工程。火山灰质硅酸盐水泥需水量大，在硬化过程中的干缩较矿渣硅酸盐水泥更为显著，在干热环境中易产生干缩裂缝。因此，火山灰质硅酸盐水泥不适用于干燥环境中的混凝土工程，使用时必须加强养护，使其在较长时间内保持潮湿状态。

③ 粉煤灰硅酸盐水泥。粉煤灰硅酸盐水泥的主要特点是干缩性比较小，甚至比硅酸盐水泥及普通水泥还小，因而抗裂性较好；由于粉煤灰的颗粒多呈球形微粒，吸水率小，所以粉煤灰水泥的需水量小，配制的混凝土和易性较好。

④ 复合硅酸盐水泥。复合硅酸盐水泥特性取决于所掺混合材料的种类、掺量和相对比例，应用时参照其他掺混合材料水泥的适用范围按工程实践经验选用。

3.2.3　通用水泥的选用

通用水泥是土建工程中用途最广，用量最大的水泥品种。为了便于查阅和选用，现将其主要选用规则列于表3-6。

表 3-6　　　　　　　　　　　　常用水泥的适用范围

混凝土工程所处的环境条件		优先选用	可以使用	不宜使用
普通混凝土	1. 在普通气候环境中的混凝土	普通硅酸盐水泥	矿渣硅酸盐水泥 火山灰质硅酸盐水泥 粉煤灰硅酸盐水泥	
	2. 在干燥环境中的混凝土	普通硅酸盐水泥	矿渣硅酸盐水泥	粉煤灰硅酸盐水泥 火山灰质硅酸盐水泥
	3. 在高湿环境中永远处在水下的混凝土	矿渣硅酸盐水泥	普通硅酸盐水泥 火山灰质硅酸盐水泥 粉煤灰硅酸盐水泥	
	4. 厚大体积的混凝土	粉煤灰硅酸盐水泥 矿渣硅酸盐水泥 火山灰质硅酸盐水泥 复合硅酸盐水泥	普通硅酸盐水泥	硅酸盐水泥 普通硅酸盐水泥

续表

混凝土工程所处的环境条件		优先选用	可以使用	不宜使用
有特殊要求的混凝土	1. 要求快硬高强的混凝土	硅酸盐水泥	普通硅酸盐水泥	矿渣硅酸盐水泥 火山灰硅酸盐水泥 粉煤灰硅酸盐水泥 复合硅酸盐水泥
	2. 蒸汽养护	矿渣硅酸盐水泥 火山灰质硅酸盐水泥 粉煤灰硅酸盐水泥 复合硅酸盐水泥	普通硅酸盐水泥 矿渣硅酸盐水泥	硅酸盐水泥 普通硅酸盐水泥
	3. 严寒地区冻融条件	硅酸盐水泥	普通硅酸盐水泥	矿渣硅酸盐水泥 火山灰质硅酸盐水泥 粉煤灰硅酸盐水泥 复合硅酸盐水泥
	4. 严寒地区处在水位升降范围内的混凝土	普通硅酸盐水泥		火山灰质硅酸盐水泥 矿渣硅酸盐水泥 粉煤灰硅酸盐水泥 复合硅酸盐水泥
	5. 有抗渗性要求的混凝土	普通硅酸盐水泥 火山灰硅酸盐水泥		矿渣硅酸盐水泥
	6. 有耐磨性要求的混凝土	硅酸盐水泥 普通硅酸盐水泥	矿渣硅酸盐水泥	火山灰质硅酸盐水泥 粉煤灰硅酸盐水泥

3.3 其他品种水泥

3.3.1 铝酸盐水泥

1. 定义和代号

以铝酸钙为主的铝酸盐水泥熟料，磨细制成的水硬性胶凝材料称为铝酸盐水泥，代号 CA，又称矾土水泥。生产铝酸盐水泥的原料主要有矾土（提供 Al_2O_3）和石灰石（提供 CaO）。

2. 铝酸盐水泥的矿物组成及分类

铝酸盐水泥的矿物组成主要有铝酸一钙（$CaO \cdot Al_2O_3$，简写为 CA）、二铝酸一钙（$CaO \cdot 2Al_2O_3$，简写为 CA_2）、硅铝酸二钙（$2CaO \cdot Al_2O_3 \cdot SiO_2$，简写为 C_2AS）和七铝酸十二钙（$12CaO \cdot 7Al_2O_3$，简写为 $C_{12}A_7$）。质量优良的铝酸盐水泥，其矿物组成一般是以 CA 为主。

3. 铝酸盐水泥的技术要求

（1）细度。铝酸盐水泥的比表面积不小于 300 m²/kg 或 45 μm 方孔筛筛余不大于 20%由供需双方商定，在无约定的情况下发生争议时以比表面积为准。

（2）凝结时间。各类型铝酸盐水泥的凝结时间应符合如表 3-7 所示的要求。

表 3-7　　　　　　　　　　　铝酸盐水泥凝结时间

水泥类型	初凝时间不得早于（min）	终凝时间不得迟于（h）
CA-50、CA-70、CA-80	30	6
CA-60	60	18

（3）强度。各类型铝酸盐水泥的不同龄期强度值不得低于如表 3-8 所示的要求。

表 3-8　　　　　　　　　　　铝酸盐水泥胶砂强度

水泥类型	抗压强度（MPa）				抗折强度（MPa）			
	6h	1d	3d	28d	6h	1d	3d	28d
CA-50	20*	40	50	—	3.0*	5.5	6.5	—
CA-60	—	20	45	8.5	—	2.5	5.0	10.0
CA-70	—	30	40	—	—	5.0	6.0	—
CA-80	—	25	30	—	—	4.0	5.0	—

注：*当用户需要时，生产厂应提供结果。

4. 铝酸盐水泥的特性及应用

（1）凝结速度快，早期强度高。铝酸盐水泥 1d 强度可达最高强度的 80%以上，所以一般用于抢修工程和早期强度要求高的工程。不适合高于 30℃的湿热环境，因其后期强度在湿热环境中下降较快，会引起结构破坏，一般结构工程中应慎用铝酸盐水泥。

（2）水化热大，放热快。铝酸盐水泥 1d 的放热量约为总放热量的 70%～80%，适合冬季施工、早期强度要求高的特殊工程；不适合高温季节施工、大体积混凝土的工程及蒸汽养护的混凝土制品。

（3）耐腐蚀性好。铝酸盐水泥因其水化产物中无 Ca（OH）$_2$，所以其抗硫酸盐腐蚀性较强。

（4）耐热性好。铝酸盐水泥适用于耐高温工程。

3.3.2　砌筑水泥

1. 定义和代号

凡由一种或一种以上的水泥混合材料，加入适量硅酸盐水泥熟料和石膏，经磨细制成的工作性较好的水硬性胶凝材料，称为砌筑水泥，代号 M。砌筑水泥主要用于砌筑和抹面砂浆、垫层混凝土等，不应用于结构混凝土。

2. 特点

砌筑水泥强度等级标号较低，能满足砌筑砂浆强度要求，水泥中可掺入大量工业废渣作为混合材料，节约成本。

3. 技术要求

现行规范《砌筑水泥》（GB/T 3183—2003）规定，砌筑水泥的细度要求 80μm 方孔筛筛余不大于 10.0%；初凝时间不早于 60min，终凝不迟于 12h；安定性，用沸煮法检验应合格。三氧化硫含量应不大于 4.0%，保水率不低于 80%。

砌筑水泥分为 12.5 和 22.5 两个强度等级，强度值应满足如表 3-9 所示的要求。

表 3-9　　　　　　　　　　　　　砌筑水泥强度等级

水泥等级	抗压强度（MPa）		抗折强度（MPa）	
	7d	28d	7d	28d
12.5	7.0	12.5	1.5	3.0
22.5	10.0	22.5	2.0	4.0

4. 应用

砌筑水泥用于砖、石、砌块等砌体的砌筑砂浆和内墙抹面砂浆，但不得用于结构混凝土，做其他用途时必须通过试验来确定。

3.3.3　白色硅酸盐水泥

1. 定义和代号

由氧化铁含量少的白色硅酸盐水泥熟料、适量石膏、0%~10%的石灰石或窑灰，磨细制成的水硬性胶凝材料称为白色硅酸盐水泥（简称白水泥），代号 P·W。

白色硅酸盐水泥熟料是以适当成分的生料烧至部分熔融，所得以硅酸钙为主要成分，氧化铁含量少的熟料。要想使水泥变白，主要控制其中氧化铁（Fe_2O_3）的含量，当 Fe_2O_3 的含量≤0.5%时，则水泥接近白色。烧制白色硅酸盐水泥要在整个生产过程中控制氧化铁的含量。

2. 特点

白色硅酸盐水泥强度高，色泽洁白。

3. 技术要求

现行规范《白色硅酸盐水泥》（GB/T 2015—2005）规定，白色硅酸盐水泥细度要求 80 μm 方孔筛筛余不大于 10.0%；初凝时间不早于 45min，终凝时间不迟于 10 h；安定性用沸煮法检验必须合格。水泥中三氧化硫含量应不大于 3.5%。白水泥按规定的抗压强度和抗折强度分为 32.5、42.5 和 52.5 三个强度等级，各强度等级的各龄期强度应不低于如表 3-10 所示的规定。白水泥的白度是指水泥色白的程度，将水泥样品放入白度仪中测定其白度，水泥白度值应不低于 87。

表 3-10　　　　　　　　　　　　　白水泥各龄期强度

强度等级	抗压强度（MPa）		抗折强度（MPa）	
	3d	28d	3d	28d
32.5	12.0	32.5	3.0	6.0
42.5	17.0	42.5	3.5	6.5
52.5	22.0	52.5	4.0	7.0

4．应用

白色硅酸盐水泥主要用于建筑装饰，常用于配制各类彩色水泥浆和涂料、白色或彩色混凝土，人造大理石及水磨石等制品，用于建筑物的内外装饰。

3.3.4　道路硅酸盐水泥

1．定义与代号

由道路硅酸盐水泥熟料，0%～10%活性混合材料和适量石膏磨细制成的水硬性胶凝材料，称为道路硅酸盐水泥（简称道路水泥），代号 P·R。

2．熟料的要求

道路硅酸盐水泥熟料是以适当成分的生料烧至部分熔融，所得以硅酸钙为主要成分和较多量的铁铝酸钙的硅酸盐水泥熟料称为道路硅酸盐水泥熟料。

为了降低水化物数量，减少水泥的干缩率，道路硅酸盐水泥熟料要求铝酸三钙（$3CaO \cdot Al_2O_3$）的含量应不超过 5.0%；为了增加水泥的抗折强度和耐磨性，铁铝酸四钙（$4CaO \cdot Al_2O \cdot Fe_2O_3$）的含量应不低于 16.0%。游离氧化钙（CaO）的含量，旋窑生产应不大于 1.0%，立窑生产应不大于 1.8%。

3．技术要求

现行规范《道路硅酸盐水泥》（GB 13693—2005）对道路硅酸盐水泥提出了一系列的技术要求。

（1）细度。80μm 方孔筛筛余不大于 10.0%。

（2）凝结时间。初凝时间不早于 1.5 h，终凝时间不迟于 10 h。

（3）安定性。氧化镁含量不得超过 5.0%。三氧化硫含量不得超过 3.5%。用沸煮法检验必须合格。

（4）干缩率、耐磨性。28 d 干缩率应不得大于 0.10%；耐磨性，以磨耗量表示，不得大于 $3.00\,kg/m^2$。

（5）强度。道路硅酸盐水泥按 28d 强度分为 32.5、42.5 和 52.5 三个标号。各龄期强度均不得低于如表 3-11 所示的规定。

表 3-11　　　　　　　　　　道路水泥的等级与各龄期强度

强度等级	抗折强度（MPa）		抗压强度（MPa）	
	3d	28d	3d	28d
32.5	3.5	6.5	16.0	32.5
42.5	4.0	7.0	21.0	42.5
52.5	5.0	7.5	26.0	52.5

4．应用

道路水泥早期强度高，特别是抗折强度高、干缩率小、耐磨性好、抗冲击性好，主要用于道路路面、飞机场跑道、广场、车站及对耐磨性、抗干缩性要求较高的混凝土工程。

3.3.5　快硬硅酸盐水泥

凡以硅酸盐水泥熟料和适量石膏磨细制成的以 3d 抗压强度表示标号的水硬性胶凝材料，称为快硬硅酸盐水泥（简称快硬水泥）。

与硅酸盐水泥比较，该水泥在组成上适当提高了 C_3S（50%～60%）和 C_3A（8%～14%）的含量，达到了早强快硬的效果。

快硬水泥的比表面积较大，一般控制在 330 m^2/kg ～450 m^2/kg。初凝时间不得早于 45min，终凝时间不得迟于 600 min。安定性必须合格。按照 3d 的强度值将快硬水泥划分为 325、375 和 425 三个标号，各标号、各龄期的强度值不得低于如表 3-12 所示的规定。

表 3-12　　　　　　　　　　　　快硬水泥各标号、各龄期强度值

标　　号	抗压强度（MPa）			抗折强度（MPa）		
	1d	3d	28d	1d	3d	28d*
325	15.0	32.5	52.5	3.5	5.0	7.2
375	17.0	37.5	57.5	4.0	6.0	7.6
425	19.0	42.5	62.5	4.5	6.4	8.0

注：*仅需双方参考指标。

快硬硅酸盐水泥凝结硬化快，水化时放热量大，早期强度高，且后期强度仍有少量增长。可用于紧急抢修工程、军事工程和低温施工工程，可配制成早强、高强度等级混凝土用于制作预应力钢筋混凝土构件等。快硬水泥易受潮变质，故储运时须特别注意防潮，并应及时使用，不宜久存，从出厂日起，超过 1 个月，应重新检验，合格后方可使用。

3.3.6　膨胀水泥

膨胀水泥是硅酸盐水泥熟料与适量石膏和膨胀剂共同磨细制成的水硬性胶凝材料。根据基本组成，常用的膨胀水泥品种有硅酸盐、铝酸盐、硫铝酸盐和铁铝酸盐膨胀水泥。

1．硅酸盐膨胀水泥

硅酸盐膨胀水泥，以硅酸盐水泥熟料为主，外加铝酸盐水泥和石膏配制而成。

2．铝酸盐膨胀水泥

铝酸盐膨胀水泥，其组成以铝酸盐水泥为主，以铁相、无水硫铝酸盐水泥为主，外加石膏配制而成。如铝酸盐自应力水泥、石膏矾土膨胀水泥等。

3. 硫铝酸盐水泥

硫铝酸盐水泥，以无水硫铝酸盐和硅酸二钙为主要成分，加石膏配制而成。

4. 铁铝酸盐膨胀水泥

铁铝酸盐膨胀水泥，以铁相、无水硫铝酸钙和硅酸二钙为主要成分，加石膏配制而成。膨胀水泥的膨胀作用机理是，水泥在水化过程中，形成大量的钙矾石而产生体积膨胀。

膨胀水泥抗渗性好，气密性好，膨胀性较低。膨胀水泥主要用于收缩补偿混凝土工程，防渗混凝土（屋顶防渗、水池等），防渗砂浆，结构的加固，构件接缝，接头的灌浆，固定设备的机座及地脚螺栓等。

3.4 水泥的储存与运输

水泥的储运方式分为散装和袋装两种。发展散装水泥是国家的一项国策，因为水泥散装无论从环保角度，如节约木材、降低能耗角度，还是降低成本角度都是有益的。袋装水泥的比例越来越少，目前袋装采用 50kg 包装袋的形式。

水泥进场后，应遵循先检验后使用的原则。水泥的检验周期较长，一般需要 1 个月。水泥在运输和保管期间，不得受潮和混入杂质，不同品种和等级的水泥应分别储运，不得混杂。散装水泥应有专用运输车，直接卸入现场特制的贮仓，分别存放。袋装水泥堆放高度一般不应超过 10 袋。存放期一般不应超过 3 个月，过期水泥必须经过试验才能使用。

3.5 通用硅酸盐水泥的性能与检测

3.5.1 本节试验采用的标准及规范

《水泥取样方法》（GB12573—2008）

《水泥细度检验方法 筛析法》（GB/T 1345—2005）

《水泥标准稠度用水量、凝结时间、安定性检验方法》（GB/T 1346—2011）

《水泥胶砂强度检验方法（ISO 法）》（GB/T 17671—1999）

《通用硅酸盐水泥》（GB 175—2007）

3.5.2 水泥性能检测的一般规定

水泥试验的取样方法按《水泥取样方法》（GB12573—2008）进行。

1. 取样部位

取样应在有代表性的部位进行，并且不应在污染严重的环境中取样。一般在以下部位取样：

（1）水泥输送管路中；

（2）袋装水泥堆场；

（3）散装水泥卸料处或水泥运输机具上。

2. 取样步骤

（1）散装水泥。散装水泥以同一水泥厂、同一强度等级、同一品种、同一编号、同期到达的水泥为 1 批，采用散装水泥取样器随机取样。取样应有代表性，可连续取。当所取水泥深度不超过 2 m 时，每一个编号内采用散装水泥取样器随机取样。通过转动取样器内管控制开关，在适当位置插入水泥一定深度，关闭后小心抽出，将所取样品放入密闭的容器中，封存样要加封条。每次抽取得单样量应尽量一致。

（2）袋装水泥。袋装水泥取样于每一个编号内随机抽取不少于 20 袋水泥，采用袋装水泥取样器取样，将取样器沿对角线方向插入水泥包装袋中，用大拇指按住气孔，小心抽出取样管，将所取样品放入密闭的容器中，封存样要加封条。每次抽取的单样量应尽量一致。

3. 取样量

（1）分割样

在 1 个编号内按每 1/10 编号取得单样，每一编号所取的 10 个分割样应分别通过 0.9 mm 方孔筛，用于匀质性试验的样品。

① 袋装水泥：每 1/10 编号从 1 袋中取至少 6 kg。

② 散装水泥：每 1/10 编号在 5 min 内取至少 6 kg。

（2）混合样

① 每一编号所取水泥单样通过 0.9 mm 方孔筛后充分混合，一次或多次将样品缩分到相关标准要求的定量，均分为试验样和封存样。试验样按相关标准进行试验，封存样按要求储存以备仲裁。样品不得混入杂物和结块。

② 混合样的取样量应符合相关水泥标准要求。

也可从 20 个以上不同部位分别抽取等量水泥，总数至少 12 kg，充分拌和均匀后分成两份，一份送试验室按标准进行试验，一份密封保存 3 个月，供仲裁检验时校验用。

4. 取样注意事项

（1）样品取得后应贮存在密闭的容器中，封存样要加封条。

（2）封存样应密封贮存，贮存期应符合相应水泥标准的规定。

水泥出厂前应按同品种、同强度等级编号和取样，水泥的化学指标、凝结时间、安定性和强度的检验结果，符合规定要求为合格品，其中任一项检验结果不符合技术要求的为不合格品。

<h1 style="text-align:center">3.5.3　水泥细度试验</h1>

1．试验目的

细度是评定水泥质量的依据之一，水泥的物理力学性质（如凝结时间、收缩性、强度）都与细度有关，因此必须进行水泥细度的测定。

2．主要仪器设备

（1）试验筛。试验筛由圆形筛框和筛网组成，筛孔为 80μm 方孔，分负压筛和水筛两种。负压筛析仪由筛座、负压筛、负压源及收尘器组成。

（2）水筛架和喷头。

（3）天平。天平最大称量为 100g，分度值不大于 0.05g。

3．试验步骤

试验时，80μm 筛析试验称取试样 25g，45μm 筛析试验称取试样 10g。

（1）负压筛法

① 将负压筛放在筛座上，盖上筛盖，接通电源，检查控制系统，调节负压至 4000Pa～6000Pa 范围内。

② 称取试样，精确至 0.01g，置于洁净的负压筛中，盖上筛盖，放在筛座上，开动筛析仪连续筛 2min，在此期间，如有试样附着在筛盖上，可轻轻敲击，使试样落下。筛毕，用天平称量筛余物。

③ 当工作负压小于 4000Pa 时，应清理吸尘器内水泥，使负压恢复正常。

（2）水筛法

① 筛析试验前，应调整好水压和水筛架位置，使其能正常运转。喷头底面和筛网之间距离为 35mm～75mm。

② 称取试样，精确至 0.01g，置于洁净的水筛中，立即用淡水冲洗至大部分细粉通过后，放在水筛架上，用水压为 0.05MPa～0.02MPa 的喷头连续冲洗 3min。

③ 筛毕，用少量水把筛余物冲至蒸发皿中，待水泥颗粒全部沉淀后，小心倒出清水，烘干并用天平称量筛余物。

（3）手工干筛法

① 称取水泥试样，精确至 0.01g，倒入干筛内。

② 用一只手执筛往复摇动，另一只手轻轻拍打，拍打速度每分钟约 120 次，每 40 次向同一方向转动 60°，使试样均匀分布在筛网上，直至每分钟通过的试样量不超过 0.05 g 为止。筛毕，用称取筛余物质量。

4．结果计算及数据处理

水泥试样筛余百分数按下式计算，结果计算至 0.1%。

$$F = \frac{R_s}{W} \times 100\%$$

（3-1）

式中：F——水泥试样筛余百分数，%；

　　　　R_s——水泥筛余物的质量，g；

　　　　W——水泥试样的质量，g。

试验筛的筛网在试验中会磨损，因此筛析结果应进行修正。

每个样品应称取两个试样分别筛析，取筛余平均值为筛析结果。若两次筛余结果绝对值误差大于0.5%时（筛余值大于5.0%时可放至1.0%）应再做一次试验，取两次相近结果的平均值，作为最终结果。

3.5.4　水泥标准稠度用水量测试（标准法）

1．试验目的

测定水泥净浆达到标准稠度时的用水量，消除试验条件的差异而有利于比较，为进行凝结时间和安定性试验做好准备。

2．主要仪器设备

（1）水泥净浆搅拌机。水泥净浆搅拌机由搅拌锅、搅拌叶片、传动机构和控制系统组成。

（2）标准法维卡仪。测定水泥标准稠度和凝结时间用维卡仪及配件如图 3-3 所示。标准稠度试杆有效长度为 50mm ± 1mm，由直径为 10mm ± 0.05mm 的圆柱形耐腐蚀金属制成。测定凝结时间时取下试杆，用试针代替试杆。试针由钢制成，其有效长度初凝针为 50mm ± 1mm，终凝针为 30mm ± 1mm，直径为 1.13mm ± 0.05mm 的圆柱体。滑动部分的总质量为 300g ± 1g。与试杆、试针联结的滑动杆表面应光滑，能靠重力自由下落，不得有紧涩和摇动现象。

（3）盛装水泥净浆的试模由耐腐蚀的、有足够硬度的金属制成。试模为 40mm ± 0.2mm、顶内径 ϕ65mm ± 0.5mm、底内径 ϕ75mm ± 0.5mm 的截顶圆锥体。每个试模应配备一个边长或直径约100mm、厚度 4mm～5mm 的平板玻璃底板或金属底板。

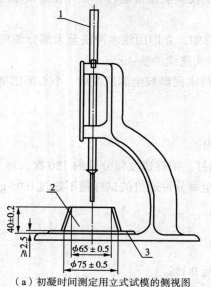

（a）初凝时间测定用立式试模的侧视图　　　　　（b）终凝时间测定用反转式模的前视图

图 3-3　测定水泥标准稠度和凝结时间用维卡仪及配件示意图

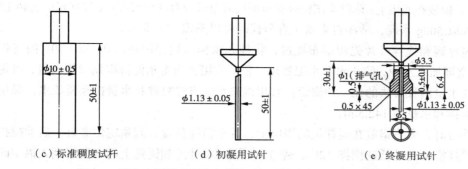

（c）标准稠度试杆　　　　（d）初凝用试针　　　　（e）终凝用试针

图 3-3　测定水泥标准稠度和凝结时间用维卡仪及配件示意图（续）

1—滑动杆；2—试模；3—玻璃板

3．试验步骤

（1）试验前准备工作。实验前必须检查维卡仪的滑动杆是否能自由滑动。试模和玻璃底板用湿布擦拭，将试模放在底板上；调整至试杆接触玻璃板是指针应对准标尺零点；搅拌机应运转正常等。

（2）称取 500g 水泥，洁净自来水（有争议时应以蒸馏水为准）。

（3）搅拌锅和搅拌叶片先用湿布擦过，将拌和水倒入搅拌锅内，在 5s～10s 内将称好的 500g 水泥全部加入水中，防止水和水泥溅出。

（4）拌合时，先将锅放在搅拌机的锅座上，升至搅拌位置，旋紧定位螺钉，启动搅拌机进行搅拌。搅拌机将自动低速搅拌 120s，停 15s，同时将叶片和锅壁上的水泥浆刮入锅中间，接着高速搅拌 120s 停机。

（5）拌和结束后，立即取适量水泥净浆一次性将其装入置于玻璃底板上的试模内，浆体超过试模上端，用宽约 25mm 的直边刀轻轻拍打超出试模部分的浆体 5 次，以排除浆体中的孔隙，然后在试模表面约 1/3 处，略倾斜与试模分别向外轻轻锯掉多余净浆，再从试模边沿轻抹顶部一次，使净浆表面光滑。在锯掉多余净浆和抹平的操作过程中，注意不要压实净浆。

（6）抹平后迅速将试模和底板移到维卡仪上，并将其中心定在试杆下，降低试杆直至与水泥净浆表面接触拧紧螺丝 1s～2s 后，突然放松，使试杆垂直自由地沉入水泥净浆中。在试杆停止沉入或释放试杆 30s 时记录试杆距底板之间的距离，升起试杆后，立即擦净。整个操作应在搅拌后 1.5min 内完成。

4．结果计算及数据处理

以试杆沉入净浆并距底板 6mm±1mm 的水泥净浆为标准稠度净浆。其拌和水量为该水泥的标准稠度用水量（P），按水泥质量的百分比计。

3.5.5　水泥标准稠度用水量试验（代用法）

1．试验步骤

（1）试验前准备工作。实验前必须检查维卡仪的滑动杆是否能自由滑动。试模和玻璃底板用湿布擦拭，将试模放在底板上；调整至试杆接触玻璃板时指针应对准标尺零点；搅拌机应运转正常等。

（2）称取 500g 水泥，洁净自来水（有争议时应以蒸馏水为准）。

（3）搅拌锅和搅拌叶片先用湿布擦过，将拌和水倒入搅拌锅内，在 5s～10s 内将称好的 500g 水泥全部加入水中，防止水和水泥溅出。采用代用法测定水泥标准稠度用水量，可用调整水量和不变水量两种方法的任一种测定。常用调整水量方法时拌和水量按经验找水，采用不变水量方法时拌和水量用 142.5mL。

（4）拌合时，先将锅放在搅拌机的锅座上，升至搅拌位置，旋紧定位螺钉，启动搅拌机进行搅拌。搅拌机将自动低速搅拌 120s，停 15s，同时将叶片和锅壁上的水泥浆刮入锅中间，接着高速搅拌 120s 停机。

（5）拌和结束后，立即将拌制好的水泥净浆装入锥模中，用宽约 25mm 的直边刀在浆体表面轻轻插捣 5 次，再轻振 5 次，刮去多余的净浆。

（6）抹平后迅速放到试锥下面固定的位置，将试锥降至净浆表面，拧紧螺丝 1s～2s 后，突然放松，使试锥垂直自由地深入水泥净浆中。在试锥停止深入或释放试锥 30s 时记录试锥下沉深度。整个操作应在搅拌后 1.5min 内完成。

2．结果计算及数据处理

（1）用调整水量法测定时，以试锥下沉深度 30mm ± 1mm 时的净浆为标准稠度净浆。其拌和水量为该水泥的标准稠度用水量（P），按水泥质量的百分比计。如下沉深度超出范围需另称试样，调整水量，重新试验，直至达到 30mm ± 1mm 时为止。

（2）用不变水量法测定时，根据测得的试锥下沉深度 S（mm）按式（3-2）计算得到标准稠度用水量 P（%）。

$$P = 33.4 - 0.185S \qquad (3-2)$$

当试锥下沉深度小于 13mm 时，应改用调整水量法测定。

3.5.6　水泥净浆凝结时间的试验

1．试验目的

测定水泥加水后至开始凝结（初凝）以及凝结终了（终凝）所用的时间，用以评定水泥性质。

2．主要仪器设备

测定仪与测定标准稠度用水量时所用的测定仪相同，只是将试杆换成试针（见图 3-4），湿气养护箱（养护箱应能将温度控制在 20℃ ± 1℃；湿度大于 90% 的范围），玻璃板（150mm × 150mm × 5mm）。

3．试验步骤

（1）取适量以标准稠度净浆一次性将其装入置于玻璃底板上的试模内，浆体超过试模上端，用宽约 25mm 的直

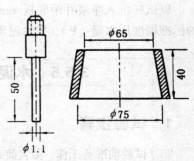

图 3-4　试针及圆模（单位:mm）

边刀轻轻打超出试模部分的浆体 5 次，以排除浆体中的孔隙，然后在试模表面约 1/3 处，略倾斜于试模，分别向外轻轻锯掉多余净浆，再从试模边沿轻抹顶部一次，使净浆表面光滑。在锯掉多余净浆和抹平的操作过程中，注意不要压实净浆。装模和刮平后立即放入湿气养护箱中。记录水泥全部加入水中的时间为凝结时刻的起始时间（t_1）。

（2）初凝时间的测定：试样在湿气养护箱中养护至加水后 30min 时进行第一次测定。测定时，从湿气养护箱中取出试模放到试针下，降低试针与水泥净浆表面接触。拧紧定位螺钉 1 s ～2 s 后，突然放松，试针垂直自由地沉入水泥净浆。观察试针停止下沉或释放试针 30 s 时指针的读数，临近初凝时，每隔 5min 测定一次。当试针沉至距底板 4mm ± 1mm 时，为水泥达到初凝状态，到达初凝时应立即重复测一次，两次结论相同时才能定为到达初凝状态。由水泥全部加入水中至初凝状态的时间为水泥的初凝时间，用 min 来表示，将此时刻（t_2）记录在试验报告中。

（3）终凝时间的测定：为了准确观测试针沉入的状况，在终凝针上安装了一个环形附件［见图 3-3（e）］。在完成初凝时间测定后，立即将试模连同浆体以平移的方式从玻璃板取下，翻转 180°，直径大端向上，小端向下放在玻璃板上，再放入湿气养护箱中继续养护，临近终凝时间时每隔 15min（或更短时间）测定一次，当试针沉入试体 0.5mm 时，即环形附件开始不能在试体上留下痕迹时，为水泥达到终凝状态，到达终凝时应立即重复测一次，两次结论相同时才能定为到达终凝状态。由水泥全部加入水中至终凝状态的时间为水泥的终凝时间，用 min 来表示，将此时刻（t_3）记录在试验报告中。

（4）注意事项：每次测定不能让试针落入原针孔，每次测试完毕须将试针擦拭干净并将试模放回湿气养护箱内，在整个测试过程中试针贯入的位置至少要距圆模内壁 10mm，且整个测试过程要防止试模受振。

4. 结果计算与数据处理

（1）计算时刻 t_1 至时刻 t_2 时所用时间，即初凝时间 $t_初$ =t_2-t_1（用 min 表示）。

（2）计算时刻 t_1 至时刻 t_3 时所用时间，即终凝时间 $t_终$ =t_3-t_1（用 min 表示）。

（3）将计算结果填入试验报告中。

3.5.7　水泥安定性的试验（标准法）

1. 试验目的

当用含有游离 CaO、MgO 或 SO_3 较多的水泥拌制混凝土时，会使混凝土出现龟裂、翘曲，甚至崩溃，造成建筑物的漏水，加速腐蚀等危害。所以必须检验水泥加水拌和后在硬化过程中体积变化是否均匀，是否因体积变化而引起膨胀、裂缝或翘曲。

水泥安定性用雷氏夹法（标准法）或试饼法（代用法）检验，有争议时以雷氏夹法为准。雷氏夹法是观测由两个试针的相对位移所指示的水泥标准稠度净浆体积膨胀的程度，即水泥净浆在雷氏夹中沸煮后的膨胀值。试饼法是观察水泥净浆试饼沸煮后的外形变化来检验水泥的体积安定性。

2．试验仪器及设备

（1）沸煮箱。有效容积约为 410mm×240mm×310mm，箱的内层由不易锈蚀的金属材料制成。能在 30min±5min 内将箱内试验用水由室温升至沸腾并可保持沸腾状态 3 h 以上，整个试验过程中不需补充水量。

（2）雷氏夹。由铜质材料制成，如图 3-5 所示。当一根指针的根部先悬挂在一根金属丝或尼龙丝上，另一根指针的根部再挂上 300 g 质量的砝码时，两根指针的针尖距离增加应在 17.5mm±2.5mm 范围以内，即 $2x$=17.5mm±2.5mm，当去掉砝码后针尖的距离能恢复至挂砝码前的状态。雷氏夹受力示意图如图 3-6 所示。

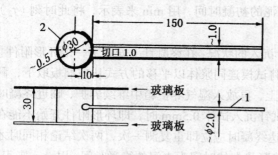

图 3-5　雷氏夹（单位：mm）

1—指针；2—环模

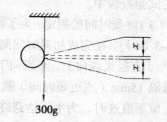

300g

图 3-6　雷氏夹受力示意图

（3）雷氏夹膨胀值测定仪。雷氏夹膨胀值测定仪如图 3-7 所示，标尺最小刻度为 0.5mm。

（4）水泥净浆搅拌机、量水器、湿气养护箱、天平、钢直尺。

3．试验步骤

（1）试验前准备工作。每个试样需成型两个试件，每个雷氏夹需配备两个边长或直径约为 80mm、厚度 4mm～5mm 的玻璃板，凡与水泥净浆接触的玻璃板和雷氏夹表面都要稍稍涂上一层油。

（2）雷氏夹试件的成型。将预先准备好的雷氏夹放在玻璃板上，并立即将已制好的标准稠度净浆一次装满雷氏夹，装浆是一只手轻轻扶持雷氏夹，另一只手用宽约 25mm 的直边刀在浆体表面轻轻插捣 3 次，然后抹平，盖上稍涂油的玻璃板，接着立即将试件移至湿气养护箱内养护 24h±2h。

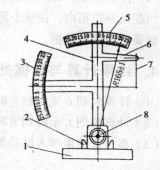

图 3-7　雷氏夹膨胀值测量仪

1—底座；2—模子座；3—测弹性标尺；
4—立柱；5—测膨胀值标尺；6—悬臂；
7—悬丝；8—弹簧顶扭

（3）调整好沸煮箱内的水位，使能保证在整个沸煮过程中都超过试件，不需中途添加试验用水，同时又能保证在 30min±5min 内加热至沸。

（4）沸煮。脱去玻璃板取下试件，先测量雷氏夹指针尖端间的距离（A），精确到 0.5mm，接着将试件放入沸煮箱水中的试件架上，指针朝上，试件之间互不交叉，然后在 30min±5min 内加热至沸并恒沸 180min±5min。

4. 结果计算与数据处理

沸煮结束后，立即放掉箱中的热水，打开箱盖，待箱体冷却至室温，取出试件进行判别。测量雷氏夹指针尖端间的距离（C），准确至 0.5mm，当两个试件煮后增加距离（C-A）的平均值不大于 5.0mm 时，即认为该水泥安定性合格；当两个试件煮后增加距离（C-A）值大于 5mm 时，应用同一样品立即重做一次试验。以复检结果为准。

3.5.8 水泥安定性的试验（代用法）

1. 试验方法

（1）试验前准备工作。每个样品需准备两块边长约 100mm 的玻璃板，凡与水泥净浆接触的玻璃板都要稍稍涂上一层油。

（2）试饼的成型方法。将制好的标准稠度净浆取出一部分分成两等分，使之成全球形，放在预先准备好的玻璃板上，轻轻振动玻璃板并用湿布擦过的小刀由边缘向中央抹，做成直径 70mm～80mm、中心厚约 10mm、边缘渐薄、表面光滑的试饼，接着将试饼放入湿气养护箱内养护 24 h±2 h。

（3）沸煮。调整好沸煮箱内的水位，使能保证在整个沸煮过程中都超过试件，不需中途添加试验用水，同时又能保证在 30min±5min 内加热至沸。

（4）脱去玻璃板取下试饼，在试饼无缺陷的条件下将试饼放在沸煮箱水中的篦板上，在 30min±5min 内加热至沸并恒沸 180min±5min。

2. 结果计算与数据处理

沸煮结束后，立即放掉箱中的热水，打开箱盖，待箱体冷却至室温，取出试件进行判别。目测试饼未发现裂缝，用钢直尺检查也没有弯曲（使钢直尺和试饼底部紧靠，以两者间不透光为不弯曲）的试饼为安定性合格，反之为不合格。当两个试饼判别结果有矛盾时，改水泥的安定性为不合格。

3.5.9 水泥胶砂强度检验试验（ISO 法）

本标准适用于硅酸盐水泥、普通硅酸盐水泥、矿渣硅酸盐水泥、粉煤灰硅酸盐水泥、复合硅酸盐水泥、石灰石硅酸盐水泥的抗折与抗压强度的检验。

1. 试验目的

检验水泥各龄期强度，以确定强度等级；或已知强度等级，检验强度是否满足原强度等级规定中各龄期强度数值。

2. 试验仪器及设备

（1）试验筛。金属丝网试验筛应符合《金属丝编织网试验筛》（GB/T6003）的要求。

（2）搅拌机。搅拌机属行星式，应符合《行星式水泥胶砂搅拌机》（JC/T681）的要求，搅拌锅及搅拌叶片如图3-8所示。

（3）试模。试模由三个水平的模槽组成，可同时成型三条截面为40mm×40mm、长160mm的菱形试体，其材质和制造要求应符合《水泥胶砂试模》（JC/T 726）的要求，如图3-9所示。成型操作时，应在试模上加一个壁高20mm的金属模套，当从上往下看时，模套壁与模型内壁应该重叠，超出内壁不应大1mm。为了控制料层厚度和刮平胶砂，应备有播料器和金属刮平直尺，如图3-10所示。

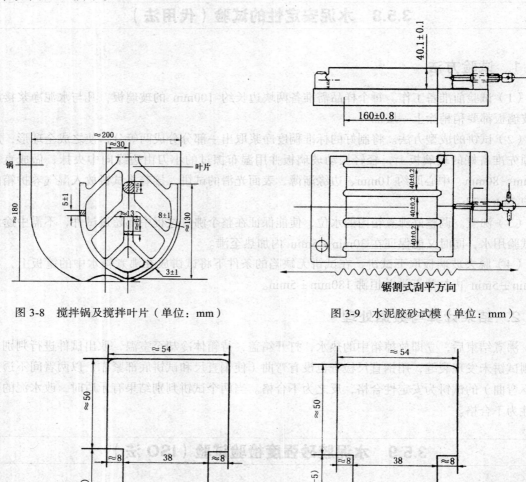

图 3-8   搅拌锅及搅拌叶片（单位：mm）

图 3-9   水泥胶砂试模（单位：mm）

H：模套高度

图 3-10   典型的播料器和金属刮平尺（单位：mm）

（4）振实台。振实台应符合《水泥胶砂试体成型振实台》（JC/T682）的要求，如图3-11所示。振实台应安装在高度约400mm的混凝土基座上。

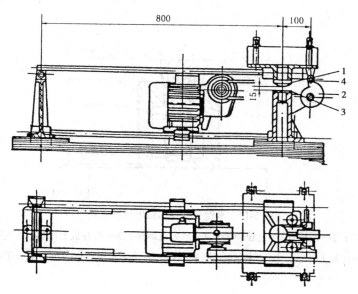

图3-11 水泥胶砂振实台（单位：mm）

1—突头；2—凸轮；3—止动器；4—随动轮

（5）抗折强度试验机。抗折强度试验机应符合《水泥胶砂电动抗折试验机》（JC/T742）的要求。试件在夹具中受力状态如图3-12所示。

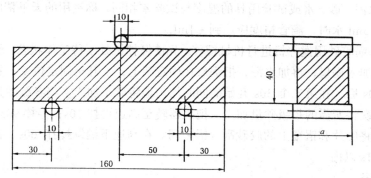

图3-12 抗折强度测定加荷图（单位：mm）

抗折强度也可用抗压强度试验机来测定，此时应使用符合上述规定的夹具。

（6）抗压强度试验机。抗压强度试验机在较大的五分之四量程范围内使用时记录的荷载应有±1%精度，并具有按2400N/s±200N/s速率的加荷能力。

试验机压板应由维氏硬度不低于HV600的硬质钢制成，最好为碳化钨，厚度不小于10mm，宽度为40mm±0.1mm，长不小于40mm。当试验机没有球座，或球座不灵活或直径大于120mm时，应采用抗压夹具。试验机的最大荷载以200kN～300kN为佳。

（7）抗压强度试验机用夹具。夹具应符合《水泥抗压夹具》（ITC/T683）的要求，受压面积为40mm×40mm，如图3-13所示。

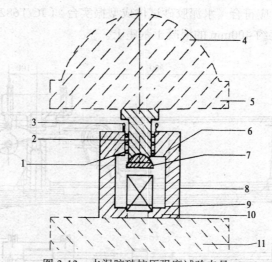

图 3-13　水泥胶砂抗压强度试验夹具

1—滚珠轴承；2—滑板；3—复位弹簧；4—压力机球座；5—压力机上压板；6—夹具球座；
7—夹具上压板；8—试体；9—底板；10—夹具下压板；11—压力机下压板

3. 试验步骤

（1）胶砂的制备

① 配合比。胶砂的质量配合比应为一份水泥、三份标准砂和半份水（水灰比为 0.50）。每锅胶砂成三条试体，每锅材料需要量：水泥 450g±2g，标准砂 1350g±5g，水 225g±1g。

② 配料。水泥、砂、水或试验用具的温度与试验室相同，称量用的天平精度应为 ±1g。当用自动滴管加 225ml 水时，滴管精度应达到 ±1mL。

③ 搅拌。每锅胶砂用搅拌机进行机械搅拌。先使搅拌机处于待工作状态，然后按以下程序进行操作：把水加入锅里，再加水泥，把锅放在固定架上，上升至固定位置；然后立即开动机器，低速搅拌 30s 后，在第二个 30s 开始的同时均匀地将砂子加入。当各级砂是分装时，从最粗粒级开始，依次将所需的每级砂量加完。把机器转至高速再拌 30s；停拌 90s，在第 1 个 15s 内用一胶皮刮具将叶片和锅壁上的胶砂刮入锅中间。在高速下继续搅拌 60s。各个搅拌阶段，时间误差应在 ±1s 以内。

（2）试件制备

① 尺寸。试件尺寸为 40mm × 40mm × 160mm 的棱柱体。

② 用振实台成型。当使用代用的振动台成型时，在搅拌胶砂的同时，将空试模和模套固定在振实台上。将搅拌好的胶砂分两层装入试模。装第一层时，每个槽里约放 300g 胶砂，用大播料器垂直架在模套顶部，沿每个模槽来回一次将料层播平，振实 60 次。再装入第二层胶砂，用小播料器播平，再振实 60 次。移走模套，从振实台上取下试模，用一金属直尺近似 90° 的角度架在试模模顶的一端，然后沿试模长度方向以横向据割动作慢慢向另一端移动，一次将超过试膜部分的胶砂刮去，并用同一直尺以近乎水平的情况下将试体表面抹平，并在试模上作标记。

③ 用振动台成型。在搅拌胶砂的同时将试模和下料漏斗卡紧在振动台的中心。将搅拌好的全部胶砂均匀地装入下料漏斗中，开动振动台，胶砂通过漏斗流入试模。振动 120s ± 5s 停车。

振动完毕，取下试模，用刮平板刮去其高出试模的胶砂并抹平。接着在试模上做标记或用字条标明试件编号。

（3）试件的养护

① 脱模前的处理和养护。去掉留在模子四周的胶砂，立即将作好标记的试模放入雾室或湿箱的架子上养护，湿空气应能与试模各边接触，养护时不应将试模放在其他试模上，一直养护到规定的脱模时间取出脱模。脱模前对试件编号或做其他标记。两个龄期以上的试件，在编号时应将同一试模中的三条试体分在两个以上的龄期内。

② 脱模。对于 24h 龄期的，应在破型试验前 20min 内脱模；对于 24h 以上龄期的，应在成型后 20h～24h 之间脱模。

③ 水中养护。将做好标记的试件立即水平或竖直放在 20℃±1℃水中养护，水平放置时刮平面应朝上。试件放在不易腐烂的篦子上，并彼此间保持一定的间距，以让水与试件的六个面接触，养护期间试件之间的间隔或试件上表面的水深不得小于 5mm。每个养护池只养护同类型的水泥试件。最初用自来水装满养护池，随后随时加水保持适当的恒定水位，不允许在养护期间全部换水。除 24h 龄期或延迟至 48h 脱模的试件外，任何到龄期的试件应在试验（破型）前 15min 从水中取出。擦去试件表面沉积物，并用湿布覆盖至试验为止。

④ 强度试验试件的龄期。试体龄期是从水泥加水搅拌开始试验时算起。不同龄期强度试验在下列时间里进行：24h±15min，48h±30min，72h±45min，7d±2h，≥28d±8h。

4. 水泥强度的测试

先测定抗折强度，然后在折断的棱柱体上进行抗压强度试验，受压面是试件成型时的两个侧面，面积为 40mm×40mm。当不需要抗折强度数值时，抗折强度试验可以省去。但抗压强度试验应在不使试件受有害应力情况下折断的两截棱柱体上进行。

5. 结果计算与数据处理

（1）抗折强度测定。将试件一个侧面放在试验机支撑圆柱上，试件长轴垂直于支撑圆柱，通过加荷圆柱以 50N/s±10N/s 的速率均匀地将荷载垂直地加在棱柱体相对侧面上，直至折断。保持两个半截棱柱体处于潮湿状态直至抗压试验。抗折强度按下式计算：

$$f_t = \frac{1.5F_f L}{b^3} \qquad (3\text{-}3)$$

式中：F_f——折断时施加于棱柱体中部的荷载，N；

　　　L——支撑圆柱之间的距离，mm；

　　　b——棱柱体正方形截面的边长，mm。

结果评定：取一组三个棱柱体抗折强度的平均值作为试验结果。三个强度值中有超出平均值 ±10% 时，则剔除后再取平均值作为抗折强度试验结果。

（2）抗压强度测定。抗压强度试验用规定的仪器，在半截棱柱体的侧面上进行。半截棱柱体中心与压力机压板受压中心差应在 ±0.5mm 内，棱柱体露在压板外的部分约有 10mm。在整个加荷过程中以 2400N/s±200N/s 的速率均匀地加荷直至破坏。抗压强度按下式计算：

$$f_c = \frac{F_c}{A} \qquad (3\text{-}4)$$

式中：F_c——破坏时的最大荷载（N）；

A——受压部分面积（mm²）（40mm × 40mm=1600mm²）。

结果评定：取一组三个棱柱体得到的六个抗压强度测定值的算术平均值作为试验结果。若六个测值中有一个超出六个平均值的 ±10% 时，则取剩余五个的平均数为结果。若五个测值中再有超出它们平均数的 ±10% 时，则此组结果作废。结果计算精确至 0.1MPa。

 习 题

一、填空题

1. 通用水泥是指用于土木建筑工程一般用途的水泥，如_____、_____、_____、_____、_____、_____，即所谓六大水泥。

2. 硅酸盐水泥熟料矿物的组成主要有_____、_____、_____、_____。

3. 引起水泥安定性不良的主要原因有_____、_____和_____。体积安定性不良的水泥应作_____处理。

4. 水泥颗粒越细，与水反应的表面积越_____，因而水化反应的速度越_____，水泥石的早期强度越_____，但硬化体的收缩也越_____，根据国家标准规定，硅酸盐水泥的比表面积应大于_____。

5. 硅酸盐水泥分为_____、_____、_____、_____、_____、_____六个强度等级。

6. 水泥的初凝时间为水泥从_____起至水泥浆_____所需的时间；终凝时间是从起_____至水泥浆_____，并开始产生强度所需的时间。

二、单选题

1. 以下水泥熟料矿物中早期强度及后期强度都比较高的是（　　　）。

A. C_3S 　　　　　 B. C_2S 　　　　　 C. C_3A 　　　　　 D. C_4AF

2. 水泥熟料中水化速度最快，28 d 水化热最大的是（　　　）。

A. C_3S 　　　　　 B. C_2S 　　　　　 C. C_3A 　　　　　 D. C_4AF

3. 普通硅酸盐水泥代号是（　　　）。

A. P·S 　　　　　 B. P·O 　　　　　 C. P·P 　　　　　 D. P·I

4. 生产硅酸盐水泥时，为了控制凝结时间，需加入适量的（　　　）。

A. 石灰 　　　　　 B. 粉煤灰 　　　　　 C. 矿渣 　　　　　 D. 石膏

5. 普通硅酸盐水泥、矿渣硅酸盐水泥、火山灰质硅酸盐水泥和复合硅酸盐水泥初凝时间不小于（　　　）和终凝时间不大于（　　　）。

A. 45min　90min 　　　　　 B. 55min　90min

C. 45min　600min　　　　　　D. 55min　600min

6. 以下工程适合使用硅酸盐水泥的是（　　　　）。

A. 大体积的混凝土工程　　　　　B. 早期强度要求较高的工程

C. 受化学及海水侵蚀的工程　　　D. 耐热混凝土工程

7. 有抗冻要求的混凝土工程，应选用（　　　　）水泥。

A. 普通硅酸盐　　　　　　　　　B. 矿渣硅酸盐

C. 粉煤灰硅酸盐　　　　　　　　D. 火山灰质硅酸盐

8. 高铝水泥严禁用于（　　　　）。

A. 冬季施工　　　　　　　　　　B. 蒸养混凝土

C. 紧急抢修工程　　　　　　　　D. 有严重硫酸盐腐蚀的工程

三、名词解释

标准稠度用水量；凝结时间；水泥安定性；混合材料

四、简答题

1. 国标中规定通用水泥的初凝时间和终凝时间对施工有什么实际意义？

2. 造成水泥体积安定性不良的原因是什么？

3. 水泥石的侵蚀有哪些类型？内因是什么？防止腐蚀的措施有哪些？

4. 为什么说硅酸盐水泥不宜用于大体积工程？

5. 某住宅工程工期较短，现有强度等级同为 42.5 硅酸盐水泥和矿渣水泥可选用。从有利于完成工期的角度来看，选用哪种水泥更为有利？

6. 现有三种白色粉末，分别为生石灰粉、建筑石膏和白色硅酸盐水泥，请加以鉴别。

第4章

混凝土的性能与检测

　　混凝土是由胶凝材料、水、粗、细集料、外加剂、掺合料等按适当比例拌制成拌合物，经一定时间硬化而成的人造石材。广泛应用于建筑工程、水利工程、道路、地下工程、国防工程等，是当代最重要的建筑材料之一。

　　普通混凝土的组成材料主要有水泥、砂子、石子、外加剂、掺合料和水。混凝土的性能主要有新拌混凝土的工作性能、硬化混凝土的力学性能和混凝土耐久性能。混凝土的性能好坏直接影响混凝土工程质量，混凝土原材料质量及配合比设计直接影响着混凝土的性能，因此混凝土原材料质量控制、混凝土配合比设计及混凝土的性能检测是本章的重点内容。

【学习目标】

1. 掌握普通混凝土的组成材料及主要控制指标；
2. 掌握普通混凝土的主要技术性质：和易性、强度和耐久性；
3. 掌握普通混凝土的配合比设计；
4. 了解混凝土各类外加剂的性能和应用；
5. 了解普通混凝土的质量控制。

4.1

概述

4.1.1　混凝土的分类

1. 按表观密度大小分类

（1）重混凝土

　　重混凝土是指干表观密度大于 $2800kg/m^3$ 的混凝土。重混凝土常用重晶石、铁矿石、铁屑等做骨料，由于厚重密实，具有防射线的性能，所以又称防辐射混凝土，主要用作防辐射的屏蔽材料。

（2）普通混凝土

普通混凝土的干表观密度在 2000kg/m³～2800kg/m³ 之间，一般采用天然的砂、石做骨料配制而成。普通混凝土在建筑工程中用量最大、用途最广泛，主要用于各种建筑的承重结构，是建筑结构、道路、水工工程等常用材料。

（3）轻混凝土

轻混凝土是指干表观密度小于 2000kg/m³ 的混凝土。它又可以分为三种：轻骨料混凝土（用膨胀珍珠岩、浮石、陶粒、煤渣等轻质材料作骨料）、多孔混凝土（泡沫混凝土、加气混凝土等）和无砂大孔混凝土（组成材料中不加细骨料）。轻混凝土主要用于承重、保温和轻质结构。

2. 按所用胶凝材料分类

混凝土按所用胶凝材料分为水泥混凝土、沥青混凝土、石膏混凝土、水玻璃混凝土、聚合物混凝土等。

3. 按用途分类

混凝土按用途主要有结构用混凝土、抗渗混凝土、抗冻混凝土、大体积混凝土、泵送混凝土、防水混凝土、隔热混凝土、耐酸混凝土、耐火混凝土等。

4. 按混凝土坍落度大小分类

按混凝土坍落度大小分为干硬性混凝土（坍落度小于 10 mm）、塑性混凝土（坍落度为 10 mm～90 mm）、流动性混凝土（坍落度为 100 mm～150 mm）、大流动性混凝土（坍落度不低于 160 mm）。

4.1.2 混凝土的特点

1. 混凝土的优点

（1）混凝土组成材料中砂、石等地方材料占 80% 以上，符合就地取材和经济的原则。

（2）可改变混凝土组分的品种和比例，配制成不同性质的混凝土，以满足不同工程的要求。

（3）混凝土在凝结硬化前具有良好的可塑性，容易浇筑成各种形状、尺寸的结构或构件。

（4）混凝土与钢筋之间有牢固的黏结力，且二者线膨胀系数相近，能制作钢筋混凝土结构和构件。

（5）混凝土硬化后抗压强度高，耐久性好，而且可以通过改变配合比得到性能不同的混凝土，以满足不同工程的要求。

2. 混凝土的缺点

混凝土的缺点主要有：自重大，抗拉强度低，易开裂，硬化速度慢和生产周期长，混凝土工程的施工过程多，影响混凝土质量的因素较多，施工中要严格控制质量。

4.2 普通混凝土的组成材料

普通混凝土是由水泥、砂子、石子、水（当需要改变混凝土性能时需要掺加一定量的矿物掺合料和外加剂）按适当比例配制，经搅拌、成型、养护而成的人造石材。经拌合后呈塑性状态而未凝结硬化的混凝土称为混凝土拌合物。水泥和矿物掺合料统称为胶凝材料（如粉煤灰、矿粉、硅粉等，以下称胶凝材料）。在混凝土中，砂子、石子统称为集料，主要起骨架作用，一般不参与化学反应。胶凝材料与水形成浆体，浆体包裹在集料表面并填充其空隙。在混凝土硬化前，浆体主要起润滑作用，赋予混凝土拌合物一定

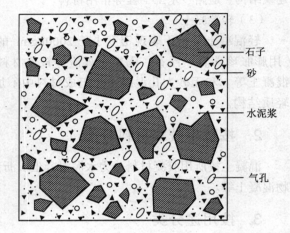

图 4-1　普通混凝土的结构

的流动性，以便于施工；浆体硬化后主要起胶结作用，将砂、石集料胶结成为一个坚实的整体并使混凝土具有一定的强度。普通混凝土的结构如图 4-1 所示。

4.2.1 水泥

水泥是混凝土中价格最贵、最重要的原材料，它直接影响混凝土的强度、耐久性和经济性。所以在混凝土中要合理选择水泥的品种和强度等级。

1. 水泥品种的选择

配制一般的混凝土可以选用硅酸盐水泥、普通硅酸盐水泥、矿渣硅酸盐水泥、火山灰质硅酸盐水泥及粉煤灰硅酸盐水泥、复合硅酸盐水泥等通用水泥，应根据混凝土的工程特点和所处的环境，结合各种水泥的不同特性进行选用。

2. 水泥强度等级的选择

配制混凝土所用水泥的强度等级应与混凝土的设计强度等级相适应。原则上，配制高强度等级的混凝土，选用高强度等级水泥；配制低强度等级的混凝土，选用低强度等级水泥。表 4-1 列出了配制不同强度等级的混凝土所用水泥的强度等级。

表 4-1　　　　　　　　配制不同强度等级的混凝土所用水泥的强度等级

混凝土强度等级	水泥强度等级	混凝土强度等级	水泥强度等级
C10～C25	32.5	C50～C60	52.5
C30	32.5、42.5	C65	52.5、62.5
C35～C45	42.5	C70～C80	62.5

3. 水泥的质量必须满足相关规范规定的要求（参照第3章内容）

4.2.2 砂子

1. 砂子的定义及分类

粒径在 0.15mm～4.75mm 之间的骨料称为砂子。砂子分为天然砂和人工砂两类。天然砂是岩石自然风化后所形成的大小不等的颗粒，包括河砂、山砂及淡化海砂；人工砂包括机制砂和混合砂。一般混凝土用砂采用天然砂。

2. 砂子的质量标准

用来配制混凝土的砂要求清洁不含杂质，以保证混凝土的质量。但实际上砂中常含有云母、硫酸盐、黏土、淤泥等有害杂质，这些杂质黏附在砂的表面，妨碍水泥与砂的黏结，降低混凝土的强度，同时还增加混凝土的用水量，从而加大混凝土的收缩，降低混凝土的耐久性。一些硫酸盐、硫化物，还对水泥石有腐蚀作用。氯化物容易加剧钢筋混凝土中钢筋的锈蚀，也应进行限制。根据国家标准《建筑用砂》（GB/T 14684—2011）对砂中有害杂质含量做了具体规定，见表4-1。

砂子的坚固性，是指其抵抗自然环境对其腐蚀或风化的能力。通常用硫酸钠溶液干湿循环5次后的质量损失来表示砂子坚固性的好坏，对砂子的坚固性要求见表4-2。

当砂中含有活性二氧化硅时，可能与混凝土中的碱发生碱——骨料反应，使混凝土发生膨胀开裂，因此应根据相关标准要求合理选用砂子，以满足混凝土耐久性要求。

表 4-2 　　　　　　　　　　　混凝土用砂有害杂质及坚固性要求（%）

项　目		指　标		
		Ⅰ 类	Ⅱ 类	Ⅲ 类
云母（按质量计）（%）≤		1.0	2.0	2.0
轻物质（按质量计）（%）≤		1.0		
有机物（比色法）		合格		
硫化物及硫酸盐（按 SO_3 质量计）（%）≤		0.5		
氯化物（按氯离子质量计）（%）≤		0.01	0.02	0.06
含泥量（按质量计）（%）≤		1.0	3.0	5.0
泥块含量（按质量计）（%）≤		0	1.0	2.0
坚固性指标（%）≤		8	8	10
级配区		2 区	1、2、3 区	1、2、3 区
石粉含量（按质量计）（%）≤	MB < 1.4	10		
	MB > 1.4	1.0	3.0	5.0
单块最大压碎指标（%）≤		20	25	30
贝壳（按质量计）（%）≤（仅限于海砂）		3.0	5.0	8.0

注：表中Ⅰ类宜用于强度等级大于 C60 的混凝土；Ⅱ类宜用于强度等级 C30—C60 及抗冻、抗渗或其他要求的混凝土；Ⅲ类宜用于强度等级小于 C30 的混凝土（或建筑砂浆）。

3. 砂的粗细程度与颗粒级配

砂的粗细程度是指不同粒径的砂粒混合在一起的平均粗细程度。根据砂的粗细程度，砂可分为粗砂、中砂、细砂。在砂用量相同的条件下，若砂子过细，则砂的总表面积就较大，需要包裹砂粒表面的水泥浆的数量多，水泥用量就多；若砂子过粗，虽能少用水泥，但混凝土拌合物粘聚性较差，容易发生分层离析现象。所以，用于拌制混凝土的砂不宜过粗，也不宜过细。

砂的颗粒级配是指大小不同粒径的砂粒相互间的搭配情况。在混凝土中砂粒之间的空隙是由水泥浆所填充的，为了节约水泥和提高混凝土强度，就应尽量减小砂粒之间的空隙。如图 4-2 所示：如果是相同粒径的砂，空隙就大[见图 4-2（a）]；用两种不同粒径的砂搭配起来，空隙就减小了[见图 4-2（b）]；用三种不同粒径的砂搭配，空隙就更小了[见图 4-2（c）]。由此可见，要想减小砂粒间的空隙，就必须要有大小不同粒径的砂相互搭配。所以混凝土用砂要选用颗粒级配良好的砂。

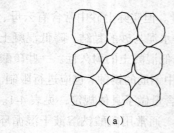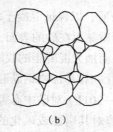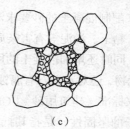

（a）　　　　　　　　　　（b）　　　　　　　　　　（c）

图 4-2　骨料颗粒级配

综上所述，混凝土用砂应同时考虑砂的粗细程度和颗粒级配。当砂的颗粒较粗且级配良好时，砂的空隙率和总表面积均较小，这样不仅可以节约水泥，而且还可提高混凝土的强度和密实性。可见，控制混凝土砂的粗细程度和颗粒级配有很大的技术经济意义。

砂的粗细程度和颗粒级配常用筛分析的方法进行测定，用细度模数来判断砂的粗细程度，用级配区来表示砂的颗粒级配。筛分析法是用一套孔径分别为 4.75mm、2.36mm、1.18mm、600μm、300 μm、150 μm 的标准方孔筛，将 500g 干砂试样依次过筛，然后称得余留在各号筛上砂的质量（分计筛余量），并计算出各筛上的分计筛余百分率（分计筛余量占砂样总质量的百分数）及累计筛余百分率（各筛和比该筛粗的所有分计百分率之和）。砂的筛余量、分计筛余百分率、累计筛余百分率的关系见表 4-3。根据累计筛余百分率可计算出砂的细度模数和划分砂的级配区，以评定砂子的粗细程度和颗粒级配。

表 4-3		筛余量、分计筛余百分率、累计筛余百分率的关系	
筛孔尺寸（mm）	筛余量 m_i（g）	分计筛余百分率 a_i（%）	累计筛余百分率 A_i（%）
4.75	m_1	a_1	$A_1 = a_1$
2.36	m_2	a_2	$A_2 = a_1 + a_2$
1.18	m_3	a_3	$A_3 = a_1 + a_2 + a_3$
600 μm	m_4	a_4	$A_4 = a_1 + a_2 + a_3 + a_4$
300 μm	m_5	a_5	$A_5 = a_1 + a_2 + a_3 + a_4 + a_5$
150 μm	m_6	a_6	$A_6 = a_1 + a_2 + a_3 + a_4 + a_5 + a_6$

注：$a_i = m_i / 500$。

砂的细度模数计算公式为：

$$M_x = \frac{(A_2 + A_3 + A_4 + A_5 + A_6) - 5A_1}{100 - A_1}$$

（4-1）

细度模数越大，表示砂越粗。M_x 在 3.7～3.1 为粗砂，M_x 在 3.0～2.3 为中砂，M_x 在 2.2～1.6 为细砂，M_x 在 2.2～1.6 为特细砂。普通混凝土用砂的细度模数，一般应控制在 2.0～3.5 较为适宜。

国家标准《建筑用砂》（GB/T 14684—2011）对细度模数为 3.7～1.6 的普通混凝土用砂，根据 600 μm 筛孔的累计筛余百分率分成三个级配区，见表 4-4 和图 4-3（级配曲线）。混凝土用砂的颗粒级配，应处于表 4-4 或图 4-3 的任何一个级配区内，否则认为砂的颗粒级配不合格。

表 4-4　　　　　　　　　　　　砂的颗粒级配区

累计筛余（%） 筛孔尺寸（mm）	级 配 区		
	1	2	3
4.75	10～0	10～0	10～0
2.36	35～5	25～0	15～0
1.18	65～35	50～10	25～0
600μm	85～71	70～41	40～16
300μm	95～80	92～70	85～55
150μm	100～90	100～90	100～90

注：1. 砂的实际颗粒级配与表中所列数字相比，除 4.75mm 和 600μm 筛孔外，可以略有超出，但超出总量应小于 5%。

2. 1 区人工砂中 0.15mm 筛孔的累计筛余可以放宽到 100%～85%，2 区人工砂中 0.15mm 筛孔的累计筛余可以放宽到 100%～80%，3 区人工砂中 150μm 筛孔的累计筛余可以放宽到 100%～75%。

一般认为，处于 2 区级配的砂，其粗细适中，级配较好。1 区砂含粗颗粒较多，属于粗砂，拌制的混凝土保水性差。3 区砂属于细砂，拌制的混凝土保水性、黏聚性好，但水泥用量大，干缩大，容易产生微裂缝。

混凝土用砂宜选用 2 级配区中砂，否则难以配制出性能良好的混凝土。当现有的砂级配不良时，可采用人工配制方法来改善砂的细度模数和级配区，即将粗、细砂按适当比例进行混配，复合使用，以满足配制混凝土用砂的要求。

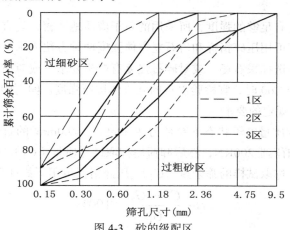

图 4-3　砂的级配区

4.2.3 石子

石子一般指粒径大于 4.75mm 的岩石颗粒，有卵石和碎石两大类。卵石是岩石经自然作用而形成的。卵石颗粒较圆，表面光滑，空隙率及表面积较小，拌制的混凝土和易性好，但与胶凝材料的胶结能力较差。因此，在相同的条件下，卵石混凝土强度低于碎石混凝土。

碎石由天然岩石或卵石经人工或机械破碎、筛分而得。碎石有棱角，表面粗糙，空隙率及表面积较大，拌制的混凝土和易性较差，但碎石与胶凝材料的胶结较好，在相同的条件下，碎石混凝土的强度高于卵石混凝土。

为了保证混凝土的强度和耐久性，国家标准《建筑用卵石、碎石》（GB/T 14685—2011）对卵石和碎石的各项指标做了具体规定，主要有以下几个方面。

1. 有害杂质含量

石子中的有害杂质主要有黏土、淤泥、硫酸盐及硫化物和一些有机杂质等，其对混凝土的危害作用与砂子中的相同。另外石子中还可能含有针状（颗粒长度大于相应粒级平均粒径的 2.4倍）和片状（厚度小于平均粒径的 0.4 倍）颗粒，针、片状颗粒易折断，其含量多时，会降低新拌混凝土的流动性和硬化后混凝土的强度。石子中有害杂质及针片状颗粒的允许含量应符合表 4-5 的规定。

表 4-5   石子中有害杂质及针片状颗粒限制值（%）

项　目	指　标		
	Ⅰ 类	Ⅱ 类	Ⅲ 类
含泥量（按质量计）（%）≤	0.5	1.0	1.5
泥块含量（按质量计）（%）≤	0	0.2	0.5
有机物	合格		
硫化物及硫酸盐（按 SO₃ 质量计）（%）≤	0.5	1.0	1.0
针片状颗粒含量（按质量计）（%）≤	5	10	15

2. 强度和坚固性

（1）强度

为了保证混凝土具有足够的强度，所采用的石子应质地致密，具有足够的强度。碎石或卵石的强度，碎石的强度可用压碎指标和岩石立方体强度两种方法表示。一般用压碎指标值来检验碎石的强度，但当在选择采石场，或对碎石强度有严格要求，或对质量有争议时，或混凝土的强度等级大于或等于 C60 时，宜检验岩石的立方体抗压强度。卵石的强度，可用压碎指标值来表示，应满足表 4-6 规定的要求。

压碎指标是将一定质量气干状态下粒径为 9.50mm～19.0mm 的石子装入一定规格的圆桶内，在压力机上均匀加荷到 200KN，然后卸荷后称取试样质量（G_1），再用孔径为 2.36mm 的筛筛除被压碎的碎粒，称取试样的筛余量（G_2）。压碎指标可用下式计算：

$$Q_e = \frac{G_1 - G_2}{G_1} \times 100\% \qquad (4-2)$$

式中：Q_e——压碎指标，%；

      G_1——试样的质量，g；

      G_2——压碎试验后筛余试样的质量，g。

压碎指标值越小，说明石子的强度越高。对不同强度等级的混凝土，所用石子的压碎指标应满足表4-6的要求。

表 4-6　　　　　　　　　碎石及卵石压碎指标和坚固性指标（%）

项　　目	指　标		
	Ⅰ 类	Ⅱ 类	Ⅲ 类
碎石压碎指标（%）≤	10	20	30
卵石压碎指标（%）≤	12	14	16
硫酸钠溶液干湿 5 次循环后的质量损失（%）≤	8	8	12

岩石立方体强度，是用母岩制成 50 mm ×50 mm ×50 mm 的立方体（或直径与高均为 50 mm 的圆柱体），浸泡水中 48 h，待吸水饱和后测其抗压强度。岩石的抗压强度应比所配制的混凝土强度至少高 20%，如采用碎石的 C40 混凝土，其岩石的抗压强度最小为 40+40×20%=48MPa。

火成岩的抗压强度应不小于 80 MPa，变质岩的抗压强度应不小于 60 MPa，水成岩的抗压强度应不小于 30 MPa。关于岩石的种类在本书的第 10 章有所介绍。

（2）坚固性

石子的坚固性是指石子在气候、环境变化和其他物理力学因素作用下，抵抗破碎的能力。坚固性试验是用硫酸钠溶液浸泡法检验，试样经 5 次干湿循环后，其质量损失应满足表4-6的要求。

当石子中含有碱活性矿物成分时，可能与混凝土中的碱发生碱-集料反应，使混凝土产生膨胀破坏，因此应根据工程要求，合理选用石子，确保混凝土耐久性能。

3．最大粒径和颗粒级配

（1）最大粒径

石子公称粒级的上限称为该粒级的最大粒径。例如，当使用 5mm～25mm 的粗骨料时，此石子的最大粒径为 25mm。

石子最大粒径增大时，其表面积减小，包裹石子所用浆体减少，有利于节约水泥，因此在满足混凝土性能和施工要求时，尽可能选用较大粒径的石子。但石子过大，会给混凝土搅拌、运输、振捣等带来困难，所以需要综合考虑各种因素来确定石子的最大粒径。

《混凝土结构工程施工质量验收规范》（GB50204—2011）从结构和施工的角度，对石子最大粒径做了以下规定：混凝土用的石子，其最大颗粒粒径不得超过构件截面最小尺寸的 1/4，且不得超过钢筋最小净间距的 3/4；对混凝土实心板骨料的最大粒径不宜超过板厚的 1/3，且不得超过 40mm。对于泵送混凝土，石子最大粒径与输送管内径之比要求碎石不宜大于 1：3，卵石不宜大于 1：2.5。

（2）颗粒级配

石子的级配原理与砂子基本相同，也要求有良好的颗粒级配，以减小空隙率，节约水泥，提高混凝土的密实度和强度。

石子的颗粒级配也是通过筛分试验来测定，用一套孔径分别为 2.36mm、4.75mm、9.50mm、16.0mm、19.0mm、26.5mm、31.5mm、37.5mm、53.0mm、63.0mm、75.0mm 和 90.0mm 的筛进行筛分，称得每个筛上的筛余量，计算出分计筛余百分率和累计筛余百分率（分计筛余百分率和累计筛余百分率的计算与细骨料相同）。石子的颗粒级配分为连续级配和单粒级配，混凝土用石子的颗粒级配应符合如表 4-7 所示的规定。

表 4-7　　　　　　　　　　　混凝土用碎石或卵石的颗粒级配要求

累计筛余（%）公称粒径（mm）		筛 孔 尺 寸（mm）											
		2.36	4.75	9.50	16.0	19.0	26.5	31.5	37.5	53.0	63.0	75.0	90.0
连续粒级	5~10	95~100	80~100	0~15	0								
	5~16	95~100	85~100	30~60	0~10	0							
	5~20	95~100	90~100	40~80	—	0~10	0						
	5~25	95~100	90~100	—	30~70	—	0~5	0					
	5~31.5	95~100	90~100	70~90	—	15~45	—	0~5	0				
	5~40		95~100	70~90	—	30~65	—	—	0~5	0			
单粒粒级	5~10	95~100	80~100	0~50	0			0					
	5~16		95~100	80~100	0~15	0		0~10	0				
	5~20		95~100	85~100		0~15	0						
	16~31.5		95~100		85~100		—	0~10	0				
	20~40			95~100		80~100			0~10	0	30~60	0~10	0

连续级配是石子粒级呈连续性，即颗粒由大到小，每级石子占一定的比例。连续级配的石子颗粒间粒差小，配制的混凝土和易性好，不易发生离析现象。连续级配是石子最理想的级配形式，目前在建筑中最为常用。

单粒级配是石子中仅含有某些粒级颗粒，从而使石子的级配不连续，又称间断级配。由于石子的颗粒粒径单一，石子的空隙率大，混凝土拌合物容易产生离析现象，导致施工困难，一般工程中少用。单粒级配的石子一般不单独使用，常复合成连续级配，即较大粒径石子之间的空隙由较小粒径填充，使空隙率达到最小，以满足混凝土性能的要求。

4.2.4　混凝土拌合及养护用水

混凝土拌合和养护用水的质量要求是：不影响新拌混凝土性能；不影响混凝土的力学性能和耐久性；不加快钢筋的锈蚀；不引起预应力钢筋脆断；不污染混凝土表面等。《混凝土结构工程施工质量验收规范》（GB50204—2011）规定：拌制混凝土宜采用饮用水，当采用其他水源时，水质应符合国家现行标准《混凝土用水标准》（JGJ 63—2006）的规定，如表 4-8 所示。

表 4-8　　　　　　　　　　　混凝土拌合用水水质要求

项　　目	预应力混凝土	钢筋混凝土	素混凝土
pH 值 ≥	4	4	4

项　目	预应力混凝土	钢筋混凝土	素混凝土
不溶物（mg/L）≤	2000	2000	5000
可溶物（mg/L）≤	2000	5000	10000
氯化物（按 Cl^- 计）（mg/L）≤	500	1000	3500
硫酸盐（按 SO_4^{2-} 计）（mg/L）≤	600	2000	2700
碱含量（mg/L）≤	1500		

注：碱含量按 $Na_2O+0.658K_2O$ 计算值来表示，采用非活性集料时，可不检测碱含量。

4.2.5　掺合料

掺合料是为了改善混凝土性能，节约水泥，调节混凝土强度等级，在混凝土拌合时掺入天然的或人工的能改善混凝土性能的粉状矿物质。

常用的混凝土掺合料主要有粉煤灰、粒化高炉矿渣粉（以下简称矿粉）、硅灰、沸石粉等。

粉煤灰是指电厂煤粉炉烟道气体中收集的粉末。按煤种分为 F 类和 C 类两种。F 类粉煤灰是指由无烟煤或烟煤煅烧收集的粉煤灰。C 类粉煤灰是指由褐煤或次烟煤煅烧收集的粉煤灰，其氧化钙含量一般大于 10%。拌制混凝土和砂浆用粉煤灰分为三个等级：Ⅰ级、Ⅱ级和Ⅲ级。其质量指标满足《用于水泥和混凝土中的粉煤灰》（GB/T1596—2005）中的要求，如表 4-9 所示。

表 4-9　　　　　　　　　　　粉煤灰的质量指标

项　目	级　别		
	Ⅰ	Ⅱ	Ⅲ
细度（45μm 方孔筛筛余，%）≤	12	20	45
需水量比（%）≤	95	105	115
烧失量（%）≤	5	8	15
含水率（%）≤	1	1	不规定
三氧化硫（%）≤	3	3	3

矿粉是指从炼铁高炉中排出的，以硅酸盐和铝硅酸盐为主要成分的熔融物，经淬冷成粒后粉磨所得的粉体材料。在拌制混凝土和砂浆用矿粉时，其质量指标应满足《用于水泥和混凝土中的粒化高炉矿渣粉》（GB/T18046—2008）中的要求，如表 4-10 所示。

表 4-10　　　　　　　　　　　矿粉的质量指标

项　目		级　别		
		S105	S95	S75
密度（g/cm³）≥		2.8		
比表面积（m²/kg）≥		500	400	300
活性指数（%）≥	7d	95	75	55
	28d	105	95	75
流动度比（%）≥		95		
含水率（%）≥		1.0		

续表

项 目	级 别		
	S105	S95	S105
三氧化硫（%）≤	4.0		
氯离子（%）≤	0.06		
烧失量（%）≤	3.0		
玻璃体含量（%）≥	85		
放射性	合格		

硅灰是指从冶炼硅铁合金或工业硅时通过烟道排出的粉尘，经收集得到的以无定形二氧化硅为主要成分的粉体材料。沸石粉是由天然的沸石岩磨细而成，颜色为白色，沸石是火山熔岩形成的一种架状结构的铝硅酸盐矿物。

硅灰和沸石粉在混凝土和砂浆中应用时，其质量指标应满足《高强高性能混凝土用矿物外加剂》（GB/T18736—2002）中的要求，如表 4-11 所示。

表 4-11　　　　　　　　　　　　　　硅灰、沸石粉质量指标

项　　　目	指　　　标		
	沸 石 粉		硅　　灰
	I	II	
烧失量（%）≤	—	—	6
氯离子（%）≤	0.02	0.02	0.02
二氧化硅（%）≥			85
吸铵值（mmol/100g）≥	130	100	—
比表面积（m^2/kg）≥	700	500	15000
含水率（%）≤			3.0
需水量比（%）≤	110	115	125
活性指数（%）（28d）≥	90	85	85

复合掺合料是指将两种或两种以上掺合料按一定比例复合后的粉体材料。掺合料的掺量应满足《矿物掺合料应用技术规范》（GB/T 51003—2014）中的要求。

4.2.6　混凝土外加剂

混凝土外加剂是在拌制混凝土过程中掺入用以改善混凝土性能的物质，掺量不大于水泥质量（胶凝材料）5%（特殊性况除外）。外加剂主要用来改善新拌混凝土性能和提高硬化混凝土性能。

1. 混凝土外加剂的分类

（1）按化合物分类，可分为无机外加剂和有机外加剂。

（2）混凝土外加剂按其主要功能分为四类：

① 改善混凝土拌合物流变性能的外加剂。包括各种减水剂和泵送剂等。

② 调节混凝土凝结时间、硬化性能的外加剂。包括缓凝剂、促凝剂和速凝剂等。

③ 改善混凝土耐久性的外加剂。包括引气剂、防水剂、阻锈剂和矿物外加剂等。

④ 改善混凝土其他性能的外加剂，包括膨胀剂、防冻剂、着色剂等。

（3）按品种分为高性能减水剂、高效减水剂、普通减水剂、引气减水剂、泵送剂、早强剂、缓凝剂、引气剂、防水剂、防冻剂、膨胀剂、速凝剂、 用于砂浆的砂浆增塑剂、防腐剂、阻锈剂等。

2. 常用的混凝土外加剂

（1）减水剂

① 减水剂的概念及减水机理

减水剂是指在保证混凝土坍落度不变的条件下，能减少拌合用水量的外加剂。水泥加水拌合后，由于水泥颗粒间具有分子引力作用，产生许多絮状物而形成絮凝结构，使10%～30%的游离水被包裹在其中（见图4-4），从而降低了混凝土拌合物的流动性。当加入适量减水剂后，减水剂分子定向吸附于水泥颗粒表面，使水泥的颗粒表面带上电性相同的电荷，产生静电斥力使水泥颗粒分开[见图4-5（a）]，从而导致絮状结构解体释放出游离水，有效地增加了混凝土拌合物的流动性。当水泥颗粒表面吸附足够的减水剂后，在水泥颗粒表面形成一层稳定的溶剂化水膜[见图4-5（b）]，这层水膜是很好的润滑剂，有助于水泥颗粒的滑动，从而使混凝土的流动性进一步提高。

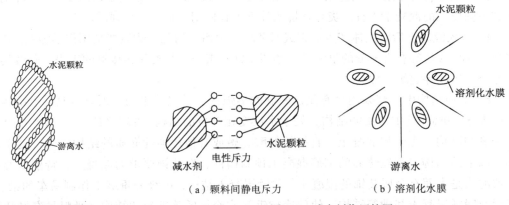

（a）颗粒间静电斥力 （b）溶剂化水膜

图4-4　水泥浆絮凝结构　　　　　　　图4-5　减水剂作用简图

② 减水剂的主要作用

a. 在保持水灰比与水泥用量不变的情况下，可提高混凝土拌合物的流动性。

b. 在保证混凝土强度和坍落度不变的情况下，可节约水泥用量。

c. 在保证混凝土拌合物和易性和水泥用量不变的条件下，可减少用水量，降低水灰比，从而提高混凝土的强度和耐久性。

d. 可减少拌合物的泌水离析现象；延缓拌合物的凝结时间；降低水泥水化放热速度；显著地提高混凝土的抗渗性及抗冻性，改善耐久性能。

③ 常用的减水剂

a. 高性能减水剂：是指在保证混凝土坍落度不变的情况下，能减少拌合水量不小于 25%的减水剂；主要品种有聚羧酸盐类、聚丙烯酸盐类、脂肪族羟甲基磺酸盐高缩物等。

b. 高效减水剂：是指在保证混凝土坍落度不变的情况下，能减少拌合水量不小于 14%的减水剂；主要品种有萘和萘的同系磺化物与甲醛缩合的盐类、胺基磺酸盐等；磺化三聚氰胺树脂、磺化古码隆树脂等。

c. 普通减水剂：是指在保证混凝土坍落度不变的情况下，能减少拌合水量不小于8%的减水剂；主要品种有木质素磺酸盐类：木质素磺酸钙、木质素磺酸钠、木质素磺酸镁及丹宁等。

（2）早强剂

① 早强剂的概念

是指能提高混凝土早期强度，并对后期强度无显著影响的外加剂。常用早强剂的品种有氯盐类、硫酸盐类、有机氨类及以它们为基础组成的复合早强剂，早强剂可在常温和负温（不小于-5℃）条件下加速混凝土硬化过程，多用于冬季施工和抢修工程。

② 早强剂分类

a. 强电解质无机盐类早强剂：硫酸盐、硫酸复盐、硝酸盐、亚硝酸盐、氯盐等；

b. 水溶性有机化合物：三乙醇胺，甲酸盐、乙酸盐、丙酸盐等；

c. 其他：有机化合物、无机盐复合物。

混凝土工程中可采用由早强剂与减水剂复合而成的早强减水剂。

③ 适用范围

a. 早强剂及早强减水剂适用于蒸养混凝土及常温、低温和最低温度不低于-5℃环境中施工的有早强要求的混凝土工程。炎热环境条件下不宜使用早强剂、早强减水剂。

b. 掺入混凝土后对人体产生危害或对环境产生污染的化学物质严禁用作早强剂。含有六价铬盐、亚硝酸盐等有害成分的早强剂严禁用于饮水工程及与食品相接触的工程。硝铵类严禁用于办公、居住等建筑工程。

c. 下列结构中严禁采用含有氯盐配制的早强剂及早强减水剂：预应力混凝土结构，相对湿度大于 80%环境中使用的结构，处于水位变化部位的结构，露天结构及经常受水淋、受水流冲刷的结构，大体积混凝土，直接接触酸、碱或其他侵蚀性介质的结构，经常处于温度为60℃以上的结构，需经蒸养的钢筋混凝土预制构件，有装饰要求的混凝土，特别是要求色彩一致的或是表面有金属装饰的混凝土，薄壁混凝土结构，中级和重级工作制吊车的梁、屋架、落锤及锻锤混凝土基础等结构，使用冷拉钢筋或冷拔低碳钢丝的结构，骨料具有碱活性的混凝土结构。

d. 在下列混凝土结构中严禁采用含有强电解质无机盐类的早强剂及早强减水剂：与镀锌钢材或铝铁相接触部位的结构，以及有外露钢筋预埋铁件而无防护措施的结构；使用直流电源的结构以及距高压直流电源 100 m 以内的结构。

e. 含钾、钠离子的早强剂用于骨料具有碱活性的混凝土结构时且处于与水相接触或潮湿环境中的混凝土，当使用碱活性骨料时，由外加剂带入的碱含量（以当量氧化钠计）不宜超过 1kg/m³混凝土，混凝土总碱含量尚应符合有关标准的规定。

（3）引气剂

① 引气剂的概念

引气剂是指在混凝土拌合物搅拌过程中，能引入大量分布均匀、稳定而封闭的微小气泡（直径在 10 μm～100 μm）的外加剂。引气剂的掺量十分微小，适宜掺量仅为水泥质量的 0.005%～0.012%。

② 引气剂的品种

a. 松香树脂类：松香热聚物、松香皂类等；

b. 烷基和烷基芳烃磺酸盐类：十二烷基磺酸盐、烷基苯磺酸盐、烷基苯酚聚氧乙烯醚等；

c. 脂肪醇磺酸盐类：脂肪醇聚氧乙烯醚、脂肪醇聚氧乙烯磺酸钠、脂肪醇硫酸钠等；

d. 皂甙类：三萜皂甙等；

e. 其他：蛋白质盐、石油磺酸盐等。

混凝土工程中可采用由引气剂与减水剂复合而成的引气减水剂。

③ 适用范围

a. 引气剂及引气减水剂，可用于抗冻混凝土、抗渗混凝土、抗硫酸盐混凝土、泌水严重的混凝土、贫混凝土、轻骨料混凝土、人工骨料配制的普通混凝土、高性能混凝土以及有饰面要求的混凝土。

b. 引气剂、引气减水剂不宜用于蒸养混凝土及预应力混凝土，必要时，应以试验确定。

（4）缓凝剂

① 缓凝剂的概念

缓凝剂是指能延缓混凝土凝结时间，并对混凝土后期强度发展无不利影响的外加剂。

② 品种

a. 糖类：糖钙、葡萄糖酸盐等；

b. 木质素磺酸盐类：木质素磺酸钙、木质素磺酸钠等；

c. 羟基羧酸及其盐类：柠檬酸、酒石酸钾钠等；

d. 无机盐类：锌盐、磷酸盐等；

e. 其他：胺盐及其衍生物、纤维素醚等。

混凝土工程中可采用由缓凝剂与高效减水剂复合而成的缓凝高效减水剂。

③ 适用范围

a. 缓凝剂、缓凝减水剂及缓凝高效减水剂可用于大体积混凝土、碾压混凝土、炎热气候条件下施工的混凝土、大面积浇筑的混凝土、避免冷缝产生的混凝土、需较长时间停放或长距离运输的混凝土、自流平免振混凝土、滑模施工或拉模施工的混凝土及其他需要延缓凝结时间的混凝土。缓凝高效减水剂可制备高强高性能混凝土。

b. 缓凝剂、缓凝减水剂及缓凝高效减水剂宜用于日最低气温5℃以上施工的混凝土，不宜单独用于有早强要求的混凝土及蒸养混凝土。

c. 柠檬酸及酒石酸钾钠等缓凝剂不宜单独用于水泥用量较低、水灰比较大的贫混凝土。

d. 当掺用含有糖类及木质素磺酸盐类物质的外加剂时应先做水泥适应性试验，合格后方可使用。

e. 使用缓凝剂、缓凝减水剂及缓凝高效减水剂施工时，宜根据温度选择品种并调整掺量，满足工程要求方可使用。

（5）速凝剂

① 速凝剂的概念

速凝剂是指能使混凝土迅速凝结硬化的外加剂。

② 速凝剂的品种

a. 在喷射混凝土工程中可采用的粉末状速凝剂：以铝酸盐、碳酸盐等为主要成分的无机盐混合物等。

b. 在喷射混凝土工程是可采用的液体速凝剂：以铝酸盐、水玻璃等为主要成分，与其他无机盐复合而成的复合物。

③ 适用范围

速凝剂可用于采用喷射法施工的喷射混凝土，也可用于需要速凝的其他混凝土。

4.3

普通混凝土的主要技术性质

普通混凝土的主要技术性质：混凝土拌合物的和易性，硬化混凝土的力学性能、变形性能及混凝土的耐久性。

4.3.1 混凝土拌合物的和易性

1. 和易性的概念

和易性是指混凝土拌合物易于各种施工工序（拌合、运输、浇筑、振捣等）操作并能获得质量均匀、成型密实的性能。和易性是一项综合技术性质，包括流动性、黏聚性和保水性三方面。

流动性是指混凝土拌和物在自重或施工机械的作用下，产生流动，并获得均匀密实混凝土的性能。流动性反映了混凝土的稀稠程度。

黏聚性是指混凝土拌和物有一定的黏聚力，在运输及浇捣过程中，不致发生分层离析，使混凝土保持整体均匀的性能，黏聚性反映的是混凝土拌合物的均匀性。黏聚性差的混凝土拌和物，在施工过程中的振动、冲击下及转运、卸料时，砂浆与石子易分离，振捣后出现蜂窝、空洞等缺陷，影响工程质量。

保水性是指混凝土拌合物具有一定的保持水分的能力，在施工过程中不致产生严重的泌水现象。保水性反映混凝土拌合物的稳定性。保水性差的混凝土内部容易形成透水通道，影响混凝土的密实性，并降低混凝土的强度和耐久性。

混凝土拌合物的和易性是以上三个方面性能的综合体现，它们之间既相互联系，又相互矛盾。黏聚性好时保水性往往也好；流动性增大时，黏聚性和保水性往往变差。不同的工程对混凝土拌合物和易性的要求也不同，应根据工程具体情况来确定混凝土的和易性。

2. 和易性的测定方法

由于混凝土拌合物的和易性是一项综合的技术性质，目前还很难用一个单一的指标来全面衡量。通常评定混凝土拌合物和易性的方法是：测定其流动性，用目测和经验观察其黏聚性和保水性。常用测定混凝土拌合物和易性的方法有坍落度法和维勃稠度法。

（1）坍落度试验

在平整、润滑且不吸水的操作面上放置坍落度筒，将混凝土拌合物分三次（每次装料 1/3

筒高）装入筒内，分次捣实，每层插捣 25 次；对于流动性较大的混凝土（如大流动性混凝土），将混凝土拌合物分两次装入坍落度筒内（每次装料 1/2 筒高），分次捣实，每次插捣 15 次，装满后刮平。然后垂直提起坍落度筒，拌合物在自重作用下会向下坍落，坍落的高度（mm）就是该混凝土拌合物的坍落度，如图 4-6 所示。坍落度数值越大，表示混凝土拌合物的流动性越大。

在进行坍落度试验时，还需同时观察拌合物的黏聚性的保水性。用捣棒在已坍落的拌合物锥

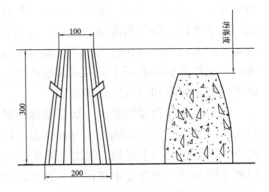

图 4-6 混凝土坍落度的测定

体侧面轻轻击打，如果锥体逐渐下沉，表示拌合物黏聚性良好；如果锥体突然倒坍或部分崩裂或出现离析现象，表示拌合物黏聚性不好。若有较多的稀浆从锥体底部析出，锥体部分的拌合物也因失浆而骨料外露，表明混凝土拌合物保水性不好；如无这种现象，则表明保水性良好。对于流动性较大的混凝土，目测其坍落后的材料分布是否均匀，边缘是否有浆体，如果材料分布均匀且周边没有浆体，说明混凝土的粘聚性和保水性良好，否则较差。

施工中选择混凝土拌和物的坍落度，一般依据构件截面的大小、钢筋分布的疏密、混凝土成型方式等来确定。若构件截面尺寸较小、钢筋分布较密，且为人工捣实，坍落度可选择大一些；反之，坍落度可选择小一些。利用坍落度试验测定混凝土拌合物流动性的方法，只适用于粗骨料最大粒径不大于 40mm，坍落度值不小于 10mm 的混凝土拌合物。对于坍落度小于 10mm 的混凝土拌合物，通常用维勃稠度试验来测定其流动性。

（2）维勃稠度试验

维勃稠度测试方法是：将坍落度筒置于维勃稠度仪上的容器内，并固定在规定的振动台上。把拌制好的混凝土拌合物装满坍落度筒内，抽出坍落度筒，将维勃稠度仪上的透明圆盘转至试体顶面，使之与试体轻轻接触。开启振动台，同时由秒表计时，振动至透明圆盘底面被水泥浆布满的瞬间关闭振动台并停止秒表，由秒表读出的时间，即是该拌合物的维勃稠度值（s）。维勃稠度值小，表示拌合物的流动性大。

维勃稠度试验法适用于粗骨料最大粒径不超过 40mm，维勃稠度在 5 s～30 s 的混凝土拌合物，主要用于测定干硬性混凝土的流动性。

3. 影响混凝土拌合物和易性的主要因素

（1）浆体用量

在混凝土拌合物中，浆体起着润滑骨料、提高拌合物流动性的作用。在水胶比不变的情况下，单位体积拌合物内，浆体数量越多，拌合物流动性越大。但若浆体数量过多，不仅水泥用量大，而且会出现流浆现象，使拌合物的黏聚性变差，同时会降低混凝土的强度和耐久性；若浆体数量过少，则浆体不能填满骨料空隙或不能很好包裹骨料表面，就会出现混凝土拌合物崩塌现象，使黏聚性变差。因此，混凝土拌合物中浆体的数量应以满足流动性要求为度，不宜过多或过少。

（2）水胶比

浆体的稀稠是由水胶比决定的，水胶比是指混凝土拌合物中用水量与胶凝材料用量的比值。

当胶凝材料用量一定时，水胶比越小，浆体越稠，拌合物的流动性就越小。当水灰比过小时，浆体过于干稠，拌合物流动性过低，影响施工，且不能保证混凝土的密实性。水胶比增大会使流动性加大，但水胶比过大，又会造成混凝土拌合物的黏聚性和保水性较差，产生流浆、离析现象，并严重影响混凝土的强度和耐久性。所以，浆体的稠度（水胶比）不宜过大或过小，应根据混凝土强度和耐久性合理选用。

无论是浆体数量的多少，还是浆体的稀稠，实际上对混凝土拌合物流动性起决定作用的是用水量的多少。当使用确定的材料拌制混凝土时，为使混凝土拌合物达到一定的流动性，所需的单位用水量是一个定值。混凝土的单位用水量可参考表 4-12 选用。应当指出的是，不能单独用增减用水量（即改变水灰比）的办法来改善混凝土拌合物的流动性，而应该在保持水胶比不变的条件下用增减水泥浆数量的办法来提改善拌合物的流动性。

表 4-12　　　　　　　　　　混凝土用水量选用表（kg/m³）

坍落度 （mm）	卵石最大粒径（mm）				碎石最大粒径（mm）			
	10	20	31.5	40	15	20	31.5	40
10～30	190	170	160	150	205	185	175	165
30～50	200	180	170	160	215	195	185	175
50～70	210	190	180	170	225	205	195	185
70～90	215	195	185	175	235	215	205	195

注：1. 本表不宜用于水灰比小于 0.4 或大于 0.8 的混凝土；
　　2. 本表用水量系采用中砂时的平均值，若用细（粗）砂，每 m³ 混凝土用水量可增加（减少）5kg ～10 kg；
　　3. 掺用外加剂（掺合料），可相应增减用水量。

（3）砂率

砂率是指混凝土中砂的质量占砂、石总质量的百分率。砂率的变动会使骨料的空隙率和总表面积有显著改变，因而对混凝土拌合物的和易性产生显著的影响。砂率过大时，骨料的总表面积和空隙率都会增大，在浆体用量不变的情况下，相对的浆体就显得少了，则拌和物的流动性降低。若砂率过小，又不能保证石子之间有足够的砂浆层，也会降低拌和物的流动性，且黏聚性和保水性变差。因此，砂率过大或过小都不好，应有一个合理砂率值。当采用合理砂率时，在用水量及胶凝材料一定的情况下，能使混凝土拌和物获得最大的流动性且能保持良好的黏聚性和保水性，如图 4-7 所示；或者，当采用合理砂率时，能使混凝土拌和物获得所要求的流动性及良好的黏聚性和保水性，而水泥用量为最少，如图 4-8 所示。确定合理砂率的方法很多，可根据本地区、本单位的经验累计数值选用；若无经验数据，可按骨料的品种、规格及混凝土的水胶比参考表 4-13 选用合理的砂率值。

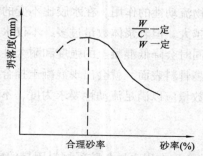

图 4-7　砂率与坍落度的关系曲线

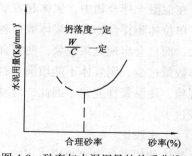

图 4-8　砂率与水泥用量的关系曲线

表 4-13 混凝土砂率选用表

水灰比	卵石最大粒径（mm）			碎石最大粒径（mm）		
（W/C）（%）	10	20	40	15	20	40
0.40	26～32	25～31	24～30	30～35	29～34	27～32
0.50	30～35	29～34	28～33	33～38	32～37	30～35
0.60	33～38	32～37	31～36	36～41	35～40	33～38
0.70	36～41	35～40	34～39	39～44	38～43	36～41

注：1. 本表适用于坍落度为 10mm ～60mm 的混凝土。坍落度若大于 60mm，应在上表的基础上，按坍落度每增大 20mm，砂率增大 1%的幅度予以调整。

2. 本表数值系采用中砂时的选用砂率。若用细（粗）砂，可相应减少（增加）砂率。

3. 只用一个单粒级骨料配制的混凝土，砂率应适当增加。

4. 掺有外加材料时，合理砂率经试验或参考有关规定选用。

（4）环境的温度和湿度

环境温度上升，水泥水化速度加快，混凝土拌合物的坍落度减小，同时随时间的推移坍落度也会减小，特别是在夏季施工或较长距离运输的混凝土，上述现象更加明显。空气湿度小，拌合物水分蒸发较快，坍落度也会偏小。

（5）其他因素

除上述因素外，水泥品种，骨料种类、粒径、粒形及级配，是否使用外加剂等都对混凝土拌和物的和易性有影响。一般来说，在相同的条件下，需水量小的水泥拌的混凝土流动性好；骨料最大粒径大、粒形圆、级配好的，拌和物流动性好；在拌和物中掺入某些外加剂，也能显著改善其流动性。

4.3.2　混凝土的强度

混凝土的强度指标有立方体抗压强度、轴心抗压强度、抗拉强度等。混凝土的抗压强度最大，抗拉强度最小，因此在建筑工程中主要是利用混凝土来承受压力作用。混凝土的抗压强度是混凝土结构设计的主要参数，也是混凝土质量评定的重要指标。工程中提到的混凝土强度一般指的是混凝土的抗压强度。

1. 混凝土的强度指标

（1）混凝土立方体抗压强度

按照标准制作方法制成边长为 150mm 的立方体试件，在标准条件（温度 20℃±2℃，相对湿度 95%以上）下养护至 28d 龄期，按照标准试验方法测得的抗压强度值，称为混凝土立方体抗压强度，以 f_{cu} 表示。

测定混凝土立方体抗压强度时，也可选用不同的试件尺寸，然后将测定结果换算成相当于标准试件的强度值。边长为 100mm 的立方体试件，换算系数为 0.95；边长为 200mm 的立方体试件，换算系数为 1.05。

（2）混凝土立方体抗压强度标准值及强度等级

立方体抗压强度标准值指按标准方法制作、养护的边长为 150mm 的立方体试件，在 28d 龄期用标准试验方法测得的具有 95%强度保证率的抗压强度，用 $f_{cu,k}$ 表示。

混凝土强度等级是按照混凝土立方体抗压强度标准值来划分的。《混凝土结构设计规范》（GB 50010—2010）将混凝土共划分为 14 个强度等级，即 C15、C20、C25、C30、C35、C40、C45、C50、C55、C60、C65、C70、C75、C80。其中 C 表示混凝土，C 后面的数字表示混凝土立方体抗压强度标准值。如 C30 表示 $f_{cu,k}$=30MPa。

（3）混凝土轴心抗压强度

混凝土的强度等级是采用立方体试件来确定的，但在实际工程中，混凝土结构构件的形式极少是立方体，大部分是棱柱体或圆柱体型。为了能更好地反映混凝土的实际抗压性能，在计算钢筋混凝土构件承载力时，常采用混凝土的轴心抗压强度作为设计依据。

采用 150mm×150mm×300mm 的棱柱体作为标准试件，在标准条件（温度 20℃±2℃，相对湿度 95%以上）下养护至 28 d 龄期，按照标准试验方法测得的抗压强度为混凝土的轴心抗压强度，用 f_c 表示。混凝土轴心抗压强度 f_c 约为立方体抗压强度 f_{cu}（f_{cu}≤40N/mm^2）的 70%～80%。

（4）混凝土的抗拉强度

混凝土的抗拉强度很低，只有抗压强度的 1/10～1/20，且随着混凝土强度等级的提高，比值有所降低，也就是当混凝土强度等级提高时，抗拉强度的增加不及抗压强度提高得快。因此混凝土在工作时一般不依靠其抗拉强度。但抗拉强度对混凝土的抗裂性具有重要意义，是结构设计中确定混凝土抗裂度的重要指标，也用来衡量混凝土与钢筋的黏结。

测定混凝土抗拉强度的试验方法有直接轴心受拉试验和劈裂试验，直接轴心受拉试验时试件对中比较困难，因此我国目前常采用劈裂试验方法测定。劈裂试验方法是采用边长为 150mm 的立方体标准试件，按规定的劈裂抗拉试验方法测定混凝土的劈裂抗拉强度。其劈裂抗拉强度的计算公式为：

$$f_{ts} = \frac{2F}{\pi A} = 0.637 \frac{F}{A} \tag{4-3}$$

式中：f_{ts}——混凝土的劈裂抗拉强度，MPa；

F——破坏荷载，N；

A——试件劈裂面积，mm^2。

混凝土劈裂抗拉强度 f_{ts} 与混凝土立方体抗压强度 f_{cu} 之间的关系，可用经验公式表示为：

$$f_{ts} = 0.19 f_{cu}^{3/4} \tag{4-4}$$

2. 影响混凝土强度的主要因素

混凝土受压破坏可能有三种形式：骨料与水泥石界面的黏结破坏、水泥石本身的破坏和骨料发生破坏。试验证明，混凝土的受压破坏形式通常是前两种，这是因为骨料强度一般都大大超过水泥石强度和黏结面的黏结强度。所以混凝土强度主要取决于水泥石强度和水泥石与骨料表面的黏结强度。而水泥石强度、水泥石与骨料表面的黏结强度又与水泥强度等级、水胶比、骨料性质等有密切关系，此外还受施工工艺、养护条件、龄期等多种因素的影响。影响混凝土强度的因素主要有以下几种：

（1）水泥强度等级和水胶比

水泥强度等级和水胶比是影响混凝土强度最重要的因素。在混凝土配合比相同的条件下，所用的水泥强度等级越高，制成的混凝土强度等级也越高；在水泥强度等级相同的情况下，水灰比越小，混凝土的强度越高。但应说明，如果水胶比太小，拌合物过于干硬，无法保证施工质量，将使混凝土中出现较多的蜂窝、孔洞，显著降低混凝土的强度和耐久性。试验证明，混凝土的强度在一定范围内，随水胶比的增大而降低，呈曲线关系，如图4-9（a）所示；而混凝土强度与胶水比的关系，则呈直线关系，如图4-9（b）所示。

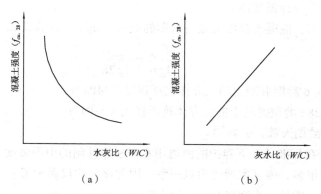

（a）　　　　　　　　　　　（b）

图 4-9　混凝土强度与水灰比及灰水比的关系

瑞士学者保罗米，通过大量试验研究，应用数理统计的方法，提出了混凝土强度与水泥强度等级及水灰比之间的关系式，即混凝土强度公式：

$$f_{cu,28} = \alpha_a f_{ce}(C/W - \alpha_b) \tag{4-5}$$

式中：$f_{cu,28}$——混凝土 28 d 龄期立方体抗压强度，MPa；

f_{ce}——水泥实际强度，MPa，f_{ce} 可通过试验确定，也可根据 $f_{ce} = \gamma_c f_{ce,g}$ 计算；

B——每立方米混凝土中水泥用量，kg；

W——每立方米混凝土中水的用量，kg；

α_a、α_b——经验系数，与骨料品种等有关，当采用碎石时：α_a =0.53，α_b=0.20；采用卵石时：α_a =0.49，α_b =0.13。

利用公式（4-5）可解决两个方面的问题：一是当所采用胶凝材料的实际强度和粗骨料的种类已知，欲配制某种强度等级（已知）的混凝土时，可以计算所要配制混凝土的水胶比；二是当已知所采用的胶凝材料实际强度和水胶比时，可以估计混凝土 28 d 可能达到的立方体抗压强度。

（2）养护的温度与湿度

混凝土强度的增长过程，是水泥的水化和凝结硬化的过程，必须在一定的温度和湿度条件下进行。混凝土如果在干燥环境中养护，混凝土会失水干燥而影响水泥的正常水化，甚至停止水化。这不仅严重降低混凝土的强度，而且会引起干缩裂缝和结构疏松，从而影响耐久性。而在湿度较大的环境中养护混凝土，则会使混凝土的强度提高。

在保证足够湿度的情况下，养护温度不同，对混凝土强度影响也不同。温度升高，水泥水化速度加快，混凝土强度增长也加快；温度降低，水泥水化作用延缓，混凝土强度增长也较慢。当温度降至 0℃以下时，混凝土中的水分大部分结冰，不仅强度停止发展，而且混凝土内部还可能因结冰膨胀而破坏，使混凝土的强度大大降低。

为了保证混凝土的强度持续增长，必须在混凝土成型后一定时间内，维持周围环境有一定的温度和湿度。冬天施工，尤其要注意采取保温措施；夏天施工的混凝土，要经常洒水保持混凝土试件潮湿。

（3）养护时间（龄期）

混凝土在正常养护条件下，强度将随龄期的增长而提高。混凝土的强度在最初的 3d ～7d 内增长较快，28d 后逐渐变慢，只要保持适当的温度和湿度，其强度会一直有所增长。一般以混凝土 28d 的强度作为设计强度值。

在标准养护条件下，混凝土强度大致与龄期的对数成正比，计算式如下：

$$\frac{f_{cu,n}}{\lg n} = \frac{f_{cu,28}}{\lg 28} \tag{4-6}$$

式中：$f_{cu,n}$——n d 龄期混凝土的立方体抗压强度（MPa）；

$\qquad$ $f_{cu,28}$——28d 龄期混凝土的立方体抗压强度（MPa）；

$\qquad$ n——龄期天数，$n \geq 3$。

式（4-6）适用于在标准条件下养护的由通用水泥水泥拌制的中等强度等级的混凝土。由于混凝土强度影响因素很多，强度发展也很难一致，因此该公式仅做参考。

（4）骨料的种类、质量、表面状况

当骨料中含有杂质较多，或骨料材质低劣，强度较低时，将降低混凝土的强度。表面粗糙并富有棱角的骨料，与水泥石的黏结力较强，可提高混凝土的强度。所以在相同相同混凝土配合比的条件下，用碎石拌制的混凝土强度比用卵石拌制的混凝土强度高。

（5）试验条件

试验条件，如试件尺寸、试件承压面的平整度及加荷速度等，都对测定混凝土的强度有影响。试件尺寸越小，测得的强度越高；尺寸越大，测得的强度越低。试件承压面越光滑平整，测得的抗压强度越高；如果受压面不平整，会形成局部受压使测得的强度降低。加荷速度速度越快，测得的强度越高。当试件表面涂有润滑剂时，测得的强度较低。因此，在测定混凝土的强度时，必须严格按照国家规范规定的试验规程进行，以确保试验结果的准确性。

4.3.3　混凝土的耐久性

在建筑工程中不仅要求混凝土要具有足够的强度来安全地承受荷载，还要求混凝土要具有与环境相适应的耐久性来延长建筑物的使用寿命。混凝土的耐久性是一项综合技术指标，包括抗渗性、抗冻性、抗侵蚀性及抗碳化性及混凝土碱—集料反应等。

1. 混凝土的抗渗性

混凝土的抗渗性是指混凝土抵抗压力液体（水、油等）渗透的能力。抗渗性是混凝土耐久性的一项重要指标，它直接影响混凝土的抗冻性和抗侵蚀性。当混凝土的抗渗性较差时，不但容易透水，而且由于水分渗入内部，当有冰冻作用或水中含侵蚀性介质时，混凝土就容易受到冰冻或侵蚀作用而破坏。对钢筋混凝土还可能引起钢筋的锈蚀，以及保护层的开裂和剥落。

混凝土的抗渗性用抗渗等级表示。抗渗等级是以 28d 龄期的标准混凝土抗渗试件，按规定试验方法，以不渗水时所能承受的最大水压（MPa）来确定。混凝土的抗渗等级用代号 P 表示，如 P2、P4、P6、P8、P10、P12 等不同的抗渗等级，它们分别表示能抵抗 0.2MPa、0.4MPa、0.6MPa、0.8MPa、1.0MPa、1.2MPa 的水压力而不出现渗透现象。

混凝土内部连通的孔隙、毛细管和混凝土浇筑中形成的孔洞、蜂窝等，都会引起混凝土渗水，因此提高混凝土密实度，改变孔隙结构、减少连通孔隙是提高混凝土抗渗性的重要措施。

2. 混凝土的抗冻性

混凝土的抗冻性是指混凝土在水饱和状态下，能经受多次冻融循环作用而不破坏，同时也不严重降低强度的性能。在寒冷地区，尤其是经常与水接触、容易受冻的外部混凝土构件，应具有较高的抗冻性。

混凝土的抗冻性用抗冻等级表示。抗冻等级是以 28 d 龄期的混凝土标准试件，在浸水饱和状态下，进行冻融循环试验，以同时满足强度损失率不超过 25%，质量损失率不超 5%时的最大循环次数来表示。混凝土的抗冻等级分为 F25、F50、F100、F150、F200、F250、F300 七个等级。如 F100 表示混凝土能够承受反复冻融循环次数为 100 次，强度下降不超过 25%，质量损失不超 5%。

混凝土的抗冻性与混凝土的密实程度、水灰比、孔隙特征和数量等有关。一般来说，密实的、具有封闭孔隙的混凝土，抗冻性较好；水灰比越小，混凝土的密实度越高，抗冻性也越好；在混凝土中加入引气剂或减水剂，能有效提高混凝土抗冻性。

3. 混凝土抗侵蚀性

混凝土抗侵蚀性是指混凝土抵抗外界侵蚀性介质破坏作用的能力。当工程所处的环境有侵蚀介质时，对混凝土必须提出抗侵蚀性要求。

混凝土的抗侵蚀性与所用水泥的品种、混凝土的密实程度、孔隙特征等有关。密实性好的、具有封闭孔隙的混凝土，抗侵蚀性好。提高混凝土的抗侵蚀性应根据工程所处环境合理选择水泥品种，常用水泥品种的选用详见第 3 章表 3-6。

4. 混凝土的碳化性能

混凝土的碳化作用是指混凝土中的氢氧化钙与空气中的二氧化碳作用生成碳酸钙和水，使表层混凝土的碱度降低。

影响碳化速度的环境因素是二氧化碳浓度及环境湿度等，碳化速度随空气中二氧化碳浓度的增高而加快。在相对湿度 50%～75%环境中，碳化速度最快；当相对湿度达 100%或相对湿度小于 25%时，碳化作用停止。混凝土的碳化还与所用水泥品种有关，在常用水泥中，火山灰水泥碳化速度最快，普通硅酸盐水泥碳化速最慢。

碳化对混凝土有不利的影响，碳化减弱了混凝土对钢筋的保护作用，可能导致钢筋锈蚀；碳化还会引起混凝土的收缩，并可能导致产生微细裂缝。碳化作用对混凝土也有一些有利的影响，主要是提高了碳化层的密实度和抗压强度。总的来说，碳化对混凝土的影响是弊多利少，因此应设法提高混凝土的抗碳化能力。为防止钢筋锈蚀，钢筋混凝土结构构件必须设置足够的混凝土保护层。

5. 混凝土碱——集料反应

（1）碱——集料反应的概念

碱——集料反应是指混凝土中的碱和环境中可能渗入的碱（钾、钠离子）与集料（砂、石）

中的碱活性矿物成分，在混凝土（或砂浆）固化后缓慢发生化学反应，使生成的凝胶吸水后导致混凝土（或砂浆）产生膨胀破坏的反应，代号 AAR。能与碱发生化学反应并导致混凝土（或砂浆）膨胀破坏的集料称为活性集料。

（2）碱——集料反应的主要类型

① 碱——硅酸反应

碱——硅酸反应是指混凝土中的碱和环境中可能渗入的碱与集料（砂、石）中活性二氧化硅，在混凝土（或砂浆）硬化后缓慢发生化学反应，使生成的凝胶吸水后导致混凝土（或砂浆）膨胀破坏的反应。代号 ASR。

② 碱——碳酸盐反应

碱——碳酸盐反应是指混凝土中的碱和环境中可能渗入的碱与活性白云石，在混凝土硬化后缓慢发生化学反应并导致混凝土膨胀破坏的反应。代号 ACR。

（3）混凝土发生碱——集料反应的条件

碱——集料反应已经使许多处于潮湿环境中的结构物受到破坏，包括桥梁、大坝和堤岸。发生碱——集料反应必须具备三个条件：混凝土中含有较高的碱含量、集料是碱活性集料和水存在。

（4）预防混凝土碱——集料反应的措施

① 工程环境分类

按照混凝土所处的环境条件分为三类工程环境：

a. Ⅰ类工程环境为干燥环境。混凝土结构不直接与水接触，空气相对湿度长期低于80%的环境。

b. Ⅱ类工程环境为潮湿环境。混凝土结构直接与水接触或长期处于相对湿度高于80%的环境及干湿交替环境。

c. Ⅲ类工程环境为潮湿的含碱环境。含碱环境是以水质分析报告中钾离子、钠离子含量界定，当其含量之和大于或等于 1400 mg/L 时为含碱环境。

② 预防措施

a. 当混凝土结构处于Ⅰ类工程环境时，可不采取预防混凝土碱——集料反应的技术措施。

b. 当混凝土结构处于Ⅱ类工程环境，使用非活性集料时，可不采取预防混凝土碱——集料反应的技术措施。

c. 当混凝土结构处于Ⅱ类工程环境，使用碱活性集料（砂、石其中的一种或两种）时，必须采取以下预防混凝土碱——集料反应的技术措施：选用碱含量较低的水泥、矿物掺合料等胶结料及碱含量较低的外加剂等，控制混凝土总碱含量不超过 $3.0kg/m^3$。当混凝土总碱含量超过 $3.0kg/m^3$ 时，应采用掺加矿物掺合料等抑制混凝土发生碱——集料反应的技术措施，确保混凝土耐久性。

d. 当混凝土结构处于Ⅲ类工程环境时，应使用非活性集料，并应控制混凝土总碱含量不超过 $3.0kg/m^3$。

4.4

普通混凝土的配合比设计

混凝土的配合比是指混凝土中各组成材料数量之间的比例关系。混凝土配合比设计就是要确定

1m³ 混凝土中各组成材料的用量，使得按此用量拌制出的混凝土能够满足工程所需的各项性能要求。

混凝土配合比常用的表示方法有两种。一种是以 1m³ 混凝土中各项材料的质量用量来表示，例如 1m³ 混凝土中各项材料用量为：水泥 360kg，水 180kg，砂 740kg，石子 1100kg。另一种是以混凝土各项材料的质量比来表示（以水泥质量为 1），例如，水泥:水:砂:石子 =1:0.50:2.06:3.06。

4.4.1 混凝土配合比设计的基本要求

混凝土配合比设计应满足施工条件所要求的和易性；满足混凝土结构设计的强度等级；满足工程所处环境下对混凝土耐久性的要去，如抗冻、抗渗、抗侵蚀、抗碱—集料反应等；在满足上述三项要求的前提下，尽可能节约水泥，降低混凝土成本。

4.4.2 混凝土配合比设计的三个参数

混凝土配合比设计实质上就是确定水泥、水、砂子与石子、矿物掺合料、外加剂等组成材料的相对比例关系，通常由三个参数来控制，即：水胶比、砂率和单位用水量。水胶比是指混凝土中水的用量与胶凝材料的比值；砂率是指混凝土中砂的质量占砂、石总质量的百分率；单位用水量是指 1m³ 混凝土中的用水量。水胶比、砂率和单位用水量这三个参数与混凝土各项性能之间有着密切的关系，正确地确定这三个参数，就能使混凝土满足各项技术性能要求。

4.4.3 混凝土配合比设计的步骤

在进行混凝土配合比设计时，首先应明确一些设计的基本资料，如原材料的品种及技术指标、设计要求的混凝土的强度等级、施工方法及施工管理水平、混凝土所处的环境条件等。然后根据原材料的性能以及对混凝土的技术要求进行初步计算，得出初步配合比；再经试验室试拌调整，得出满足和易性、强度和耐久性要求的较经济合理的试验室配合比；最后再根据施工现场砂、石的含水情况对试验室配合比进行修正，计算出施工配合比。现场配制混凝土时按施工配合比进行称量。

1. 初步配合比的计算

（1）计算配制强度（$f_{cu,0}$）

混凝土配制强度应按下列规定确定：

① 当混凝土的设计强度等级小于 C60 时，配置强度应按下式确定：

$$f_{cu,0} = f_{cu,k} + 1.645\sigma \qquad (4-7)$$

式中：$f_{cu,0}$——混凝土配制强度，MPa；

$f_{cu,k}$——混凝土立方体抗压强度标准值，这里取混凝土的设计强度等级值（MPa）；

σ——混凝土强度标准差，MPa。

② 当混凝土的设计强度等级不小于 C60 时，配制强度应按下式确定：

$$f_{cu,0} \geq 1.15 f_{cu,k} \qquad (4-8)$$

③ 混凝土强度标准差的确定

当具有近 1 ～3 个月的同一品种、同一强度等级混凝土的强度资料，且试件组数不小于 30 时，其混凝土强度标准差 σ 应按下式计算：

$$\sigma = \sqrt{\frac{\sum_{i=1}^{n} f_{cu,i}^2 - nm_{f_{cu}}^2}{n-1}} \qquad (4-9)$$

式中：σ ——混凝土强度标准差；

$f_{cu,i}$ ——第 i 组的试件强度（MPa）；

$m_{f_{cu}}$ ——n 组试件的强度平均值（MPa）；

n ——试件组数。

对于强度等级不大于 C30 的混凝土，当混凝土强度标准差计算值不小于 3.0MPa 时，应按式（4-9）计算结果取值；当混凝土强度标准差计算值小于 3.0MPa 时，应取 3.0MPa 。

对于强度等级大于 C30 且小于 C60 的混凝土，当混凝土强度标准差计算值不小于 4.0MPa 时，应按式（4-9）计算结果取值；当混凝土强度标准差计算值小于 4.0MPa 时，应取 4.0MPa 。

当没有近期的同一品种、同一强度等级混凝土强度资料时，其强度标准差 σ 可按表 4-14 取值。

表 4-14 　　　　　　　　　　　　　　　　标准差 σ 值

混凝土强度标准差	≤C20	C25～C45	C50～C55
σ	4.0	5.0	6.0

（2）计算水胶比（W/B）

当混凝土强度等级小于 C60 时，水胶比可按下式计算：

$$W/B = \frac{\alpha_a f_b}{f_{cu,0} + \alpha_a \alpha_b f_b} \qquad (4-10)$$

式中：W/B ——混凝土水胶比；

α_a、α_b ——回归系数；

$f_{cu,0}$ ——混凝土配制强度，MPa；

f_b ——胶凝材料 28 d 胶砂抗压强度实测值，MPa。

回归系数（α_a、α_b）宜按下列规定确定：根据工程所使用的原材料，通过试验由建立的水胶比与混凝土强度关系式来确定；当不具备上述实验统计资源时，可按表 4-15 选用。

表 4-15 　　　　　　　　　　　　　　　回归系数（α_a、α_b）取值表

系数 ＼ 粗骨料品种	碎石	卵石
α_a	0.53	0.49
α_b	0.20	0.13

当胶凝材料 28d 胶砂抗压强度实测值无法得到时，可采用下列公式计算：

$$f_b = \gamma_f \gamma_s f_{ce} \qquad (4-11)$$

式中：γ_f、γ_s ——粉煤灰、粒化高炉矿渣粉影响系数，可按表 4-16 选用；

f_{ce} ——水泥 28d 胶砂抗压强度实测值，MPa。

表 4-16　　　　　　　　　　粉煤灰、粒化高炉矿渣粉影响系数选用

掺量（%）	矿物掺合料种类 粉煤灰影响系数 γ_f	粒化高炉矿渣粉影响系数 γ_s
0	1.00	1.00
10	0.85～0.95	1.00
20	0.75～0.85	0.95～1.00
30	0.65～0.75	0.90～1.00
40	0.55～0.65	0.80～0.90
50	—	0.70～0.85

注：1. 采用Ⅰ级、Ⅱ级粉煤灰宜取上限值。

2. 采用 S75 级粒化高炉矿渣粉宜取下限值，采用 S95 级粒化高炉矿渣粉宜取上限值，采用 S105 级粒化高炉矿渣粉宜取上限值加 0.05。

3. 当超出表中的掺量时，粉煤灰和粒化高炉矿渣粉影响系数应经试验确定。

当水泥 28d 胶砂抗压强度（f_{ce}）无实测值时，可按下式计算：

$$f_{ce} = \gamma_c f_{ce,g} \qquad (4-12)$$

式中：γ_c ——水泥强度等级值的富余系数，应按各地区实际统计资料确定；当没有统计资料时，可按表 4-17 选用；

$f_{ce,g}$ ——水泥强度等级值，MPa。

表 4-17　　　　　　　　　水泥强度等级值的富余系数选用表

水泥强度等级值	32.5	42.5	52.5
富余系数	1.12	1.16	1.10

（3）确定 1m³ 混凝土用水量（m'_{w0}、m_{w0}、m_{wa}）

① 1m³ 干硬性或塑性混凝土的用水量（m'_{w0}）

当混凝土水胶比在 0.40～0.80 范围内时，可按表 4-18 和表 4-19 选取；当混凝土水胶比小于 0.40 时，可通过试验确定。

表 4-18　　　　　　　　　　干硬性混凝土的用水量（kg/m³）

拌合物稠度		卵石最大公称粒径（mm）			碎石最大公称粒径（mm）		
项目	指标	10.0	20.0	40.0	16.0	20.0	40.0
维勃稠度（s）	16～20	175	160	145	180	170	155
	11～15	180	165	150	185	175	160
	5～10	185	170	155	190	180	165

表 4-19　　　　　　　　　　塑性混凝土的用水量（kg/m³）

拌合物稠度		卵石最大公称粒径（mm）				碎石最大公称粒径（mm）			
项目	指标	10.0	20.0	31.5	40.0	16.0	20.0	31.5	40.0
维勃稠度（s）	10～30	190	170	160	150	200	185	175	165
	35～50	200	180	170	160	210	195	185	175
	55～70	210	190	180	170	220	205	195	185
	75～90	215	195	185	175	230	215	205	195

注：1. 表中用水量是采用中砂时的取值。采用细砂时，每立方米混凝土用水量可增加 5 kg ～10 kg；采用粗砂时，可减少 5 kg ～10 kg。

2. 掺用各种外加剂或掺合料时，用水量应相应调整。

3. 对于流动性混凝土，按每增加 20mm 的坍落度每立方米混凝土增加 5 kg 的用水量进行计算。

② 计算每立方米流动性（或大流动性）混凝土的用水量（m_{w0}）

$$m_{w0} = m'_{w0} + (T_2 - T_1)/20 \times 5 \tag{4-13}$$

式中：T_1——干硬性或塑性混凝土的坍落度，mm；

T_2——流动性或大流动性混凝土的坍落度，mm。

③ 掺入外加剂时，每立方米流动性或大流动性混凝土的用水量（m_{wa}）

$$m_{wa} = m_{w0}(1 - \beta) \tag{4-14}$$

④ 计算掺入外加剂时每立方米流动性（或大流动性）混凝土的用水量（m_{wa}）

$$m_{wa} = m_{w0}(1 - \beta) \tag{4-14}$$

式中：m_{wa}——掺外加剂混凝土每立方米的用水量，kg；

m_{w0}——未掺外加剂混凝土每立方米的用水量，kg；

β——外加剂的减水率 %，应根据试验确定。

（4）计算每立方米混凝土胶凝材料用量（m_{b0}）

$$m_{b0} = \frac{m_{w0}}{W/B} \tag{4-15}$$

式中：m_{b0}——每立方米混凝土中胶凝材料用量，kg/m³；

m_{w0}——每立方米混凝土的用水量，kg/m³（或用 m'_{w0}、m_{wa}）。

（5）耐久性复合

根据耐久性设计要求，按式（4-10）和式（4-15）计算出的水胶比和胶凝材料用量进行混凝土耐久性复核，复核原则：所计算的水胶比不大于满足混凝土耐久性设计要求规定的最大水胶比，不小于满足混凝土耐久性设计要求规定的最小胶凝材料用量的要求。

① 当混凝土的强度等级不小于或等于 C15 时，最大水胶比和最小胶凝材料满足如表 4-20 所示的要求。

表 4-20   混凝土最小胶凝材料用量

混凝土强度等级	最大水胶比	最小胶凝材料用量（kg/m³）		
		素混凝土	钢筋混凝土	预应力混凝土
C15～C20	0.60	250	280	300
C25～C30	0.55	280	300	300
C35～C40	0.50		320	
≥C45	≤0.45		330	

② 对于抗渗混凝土胶凝材料用量不宜小于 320kg/m³，最大水胶比符合如表 4-21 所示的要求。

表 4-21   抗渗混凝土最大水胶比

设计抗渗等级	最大水胶比	
	C20～C30	C30 以上
P6	0.60	0.55
P8～P12	0.55	0.50
≥P12	0.50	0.45

③ 对于抗冻混凝土最大水胶比和最小水泥用量应满足如表 4-22 的要求。

表 4-22　　　　　　　　　抗冻混凝土最大水胶比和最小胶凝材料用量

设计抗冻等级	最大水胶比		最小胶凝材料用量（kg/m³）
	无引气剂时	掺引气剂时	
F50	0.55	0.60	300
F100	0.50	0.55	320
不低于 F150	—	0.50	350

④ 对有碱——集料反应要求的混凝土按相关标准执行。

⑤ 对有抗腐蚀要求的混凝土满足相关标准规定的要求。

（6）计算每立方米混凝土中外加剂用量（m_{a0}）

$$m_{f0} = m_{b0}\beta_f \qquad (4-16)$$

式中：m_{a0}——每立方米混凝土中外加剂用量，kg；

　　　m_{a0}——每立方米混凝土胶凝材料用量，kg；

　　　β_f——外加剂掺量%，应经混凝土试验确定。

（7）计算每立方米混凝土矿物掺合料用量（m_{f0}）

$$m_{f0} = m_{b0}\beta_f \qquad (4-17)$$

式中：m_{f0}——每立方米混凝土中矿物掺合料用量，kg；

　　　β_f——矿物掺合料掺量，%。

（8）每立方米混凝土的水泥用量（m_{c0}）

$$m_{c0} = m_{b0} - m_{f0} \qquad (4-18)$$

式中：m_{b0}——每立方米混凝土中水泥用量 kg。

（9）确定砂率（β_s）

混凝土的砂率应按下列方法选用：

① 坍落度小于 10mm 的混凝土，其砂率应经试验确定；

② 坍落度为 10mm～60mm 的混凝土，可根据粗骨料的品种、最大公称粒径和水胶比大小，按表 4-23 选用（β'_s）。

③ 坍落度大于 60mm 的混凝土，砂率可由试验确定，也可在表 4-23 的基础上，按坍落度每增大 20mm，砂率增大 1% 的幅度予以调整。

$$\beta_s = \beta'_s + (T_2 - T_1)/20 \times 1\% \qquad (4-19)$$

表 4-23　　　　　　　　　混凝土的砂率表

水胶比	卵石最大公称粒径（mm）			碎石最大公称粒径（mm）		
	10.0	20.0	40.0	16.0	20.0	40.0
0.40	26～32	25～31	24～30	30～35	29～34	27～32
0.50	30～35	29～34	28～33	33～38	32～37	30～35
0.60	33～38	32～37	31～36	36～41	35～10	33～38
0.70	36～41	35～40	34～39	39～44	38～43	36～41

注：1. 本表数值系中砂的选用砂率，对细砂或粗砂，可相应地减少或增大砂率；

　　2. 采用人工砂配制混凝土时，砂率可适当增大；

　　3. 只用一个单位级粗骨料配制混凝土时，砂率应适当增大。

（10）计量砂石用量（m_{g0}、m_{s0}）

① 质量法

$$m_{f0}+m_{c0}+m_{g0}+m_{s0}+m_{w0}=m_{cp} \tag{4-20}$$

$$\beta_s = \frac{m_{s0}}{m_{g0}+m_{s0}} \times 100\% \tag{4-21}$$

式中：m_{g0}——每立方米混凝土的粗集料用量，kg；

m_{s0}——每立方米混凝土的集料用量，kg；

β_s——砂率（%）；

m_{cp}——每立方米混凝土拌合物的假定质量，可取 2350kg/m³～2450kg/m³。

② 体积法

$$\frac{m_{c0}}{\rho_c}+\frac{m_{f0}}{\rho_f}+\frac{m_{g0}}{\rho_g}+\frac{m_{s0}}{\rho_s}+\frac{m_{w0}}{\rho_w}+0.01\alpha=1 \tag{4-22}$$

$$\beta_s = \frac{m_{s0}}{m_{g0}+m_{s0}} \times 100\% \tag{4-23}$$

式中：ρ_c——水泥密度，可取 2900kg/m³～3100kg/m³；

ρ_f——矿物掺合料密度，kg/m³；

ρ_g——粗集料的表观密度，kg/m³；

ρ_s——细集料的表观密度，kg/m³；

ρ_w——水的密度，kg/m³，可取 1000kg/m³；

α——混凝土的含气量百分数，在不使用引气剂或引气型外加剂时，α 可取 1。

2. 确定试验室配合比

（1）搅拌容量

混凝土试配时，应采用强制式搅拌机进行搅拌。试拌时每盘混凝土的最小搅拌量符合表 4-24，并不应小于搅拌机公称容量的 1/4 且不应大于搅拌机的公称容量。

表 4-24　　　　　　　　　　　　　　混凝土试配的最小搅拌量

粗骨料最大公称粒径（mm）	拌合物数量（L）
≤31.5	20
40.0	25

（2）和易性调整

在计算配合比的基础上应进行试拌。保持水胶比不变，通过调整配合比其他参数使混凝土拌合物性能符合设计和施工要求，然后修正计算配合比，提出试拌配合比。具体调整方法如下：

① 流动性太大，可在砂率不变的条件下，适当增加粗细骨料的用量；

② 流动性太小，应在保持水胶比不变的情况下，适当增加水和水泥数量（每增加 2%～5% 的水泥浆，可以提高混凝土拌合物坍落度 10mm）；

③ 当砂子含量较高时，保持水灰比不变，降低砂率；

④ 当石子含量较高时，保持水灰比不变，提高砂率。

（3）强度试验

按照混凝土试拌配合比应对混凝土强度进行检测。检测混凝土强度时采用三个不同的配合比，其中一个是试拌配合比；另外两个配合比的水胶比是在试拌配合比的基础主分别增加或减少0.05，用水量与试拌配合比相同，砂率也相应增加或减少 1%，由此相应调整水泥和砂石用量。

进行混凝土抗压强度试验时，拌合物性能应满足施工的要求。每组配合比制作一组标准试块，在标准条件下养护 28 d；测其抗压强度。用作图法把不同水胶比值的立方体抗压强度标在以强度为纵坐标、胶水比为横坐标的直角坐标系上，便可得到混凝土立方体抗压强度—胶水比的线性关系，从而得出与混凝土配制强度相对应的水胶比值。并按这个水胶比与原用水量计算出相应的各材料用量，作为最终确定的试验室配合比，即每立方米混凝土中各组成材料的用量 m_c、m_f、m_s、m_g、m_w、m_a。

（4）校正系数的确定

根据基准配合比计算混凝土的表观密度为 $\rho_{c,c} = m_c + m_f + m_s + m_g + m_w$，实测表观密度 $\rho_{c,t}$。混凝土配合比的校正系数为：

$$\delta = \rho_{c,t}/\rho_{c,c} \tag{4-24}$$

式中：δ——混凝土配合比校正系数。

当混凝土拌合物表观密度实测值与计算值之差的绝对值不超过计算值的 2%时，配合比可保持不变，当二者之差超过 2%时，应将配合比中的每项材料用量均乘以校正系数 δ。

（5）耐久性试验

配合比调整后应对设计要求的混凝土耐久性进行试验，如抗冻、抗渗试验等，待满足耐久性要求后再确定施工配合比。

3. 施工配合比

在实际生产混凝土时，砂、石、外加剂等材料含有一些水分，实际的配合比需要进行一些调整。施工配合比的调整原则是：胶凝材料不变，补充砂石，扣除砂、石、外加剂等材料中的水分。

假设施工现场砂的含水率为 $a\%$、石子的含水率为 $b\%$，外加剂的含固量为 $c\%$，则各材料用量分别为：

$$m'_c = m_c \tag{4-25}$$

$$m'_f = m_f \tag{4-26}$$

$$m'_s = m_s(1 + a\%) \tag{4-27}$$

$$m'_g = m_g(1 + b\%) \tag{4-28}$$

$$m'_w = m_w - m'_s a\% - m'_g b\% - m_a(1 - c\%) \tag{4-29}$$

例题：某高层办公楼的基础底板设计使用 C30 等级混凝土，采用泵送施工工艺。混凝土坍落度 180mm。原材料为水泥，P·O 42.5，28 d 胶砂抗压强度48.6MPa；F 类Ⅱ级粉煤灰掺量20%；S95 级矿粉掺量20%；5mm～25mm 连续粒级的碎石；Ⅱ级配区中砂；减水率为25%的高性能减水剂，含固量为 20%，掺量 1%。无强度标准差统计资料，试计算混凝土的初步配合比。

【解】：

1. 计算配制强度

根据已知条件，该混凝土无强度标准差统计资料，查表 4-14 确定 C30 混凝土强度标准差 $\sigma = 5.0$MPa。根据公式（4-7）计算混凝土的配制强度 $f_{cu,0}$。

$$f_{cu,0} = f_{cu,k} + 1.645\sigma = 30 + 1.645 \times 5.0 = 38.2\text{MPa}$$

2. 确定水胶比

（1）计算胶凝材料28 d胶砂强度（f_b）

查表4-16知，粉煤灰和矿粉各掺20%时 $\gamma_f = 0.8$ $\gamma_s = 0.98$；根据公式（4-11）计算胶凝材料28 d胶砂抗压强度值

$$f_b = \gamma_f \gamma_s f_{ce} = 0.8 \times 0.98 \times 48.6 = 38.1\text{MPa}$$

（2）水灰比计算（W/B）

查表4-12知：$\alpha_a = 0.53$、$\alpha_b = 0.20$；

利用公式4-10计算实际水胶比如下：

$$W/B = \frac{\alpha_a f_b}{f_{cu,0} + \alpha_a \alpha_b f_b} = 0.53 \times 38.1 / (38.2 + 0.53 \times 0.20 \times 38.1) = 0.48$$

3. 计算用水量

（1）塑性混凝土单位用水量

根据表4-19选择单位用水量。满足坍落度80mm 的塑性混凝土单位用水量为 210kg/m³，即 $m'_{w0} = 210$kg/m³

（2）流动性混凝土用水量（m_{w0}）

根据公式（4-13）

$$m_{w0} = m'_{w0} + (T_2 - T_1)/20 \times 5$$
$$= (180-80)/20 \times 5 + 210 = 235\text{kg/m}^3$$

（3）掺外加剂时的混凝土用水量（m_{wa}）

根据公式（4-14）计算掺外加剂时的混凝土用水量：

$$m_{wa} = m_{w0}(1-\beta) = 232(1-25\%) = 174\text{kg/m}^3$$

4. 计算胶凝材料用量（m_{b0}）

根据上述水胶比和单位用水量数据，根据公式（4-15）计算胶凝材料用量。

$$m_{b0} = m_{wa} \div W/B = 174 / 0.48 = 362\text{kg/m}^3$$

5. 复核耐久性

查表4-20得知，C30混凝土最大水胶比为0.60，最小胶凝材料用量为280kg/m³，按照复核耐久性原则取水胶比为0.48，胶凝材料用量为362kg/m³。

6. 计算外加剂用量（m_{a0}）

根据公式（4-16）计算外加剂用量

$$m_{a0} = m_{b0}\beta_a = 362 \times 1\% = 3.62\text{kg/m}^3$$

7. 计算矿物掺合料用量

根据已知粉煤灰和矿粉掺量，根据公式（4-17）分别计算粉煤灰和矿粉用量。

粉煤灰用量为 m_{f0}=367×20%=73kg/m^3

矿粉的掺量为 m_{k0}=367×20%=73kg/m^3

8. 计算水泥用量（ m_{c0} ）

根据公式（4-18）计算水泥用量

$$m_{c0} = m_{b0} - m_{f0}$$

$$m_{c0}=367-（73+73）=218kg/m^3$$

9. 计算砂率（ β_s ）

查表 4-23 知坍落度 60 mm 时混凝土的砂率 β'_s=32 %

根据公式（4-19） $\beta_s=\beta'_s +（ T_2 - T_1）/20×1\%$

$$\beta_s=（ 180 - 60）/20 + 32 \% = 38 \%$$

10. 计算砂、石用量（ m_{s0}、m_{g0} ）

根据质量法计算混凝土配合比，假定 C30 混凝土表观密度为 2400kg/m^3。将水泥、粉煤灰、矿粉、水及混凝土表观密度带入下列方程组求出砂、石用量

$$m_{f0} + m_{c0} + m_{g0} + m_{s0} + m_{w0} = m_{cp}$$

$$\beta_s = \frac{m_{s0}}{m_{g0} + m_{s0}} \times 100\%$$

将水泥、掺合料、水、砂率及表观密度带入方程组得出砂石用量

$$m_{s0}=706 \text{ kg/m}^3 \qquad m_{g0}=1151 \text{ kg/m}^3$$

11. 调整用水量

液体外加剂的含固量为 20%，用水量为 176 – 3.67（1 – 20%）=173kg/m^3

该混凝土的初步配合比为：m_{c0}=221kg/m^3；m_{f0}（粉煤灰）=73kg/m^3；

$$m_{k0}（ 矿粉）=73kg/m^3；m_{s0}=706kg/m^3；m_{g0}=1151kg/m^3$$

$$m_{a0}=3.67kg/m^3；m_{w0}=173kg/m^3$$

4.5

普通混凝土的质量检验与控制

4.5.1 混凝土的取样与试验

1. 混凝土的取样

混凝土强度试样应在混凝土的浇筑地点随机抽取。试件的取样频率和数量应符合下列规定：

（1）每 100 盘，但不超过 100 m^3 的同配合比混凝土，取样次数不应少于一次。

（2）每一工作班拌制的同配合比混凝土，不足 100 盘和 100 m^3 时其取样次数不应少于一次。

（3）当一次连续浇筑的同配合比混凝土超过 1000 m³ 时，每 200 m³ 取样不应少于一次。

（4）对房屋建筑，每一楼层、同一配合比的混凝土，取样不应少于一次。

2. 混凝土试件的制作与养护

每次取样应至少制作一组标准养护试件。每组 3 个试件应由同一盘或同一车的混凝土中取样制作。

检验评定混凝土强度用的混凝土试件，其成型方法及标准养护条件应符合现行国家标准《普通混凝土力学性能试验方法标准》（GB/T 50081—2002）的规定。

采用蒸汽养护的构件，其试件应先随构件同条件养护，然后应置入标准养护条件下继续养护，两段养护时间的总和应为设计规定龄期。

3. 混凝土试件的试验

混凝土试件的立方体抗压强度试验应根据现行国家标准《普通混凝土力学性能试验方法标准》（GB/T 50081—2002）的规定执行。每组混凝土试件强度代表值的确定，应符合下列规定：

（1）取 3 个试件强度的算术平均值作为每组试件的强度代表值；

（2）当一组试件中强度的最大值或最小值与中间值之差超过中间值的 15%时，取中间值作为该组试件的强度代表值；

（3）当一组试件中强度的最大值和最小值与中间值之差均超过中间值的 15%时，该组试件的强度不应作为评定的依据。

（4）对掺矿物掺合料的混凝土进行强度评定时，可根据设计规定，可采用大于 28d 龄期的混凝土强度。

（5）当采用非标准尺寸试件时，应将其抗压强度乘以尺寸折算系数，折算成边长为 150mm 的标准尺寸试件抗压强度。尺寸折算系数按下列规定采用：

① 当混凝土强度等级低于 C60 时，对边长为 100mm 的立方体试件取 0.95，对边长为 200mm 的立方体试件取 1.05；

② 当混凝土强度等级不低于 C60 时，宜采用标准尺寸试件；使用非标准尺寸试件时，尺寸折算系数应由试验确定，其试件数量不应少于 30 组。

4.5.2 混凝土强度的检验评定

1. 统计方法评定

（1）标准差已知的统计方法

当连续生产的混凝土，生产条件在较长时间内保持一致，且同一品种、同一强度等级混凝土的强度变异性保持稳定时，应由连续的三组试件组成一个验收批，其强度同时满足下列要求：

$$m_{f_{cu}} \geqslant f_{cu,k}+0.7\sigma_0 \tag{4-30}$$

$$f_{cu,min} \geqslant f_{cu,k}-0.7\sigma_0 \tag{4-31}$$

检验批混凝土立方体抗压强度的标准差应按下式计算：

$$\sigma_0 = \sqrt{\frac{\sum_{i=1}^{n} f_{cu,i}^2 - n m_{f_{cu}}^2}{n-1}} \qquad (4\text{-}32)$$

当混凝土强度等级不高于 C20 时，其强度的最小值尚应满足下式要求：

$$f_{cu,\min} \geqslant 0.85 f_{cu,k} \qquad (4\text{-}33)$$

当混凝土强度等级高于 C20 时，其强度的最小值尚应满足下列要求：

$$f_{cu,\min} \geqslant 0.90 f_{cu,k} \qquad (4\text{-}34)$$

式中：$m_{f_{cu}}$——同一检验批混凝土立方体抗压强度的平均值（N/mm²），精确到 0.1（N/mm²）；

$f_{cu,k}$——混凝土立方体抗压强度标准值（N/mm²），精确到 0.1（N/mm²）；

σ_0——检验批混凝土立方体抗压强度的标准差（N/mm²），精确到 0.01（N/mm²）；

当检验批混凝土强度标准差 σ_0 计算值小于 2.0 N/mm² 时，应取 2.5 N/mm²；

$f_{cu,i}$——前一个检验期内同一品种、同一强度等级的第 i 组混凝土试件的立方体抗压强度代表值（N/mm²），精确到 0.1（N/mm²）；该检验期不应少于 60 d，也不得大于 90 d；

N——前一检验期内的样本容量，在该期间内样本容量不应少于 45；

$f_{cu,\min}$——同一检验批混凝土立方体抗压强度的最小值（N/mm²），精确到 0.1（N/mm²）。

（2）标准差未知的统计方法

当混凝土的生产条件在较长时间内不能保持一致，且混凝土的强度变异不能保持稳定时，或在前一验收期内的同一品种的混凝土没有足够的强度数据用以确定验收批立方体抗压强度时，应由不少于 10 组的试件组成一个验收批，其强度应同时满足下列要求：

$$m_{f_{cu}} \geqslant f_{cu,k} + \lambda_1 S_{f_{cu}} \qquad (4\text{-}35)$$

$$f_{cu,\min} \geqslant \lambda_2 f_{cu,k} \qquad (4\text{-}36)$$

同一检验批混凝土立方体抗压强度的标准差应按下式计算：

$$S_{f_{cu}} = \sqrt{\frac{\sum_{i=1}^{n} f_{cu,i}^2 - n m_{f_{cu}}^2}{n-1}} \qquad (4\text{-}37)$$

式中：$S_{f_{cu}}$——同一检验批混凝土立方体抗压强度的标准差（N/mm²），精确到 0.01（N/mm²）；

当检验批混凝土强度标准差 $S_{f_{cu}}$ 计算值小于 2.5 N/mm² 时，应取 2.5 N/mm²；

λ_1、λ_2——合格评定系数，按表 4-25 取用；

n——本检验期内的样本容量。

表 4-25   混凝土强度的合格评定系数

试件组数	10～14	15～19	≥20
λ_1	1.15	1.05	0.95
λ_2	0.90	0.85	

2. 非统计方法评定

当用于评定的样本容量小于 10 组时，应采用非统计方法评定混凝土强度，其强度应同时符合下列规定：

$$m_{f_{cu}} \geq \lambda_3 f_{cu,k} \qquad (4\text{-}38)$$

$$f_{cu,min} \geq \lambda_4 f_{cu,k} \qquad (4\text{-}39)$$

式中：λ_3、λ_4——合格评定系数，应按表 4-26 取用。

表 4-26   混凝土强度的非统计法合格评定系数

混凝土强度等级	< C60	≥C60
λ_3	1.15	1.10
λ_4	0.95	

4.5.3　混凝土强度的合格性评定

当检验结果满足上述规定要求时，则该批混凝土强度应评定为合格；当不能满足上述规定要求时，该批混凝土强度应评定为不合格。对评定为不合格批的混凝土，可按国家现行的有关标准对结构混凝土（或构件）检测，作为对混凝土结构进行处的依据。

4.6

混凝土的性能检测

4.6.1　砂的筛分析试验

1．试验采用的标准

《建筑用砂》（GB/T 14684—2011）

2．试验目的

通过试验测定砂的颗粒级配，计算砂的细度模数，评定砂的粗细程度，掌握《建筑用砂》（GB/T 14684—2011）的测试方法，正确使用所用仪器与设备，并熟悉其性能。

3．主要仪器设备

标准筛、天平、鼓风烘箱、摇筛机、浅盘、毛刷等。

4．试样制备

按规定取样，用四分法分取不少于 4400 g 试样，并将试样缩分至 1100 g，放在烘箱中于 105℃±5℃下烘干至恒量，待冷却至室温后，筛除大于 9.50mm 的颗粒（并算出其筛余百分率），分为大致相等的两份备用。

5．试验步骤

（1）准确称取试样 500g，精确到 1g。

（2）将标准筛按孔径由大到小的顺序叠放，加底盘后，将称好的试样倒入最上层的 4.75mm 筛内，加盖后置于摇筛机上，摇约 10min。

（3）将套筛自摇筛机上取下，按筛孔大小顺序再逐个用手筛，筛至每分钟通过量小于试样总量 0.1%为止。通过的颗粒并入下一号筛中，并和下一号筛中的试样一起过筛，按这样的顺序进行，直至各号筛全部筛完为止。

（4）称取各号筛上的筛余量，试样在各号筛上的筛余量不得超过 200 g，否则应将筛余试样分成两份，再进行筛分，并以两次筛余量之和作为该号的筛余量。

（5）试验结果计算与评定

① 计算分计筛余百分率：各号筛上的筛余量与试样总量相比，精确至 0.1%。

② 计算累计筛余百分率：每号筛上的筛余百分率加上该号筛以上各筛余百分率之和，精确至 0.1%。筛分后，若各号筛的筛余量与筛底的量之和同原试样质量之差超过 1%时，须重新试验。

③ 砂的细度模数按公式（4-1）进行计算，精确至 0.1。

④ 累计筛余百分率取两次试验结果的算术平均值，精确至 1%。细度模数取两次试验结果的算术平均值，精确至 0.1；如两次试验的细度模数之差超过 0.20 时，须重新试验。

4.6.2　混凝土的坍落度试验

1．试验采用的标准

《普通混凝土拌和物性能试验方法标准》（GB/T 50080—2002）

2．试验目的

通过测定集料最大粒径不大于 37.5 mm、坍落度值不小于 10 mm 的塑性混凝土拌合物坍落度，同时评定混凝土拌合物的黏聚性和保水性，为混凝土配合比设计、混凝土拌合物质量评定提供依据。掌握《普通混凝土拌合物性能试验方法标准》（GB/T50080—2002）的测试方法，正确使用所用仪器与设备，并熟悉其性能。

3．主要仪器设备

搅拌机、振实台、坍落度筒、捣棒、直尺、铁铲、漏斗等。

4．试验步骤

（1）每次测定前，用湿布湿润坍落度筒、拌和钢板及其他用具，并把筒放在不吸水的刚性水平底板上，然后用脚踩住两个脚踏板，使坍落度筒在装料时保持位置固定。

（2）取拌好的混凝土拌和物 15 L，用铁铲分 3 层均匀地装入筒内，使捣实后每层高度为筒高的 1/3 左右。每层用捣棒沿螺旋方向在截面上由外向中心均匀插捣 25 次。插捣筒边混凝土时，捣棒可以稍稍倾斜。插捣底层时，捣棒应贯穿整个深度，插捣第二层和顶层时，捣棒应插透本层至下一层的表面。浇灌顶层时，混凝土应灌到高出筒口，插捣过程中，如混凝土沉落到低于筒口，则应随时加料，顶层插捣完毕后，刮去多余混凝土，并用镘刀抹平。

（3）清除筒边底板上的混凝土后，垂直平稳地提起坍落度筒。坍落度筒的提离过程应在 5s～10s 内完成。从开始装料到提起坍落度筒的整个过程应不间断地进行，并应 150s 内完成。

（4）试验结果确定与处理

① 提起坍落度筒后，立即量测筒高与坍落后混凝土试体最高点之间的高度差，即为该混凝土拌和物的坍落度值。混凝土拌和物坍落度以 mm 为单位，结果精确至 5mm。

② 坍落度筒提离后，如混凝土发生崩坍或一边剪坏现象，则应重新取样再测定。如第二次试验仍出现上述现象，则表示该混凝土拌和物和易性不好，应记录备查。

③ 观察坍落后的混凝土试体的粘聚性和保水性。黏聚性的检查方法是用捣棒在已坍落的混凝土锥体侧面轻轻敲打，此时，如果锥体逐渐下沉，则表示粘聚性良好，如果锥体倒塌、部分崩裂或出现离析现象，则表示黏聚性不好。保水性以混凝土拌和物中稀浆析出的程度来评定。如坍落度筒提起后无稀浆或仅有少量稀浆自底部析出，则表示此混凝土拌和物保水性良好；坍落度筒提起后如有较多的稀浆从底部析出且锥体部分的混凝土也因失浆而骨料外露，则表明此混凝土拌和物的保水性能不好。

④ 和易性的调整

坍落度低于设计要求时，可在保持水灰比不变的前提下，适当增加水泥浆量；当坍落度高于设计要求时，可在保持砂率不变的条件下，增加砂石的用量；当出现含砂量不足，黏聚性、保水性不良时，可适当增加砂率，反之减小砂率。

4.6.3　混凝土抗压强度试验

1.　试验采用的标准

《普通混凝土力学性能试验方法》（GB/T 50081—2010）

2.　试验目的

测定混凝土立方体抗压强度，以检验材料的质量，确定、校核混凝土配合比，供调整混凝土试验室配合比用，此外还应用于检验硬化后混凝土的强度性能，为控制施工质量提供依据。

3.　主要仪器设备

（1）压力试验机

压力试验机符合《液压式万能试验机》（GB/T3159—2008）中的技术要求，其测量精度为 ±0.1%，试验破坏荷载应大于压力机全量程的 20％且小于全量程的 80％。

（2）试模

试模符合《混凝土试模》（JG237—2008）中的技术要求，试模尺寸根据粗集料最大粒径和混凝土强度等级确定，当采用非标准试模时计算结果应乘以相应系数。

4.　试件准备

普通混凝土抗压强度试验是以三个试件为一组，每组试件所用的拌合物应从同一盘或同一车混凝土中进行取样。试件的成型、养护按照《普通混凝土力学性能试验方法》（GB/T 50081

—2010）进行，并养护至规定龄期。

5. 试验步骤

（1）时间从养护地点取出后及时进行试验，将试件表面与上下承压板面擦干净。

（2）将试件放在试验机的下压板上，试件的承压面与成型时的顶面垂直。试件中心与试验机下压板中心对准，开动试验机，当上压板与试件接近时，调整球座，是其接触均衡。

（3）在试验过程中连续均匀加荷，混凝土强度等级 < C30 时，其加荷速度为每秒钟 0.3 MPa ～0.5 MPa ；混凝土强度≥C30 且 < C60 时，则每秒钟 0.5 MPa ～0.8 MPa ；混凝土强度等级≥C60 时，取每秒钟 0.8 MPa～1.0 MPa 。

（4）当试件接近破坏而开始急剧变形时，停止调整试验机油门，直至试件破坏，然后记录破坏荷载 P（N）。

6. 结果计算与数据处理

混凝土立方体试件抗压强度按式（4-40）计算（精确至 0.lMPa），并记录在试验报告中：

$$f_{cu} = \frac{F}{A} \qquad (4\text{-}40)$$

式中：f_{cu}——混凝土立方体试件抗压强度 MPa；

F——破坏荷载 N；

A——试件承压面积（mm^2）。

以三个试件测值的算术平均值作为该组试件的抗压强度值（精确至 0.1MPa）；如果三个测定值中的最大值或最小值有一个与中间值的差值超过中间值的 15%时，则计算时舍弃最大值和最小值，取中间值作为该组试件的抗压强度值；如有最大值和最小值两个测值与中间值的差均超过中间值的 15% ，则该组试件的试验结果无效。

习　题

一、填空题

1. 普通混凝土的基本组成材料有_____、_____、_____、_____四个部分，当需要改善混凝土某些性能时，通常掺加_____和_____。

2. 用_____来表示砂子的粗细程度，用_____来表示砂子的颗粒级配。

3. 碎石和卵石颗粒的长度大于颗粒所属相应粒级平均粒径 2.4 倍的为_____颗粒；厚度小于平均粒径的 0.4 倍的为_____颗粒。

4. 配制混凝土时主要矿物掺合料有_____、_____、_____等。

5. 普通混凝土拌合物的和易性包括_____、_____和_____三个方面。

6. 混凝土减水剂分为_____、_____和_____。

7. 测定混凝土和易性的方法有_____和_____，单位分别是_____和_____。

8. 混凝土耐久性主要包括_____、_____、_____、_____等。

9. 评定混凝土强度是否合格的判定方法有_____、_____和_____三种。

10. 进行混凝土立方体强度测试时，采用 100mm×100mm×100mm 的试件，其强度换算系数为_____。

二、选择题（单选或多选）

1. 下列属于新拌混凝土性能是（   ）。
   A. 和易性　　　　B. 抗冻性　　　　C. 强度　　　　D. 抗渗性

2. 下列属于混凝土力学性能的是（   ）。
   A. 抗压强度　　　B. 抗拉强度　　　C. 和易性　　　D. 抗渗性

3. 下列属于混凝土耐久性能的是（   ）。
   A. 强度　　　　　B. 和易性　　　　C. 抗冻性　　　D. 抗腐蚀性

4. 混凝土的（   ）强度最大。
   A. 立方体抗压强度　　　　　　　　B. 轴心抗压强度
   C. 抗拉强度　　　　　　　　　　　D. 其他

5. 混凝土标准养护的条件是（   ）。
   A. 温度 20℃±2℃　　　　　　　　B. 相对湿度大于 95%
   C. 温度 20℃±3℃　　　　　　　　D. 相对湿度大于 90%

6. 混凝土配合比设计中的主要技术参数是（   ）。
   A. 单位用水量　　B. 砂率　　　　C. 水泥用量　　D. 水胶比

三、名词解释

混凝土；普通混凝土；混凝土和易性；混凝土立方体抗压强度；混凝土立方体抗压强度标准值；混凝土耐久性；混凝土抗冻性；混凝土抗渗；混凝土碱—集料反应

四、问答题

1. 普通混凝土的各组成材料在混凝土中各起什么作用？

2. 影响混凝土拌合物和易性的主要因素是什么？

3. 影响混凝土强度的主要因素有哪些？

4. 试比较用碎石和卵石所拌制混凝土的特点？

5. 混凝土减水剂的主要作用是什么？

6. 影响混凝土抗冻性的因素有哪些？如何提高混凝土抗冻性？

7. 混凝土发生碱—集料反应的条件是什么？如何预防？

五、计算题

1. 尺寸为 100mm×100mm×100mm 的某组混凝土试件，28 d 测得的破坏荷载分别为 460 kN、480 kN、490 kN，试计算该组试件的立方体抗压强度值。

2. 某工程使用的混凝土经配合比设计得出了初步配合比，配制 20 L 的混凝土试样，进行试验室试配调整,所得混凝土和易性满足施工要求的混凝土各材料用量为:水泥 6.4kg;水 3.7kg;

砂子 12.6kg；石子 25.3kg；实测拌合物的表观密度为 2430kg/m³。

（1）计算混凝土的基准配合比。

（2）若基准配合比经强度检验符合设计要求，现测得使用的砂的含水率为 5%，石子含水率为 2%，计算混凝土施工配合比。

3. 某混凝土搅拌站生产的 C30 混凝土，本批共留标养试件 27 组，强度数据见下表。评定此批混凝土是否合格。

33.8	40.3	39.7	29.5	31.6	32.4	32.1	31.8	30.1
37.9	36.7	30.4	32.0	29.5	30.4	31.2	34.2	36.7
41.9	36.9	31.4	30.7	31.4	30.5	30.7	30.9	32.1

第5章

建筑砂浆的性能与检测

建筑砂浆是将块体材料黏结为整体的砂浆。建筑砂浆和混凝土的区别在于砂浆中不含粗骨料。建筑砂浆常用于砌筑砌体（如砖、石、砌块）结构，建筑物内外表面（如墙面、地面、顶棚）的抹面，大型墙板、砖石墙的勾缝，以及装饰材料的黏结等。砂浆是土建工程中广泛应用的建筑材料之一。本章主要介绍砌筑砂浆和抹面砂浆的组成、技术性能、配合比设计及试验方法等。

【学习目标】

1. 了解建筑砂浆的材料组成与种类；
2. 掌握砌筑砂浆的主要技术性能及应用，了解砌筑砂浆的配合比设计；
3. 掌握抹面砂浆的技术性能，了解抹面砂浆的配合比设计；
4. 掌握建筑砂浆的基本性能检测方法。

5.1 概述

5.1.1 建筑砂浆的概念

建筑砂浆是由无机胶凝材料、细集料、掺合料、水以及根据性能确定的其他组分按适当比例配合、拌制并经硬化而成的工程材料。

5.1.2 建筑砂浆的分类

（1）根据砂浆中胶凝材料的不同，可分为水泥砂浆、石灰砂浆、石膏砂浆和混合砂浆；混合砂浆有水泥石灰砂浆、水泥黏土砂浆和石灰黏土砂浆、水泥粉煤灰砂浆等。

（2）根据用途不同，可分为砌筑砂浆、抹面砂浆、地面砂浆及特种砂浆等。

（3）按生产方式分为：现场拌制的砂浆和由专业生产厂生产的预拌砂浆；预拌砂浆又分为湿拌砂浆和干混砂浆。预拌砂浆已逐渐形成商品化。

5.2 | 砌筑砂浆技术性能

5.2.1 砌筑砂浆的概念

将砖、石、砌块等块材经砌筑成为砌体，其黏结、衬垫和传力作用的砂浆称为砌筑砂浆。是砌体结构的重要组成部分。常用的砌筑砂浆有水泥砂浆和水泥混合砂浆。

5.2.2 砌筑砂浆的组成材料

砌筑砂浆的组成材料主要有水泥、砂、水、掺合料和外加剂等。

1. 水泥

为了合理利用资源、节约原材料，在配制砂浆时要尽量采用强度较低的水泥或砌筑水泥。配制强度等级不大于 M15 的砌筑砂浆，宜选用强度等级为 32.5 级的通用硅酸盐水泥或砌筑水泥；配制强度等级大于 M15 的砌筑砂浆，宜选用强度等级为 42.5 的普通硅酸盐水泥。

2. 砂

砌筑砂浆用砂宜选用中砂。砂的含泥量不应超过 5%。使用人工砂时石粉含量应符合现行国家标准《建筑用砂》（GB/T 14684—2011）Ⅰ、Ⅱ类的要求。

砂子进场时应具有质量证明文件。对进场砂子应按现行国家标准的规定按批进行复验，复验合格后方可使用。

3. 拌合用水

配制砂浆用水应采用不含有害物质的洁净水，应符合国家标准《混凝土用水标准》（JGJ 63—2006）的规定。

4. 掺合料

为改善砂浆的和易性和节约水泥，降低生产成本，便于施工，在砂浆中常掺入部分掺合料。常用的掺合料有粉煤灰、矿粉、石灰膏以及一些其他工业废料等。

粉煤灰和矿粉是拌制砂浆应用最广泛的掺合料，掺入后不但能改善砂浆的和易性，而且因它们具有活性，能显著提高砂浆的后期强度并节省水泥。粉煤灰的品质需满足表 4-9 的质量指标要求，矿粉的品质需满足表 4-10 的质量要求。

当利用其他工业废料或电石膏等作为掺加料时，必须经过砂浆的技术性质检验，在不影响砂浆质量的前提下才能够使用。

5. 外加剂

与混凝土相似，为改善砂浆的和易性、强度，提高砂浆的耐久性，可在砂浆中掺入外加剂。砌筑砂浆中掺入的外加剂，应具有法定检测机构出具的该产品的检验报告，并经砂浆性能试验合格后方可使用。

5.2.3　砌筑砂浆的技术性能

1. 和易性

砂浆和易性是指砂浆拌合物便于施工操作，保证质量均匀，并能与所砌基面牢固黏结的综合性质，包括流动性和保水性两个方面。

砂浆的流动性也称为稠度，是指在自重或外力作用下能产生流动的性能。流动性采用砂浆稠度测定仪测定，以沉入度（mm）表示。沉入度是以砂浆稠度测定仪的圆锥体沉入砂浆内深度表示。沉入度越大，说明砂浆的流动性越大。若流动性过大，砂浆较稀，施工时易分层、泌水；若流动性过小，砂浆较稠，不便施工操作，灰缝不易填充。

砂浆的流动性与胶凝材料的用量、用水量、砂粒细度模数、形状、级配以及砂浆搅拌时间有关。

砂浆流动性的选择与砌体材料、施工天气情况有关。一般可根据施工操作经验确定但应符合，但应符合《砌筑砂浆配合比设计规程》（JGJ/98—2010）规定。具体情况可参考表 5-1。

表 5-1　　　　　　　　　　　　　　砌筑砂浆的施工稠度

砌体种类	砂浆稠度（mm）
烧结普通砖砌体 粉煤灰砖砌体	70～90
混凝土砖砌体、普通混凝土小型空心砌块砌体、灰砂砖砌体	50～70
烧结多孔砖砌体、烧结空心砖砌体 轻集料混凝土小型空心砌块砌体 蒸压加气混凝土砌块砌体	60～80
石砌体	30～50

砂浆的保水性是指砂浆拌合物保持水分的能力。保水性差的砂浆，在施工过程中很容易泌水、分层、离析，由于水分流失而使流动性变差，不易铺成均匀的砂浆层。保水性好的砂浆，在存放、运输和使用过程中，能够很好地保持水分不致很快流失，各组分不易分离，在砌筑过程中容易铺成均匀密实的砂浆层，能使胶凝材料正常水化，从而保证工程质量。

砂浆的保水性主要取决于胶凝材料的用量，当用高强度等级水泥配制低强度等级砂浆，因水泥用量少，保水性得不到保证时，可掺入适量掺合料加以改善。凡是砂浆内胶凝材料充足，尤其是掺入了掺合料的混合砂浆，其保水性好。砂浆中掺入适量外加剂能改善砂浆的保水性和流动性。

砂浆的保水性用分层度表示，即砂浆拌合物两次稠度之差值，单位为 mm。砂浆合理的分层度应控制在 10mm～30mm，分层度大于 30mm 的砂浆容易离析、泌水、分层或水分流失过快、不便于施工，分层度小于 10mm 的砂浆硬化后容易产生干缩裂缝。

随着预拌砂浆技术的不断发展，有些新品种砂浆用分层度试验来衡量砂浆各组分的稳定性或保持水分的能力，已不能满足实际工程的要求。因此《建筑砂浆基本性能试验方法标准》（JGJ/T 70—2009）中增加了砂浆保水性的试验方法，用保水率表示，该方法适宜于测定大部分预拌砂浆保水性能。砂浆的保水率应符合《砌筑砂浆配合比设计规程》（JGJ/T98—2010）规定，具体情况可参考表 5-2 的要求。

表 5-2　　　　　　　　　　　　砌筑砂浆的保水率

砂浆种类	保水率（%）
水泥砂浆	≥80
水泥混合砂浆	≥84
预拌砌筑砂浆	≥88

2. 砂浆的强度

砂浆在砌体中主要起黏结和传递荷载的作用，因此，应具有一定的强度。砂浆强度是以边长为 70.7mm × 70.7mm × 70.7mm 的立方体试块。在标准养护条件（温度 20℃ ± 2℃、相对湿度为 95%以上）下，用标准试验方法测得 28d 龄期的抗压强度值为依据而确定。现场拌制水泥砂浆及预拌砂浆的强度等级可分为 M5、M7.5、M10、M15、M20、M25、M30；水泥混合砂浆的强度等级可分为 M5、M7.5、M10、M15。砂浆的设计强度（即砂浆的抗压强度平均值），用 f_2 表示。

影响砂浆强度大小的因素主要有胶凝材料的强度等级和数量、水胶比、砌体材料种类、施工工艺、养护条件等。砂浆的养护温度对其强度影响较大。温度越高，砂浆强度发展越快，早期强度也越高。

3. 黏结力

砂浆黏结力是指砂浆与块体材料之间相互黏结的能力大小，它将直接影响整个砌体的强度、耐久性和抗震能力。一般情况下，砂浆的抗压强度越高其黏结力也越大。此外，砂浆黏结力的大小与块体材料表面状态、清洁程度、湿润情况以及施工养护条件等因素有关。如砌筑烧结砖要事先浇水湿润，表面不沾泥土，就可以提高砂浆与砖之间的黏结力，保证墙体的质量。

4. 砂浆的变形

砂浆在承受荷载、温度变化或湿度变化时，均会产生变形。如果变形过大或变形不均匀，则会降低砌体的质量，引起沉陷或开裂。

5.2.4　砌筑砂浆的配合比设计

根据《砌筑砂浆配合比设计规程》（JGJ/T 98—2010）的规定，确定砌筑砂浆配合比。

1. 配合比计算步骤

（1）计算砂浆试配强度 $f_{m,0}$（MPa）

砂浆的试配强度按下式计算：

$$f_{m,0} = kf_2 \tag{5-1}$$

式中：$f_{m,0}$——砂浆的试配强度，MPa，应精确至 0.1MPa；

$\quad\quad\ f_2$——砂浆强度等级值，MPa，应精确至至 0.1MPa；

$\quad\quad\ k$——系数，按表 5-3 取值。

表 5-3　　　　　　　　　　　　砂浆强度标准差 σ 及 k 值

强度等级 施工水平	强度标准差 σ（MPa）							k
	M5	M7.5	M10	M15	M20	M25	M30	
优良	1.00	1.50	2.00	3.00	4.00	5.00	6.00	1.15
一般	1.25	1.88	2.50	3.75	5.00	6.25	7.50	1.20
较差	1.50	2.25	3.00	4.50	6.00	7.50	9.00	1.25

当有统计资料时，砂浆强度标准差应按下式计算：

$$\sigma = \sqrt{\frac{\sum_{i=1}^{n} f^2_{m,i} - n\mu^2_{f_m}}{n-1}} \tag{5-2}$$

式中：$f_{m,i}$——统计周期内同一品种砂浆第 i 组试件的强度，MPa；

$\quad\quad\ \mu_{f_m}$——统计周期内同一品种砂浆第 n 组试件的强度的平均值，MPa；

$\quad\quad\ n$——统计周期内同一品种砂浆试件的总组数，$n \geqslant 25$。

当无统计资料时，砂浆强度标准差按表 5-3 取用。

（2）计算出每立方米砂浆中的水泥用量 Q_c（kg）

每立方米砂浆中的水泥用量，按下列计算：

$$Q_c = 1000(f_{m,0} - \beta)/(\alpha f_{ce}) \tag{5-3}$$

式中：Q_c——每立方米砂浆的水泥用量，kg，精确至 1kg；

$\quad\quad\ f_{ce}$——水泥的实测强度，MPa，精确至 0.1MPa；

$\quad\ \alpha$、β——砂浆的特征系数，其中 α 取 3.03，β 取 -15.09。

注：各地区也可用本地区试验资料确定 α、β 值，统计用的试验组数不得少于 30 组。

在无法取得水泥的实测强度值时，可按下列计算 f_{ce}：

$$f_{ce} = \gamma_c f_{ce,k} \tag{5-4}$$

式中：$f_{ce,k}$——水泥强度等级值，MPa；

$\quad\quad\ \gamma_c$——水泥强度等级值的富余系数，该值按实际统计资料确定。无统计资料时 γ_c 可取 1.0。

（3）计算每立方米砂浆的石灰膏用量 Q_D(kg)

$$Q_D = Q_A - Q_c \tag{5-5}$$

式中：Q_D——每立方米砂浆的石灰膏用量（kg），精确至 1kg；石灰膏使用时的稠度宜为 120 mm ± 5 mm；

$\quad\quad\ Q_A$——每立方米砂浆中水泥和石灰膏总量，应精确至 1kg，可为 350kg。

（4）确定每立方米砂浆中的砂用量 Q_s（kg）

每立方米砂浆中的砂子用量，按干燥状态（含水率小于 0.5%）的堆积密度值作为计算值（kg）。

（5）按砂浆稠度选用每立方米砂浆用水量 Q_w（kg）。

每立方米砂浆中的用水量，可根据试拌达到砂浆所要求的稠度来确定。由于用水量的多少对其强度影响不大，因此一般可根据经验以满足施工所需稠度即可，一般每立方米砂浆用水量在 210kg ～310kg 之间。在选用时应注意：

① 混合砂浆中的用水量，不包括石灰膏中的水。

② 当采用细砂或粗砂时，用水量分别取上限或下限。

③ 稠度小于 70 mm 时，用水量可小于下限。

④ 施工现场处于气候炎热或干燥季节，酌量增加用水量。

2. 配合比试配、调整和确定

（1）和易性检测

按计算所得水泥混合砂浆配合比进行试拌时，应测定砂浆拌合物的稠度、分层度和保水率。当不能满足砂浆和易性要求时，应调整各组成材料用量，直到符合要求为止，并以此作为砂浆试配时的基准配合比。

（2）强度检测

为了使水泥混合砂浆强度符合设计要求，强度检测时应采用三个不同的配合比。其中一个为基准配合比，另外两个配合比的水泥用量应在基准配合比基础上分别增加及减少 10%。在满足砂浆稠度、分层度和保水率的条件下，可将用水量、石灰膏等掺合料用量做相应调整。

按《建筑砂浆基本性能试验方法标准》（JGJ 70—2009）的规定制作试件，分别测定三个不同配合比的砂浆表观密度和强度，并应选定符合试配强度及和易性要求、水泥用量最少的配合比作为砂浆的试配配合比。

（3）砂浆配合比校正

① 计算砂浆的理论表观密度值：

$$Q_c + Q_D + Q_s + Q_W = \rho_t \qquad (5\text{-}6)$$

式中：ρ_t——砂浆的理论表现密度值，应精确至 10kg/m^3。

② 计算砂浆配合比校正系数 δ：

$$\delta = \frac{\rho_c}{\rho_t} \qquad (5\text{-}7)$$

式中：ρ_c——砂浆的实测表观密度值，应精确至 10kg/m^3。

③ 如果砂浆的实测表观密度值与理论表观密度值之差的绝对值不大于理论值的 2%，可将砂浆试配配合比确定为砂浆设计配合比；如果砂浆的实测表现密度值与理论表现密度值之差的绝对值大于理论值的 2%，应将砂浆试配配合比中每项材料用量均乘以校正系数 δ 后，确定为砂浆设计配合比。

5.3 | 抹灰砂浆

5.3.1 抹灰砂浆的概念

抹灰砂浆也称一般抹灰工程用砂浆，是指大面积涂抹于建筑物墙、顶棚、柱等表面的砂浆，包括水泥抹灰砂浆、水泥粉煤灰抹灰砂浆、水泥石灰抹灰砂浆、掺塑化剂水泥抹灰砂浆、聚合物水泥抹灰砂浆及石膏抹灰砂浆等。

5.3.2 抹灰砂浆用原材料

配制强度等级不大于 M20 的抹灰砂浆，宜用 32.5 通用硅酸盐水泥或砌筑水泥；配制强度等级大于 M20 的抹灰砂浆，宜用强度等级不低于 42.5 的通用硅酸盐水泥；通用硅酸盐水泥宜采用散装的；用通用硅酸盐水泥拌制抹灰砂浆时，可掺入适量的石灰膏、粉煤灰、矿粉、沸石粉等，不应掺入消石灰粉；用砌筑水泥拌制抹灰砂浆时，不得再掺加粉煤灰等矿物掺合料；拌制抹灰砂浆，可根据需要掺入改善砂浆性能的外加剂。

5.3.3 抹灰砂浆的品种选择

抹灰砂浆的品种选择按表 5-4 选用。

表 5-4 　　　　　　　　　　　　　　　　　抹灰砂浆的品种选用

使用部位或基体种类	抹灰砂浆品种
内墙	水泥抹灰砂浆、水泥石灰抹灰砂浆、水泥粉煤灰抹灰砂浆、掺塑化剂水泥抹灰砂浆、聚合物水泥抹灰砂浆、石膏抹灰砂浆
外墙、门窗洞口外侧壁	水泥抹灰砂浆、水泥粉煤灰抹灰砂浆
温（湿）度较高的车间和房屋、地下室、屋檐、勒脚等	水泥抹灰砂浆、水泥粉煤灰抹灰砂浆
混凝土板和墙	水泥抹灰砂浆、水泥石灰抹灰砂浆、聚合物水泥抹灰砂浆、石膏抹灰砂浆
混凝土顶棚、条板	聚合物水泥抹灰砂浆、石膏抹灰砂浆
加气混凝土砌块（板）	水泥石灰抹灰砂浆、水泥粉煤灰抹灰砂浆、掺塑化剂水泥抹灰砂浆、聚合物水泥抹灰砂浆、石膏抹灰砂浆

5.3.4 抹灰砂浆的施工稠度

抹灰砂浆的施工稠度按表 5-5 选用。

表 5-5	抹灰砂浆的施工稠度	
抹灰层	施工稠度（mm）	
底层	90～110	
中层	70～90	
面层	70～80	

5.3.5 抹灰砂浆的强度选择

（1）对于无粘贴饰面砖的外墙,底层抹灰砂浆比基体材料高一个强度等级或等于基体材料强度。

（2）对于无粘贴饰面砖的内墙,底层抹灰砂浆比基体材料低一个强度等级。

（3）对于有粘贴饰面砖的内墙和外墙,中层抹灰砂浆比基体材料高一个强度等级且不宜低于 M15,并选用水泥抹灰砂浆。

（4）孔洞填补和窗台、阳台抹面等采用 M15 或 M20 水泥抹灰砂浆。

5.3.6 抹灰砂浆的配合比设计

1. 一般规定

（1）砂浆的试配强度

砂浆的试配抗压强度按式（5-8）计算

$$f_{m,0} = kf_2 \tag{5-8}$$

式中：$f_{m.0}$——砂浆的试配抗压强度，MPa，精确至 0.1MPa；

f_2——砂浆抗压强度等级值，MPa，精确至 0.1MPa；

k——砂浆生产（拌制）质量水平系数，取 1.15～1.25。

注：砂浆生产（拌制）质量水平为优良、一般、较差时，k 值分别取为 1.15、1.20、1.25。

（2）抹灰砂浆配合比采用质量计量。

（3）抹灰砂浆的分层度为 10mm～20mm。

（4）抹灰砂浆中可加入一定量的纤维，以增加砂浆的抗裂性能，掺量通过试验确定。

（5）用于外墙的抹灰砂浆，需满足抗冻性要求。

2. 水泥抹灰砂浆

（1）水泥抹灰砂浆分为 M15、M20、M25、M30 四个强度等级；拌合物的表观密度不小于 1900 kg/m³；保水率不小于 82%，拉伸黏结强度不小于 0.20MPa。

（2）水泥抹灰砂浆配合比的材料用量可按表 5-6 选用。

表 5-6	水泥抹灰砂浆配合比的材料用量（kg/m³）		
强度等级	水泥	砂	水
M15	330～380		
M20	380～450	1m³砂的堆积密度值	250～300
M25	400～450		
M30	460～530		

3. 水泥粉煤灰抹灰砂浆

（1）水泥粉煤灰抹灰砂浆分为 M5、M10、M15 三个强度等级；配制水泥粉煤灰抹灰砂浆不应使用砌筑水泥；拌合物的表现密度不小于 1900kg/m³；保水率不小于 82%，拉伸黏结强度不小于 0.15MPa。

（2）水泥粉煤灰抹灰砂浆的配合比设计时，粉煤灰取代水泥量不宜超过 30%；用于外墙时，水泥用量不少于 250 kg/m³；配合比的材料用量可按表 5-7 选用。

表 5-7　　　　　　　　　水泥粉煤灰抹灰砂浆配合比的材料用量（kg/m³）

强度等级	水泥	粉煤灰	砂	水
M5	250～290	内掺，等量取代水泥量的 10%～30%	1m³ 砂的堆积密度值	270～320
M10	320～350			
M15	350～400			

4. 水泥石灰抹灰砂浆

（1）水泥石灰抹灰砂浆分为 M2.5、M5、M7.5、M10 四个强度等级；拌合物的表现密度不小于 1800kg/m³；保水率不小于 88%，拉伸黏结强度不应小于 0.15MPa。

（2）水泥石灰抹灰砂浆配合比的材料用量可按表 5-8 选用。

表 5-8　　　　　　　　　水泥石灰抹灰砂浆配合比的材料用量（kg/m³）

强度等级	水泥	石灰膏	砂	水
M2.5	200～230	（300～400）－C	1m³ 砂的堆积密度值	180～280
M5	230～280			
M7.5	280～330			
M10	330～380			

注：表中 C 为水泥用量。

5. 配合比试配、调整与确定

（1）抹灰砂浆试配时，考虑工程实际需求，按照现行行业标准《砌筑砂浆配合比设计规程》（JGJ98—2010）的规定进行搅拌。

（2）查表选取抹灰砂浆配合比的材料用量后，先进行试拌，测定拌合物的稠度、分层度、保水率，当不能满足要求时，调整各材料用量，直到满足要求为止。

（3）抹灰砂浆试配时，采用三个不同的砂浆配合比，其中一个配合比为查表得出的基准配合比，其余两个配合比的水泥用量应按基准配合比分别增加和减少 10%。在保证稠度、分层度、保水率满足要求的条件下，将用水量或石灰膏、粉煤灰等矿物掺合料用量作相应调整。

（4）抹灰砂浆的试配稠度需满足施工要求，按现行行业标准《建筑砂浆基本性能试验方法标准》（JGJ/T70—2009），分别测定不同配合比砂浆的抗压强度、分层度（或保水率）及拉伸黏结强度。选择符合要求的且水泥用量最低的配合比，作为抹灰砂浆配合比。

（5）抹灰砂浆的配合比的校正

① 计算抹灰砂浆的理论表现密度值

$$\rho_t = \sum Q_i \tag{5-9}$$

式中：ρ_t——砂浆的理论表现密度值，精确至 $10kg/m^3$；

Q_i——每立方来砂浆中各种材料用量，精确至 $10kg/m^3$。

② 计算砂浆配合比校正系数 δ：

$$\delta = \frac{\rho_c}{\rho_t}\qquad(5\text{-}10)$$

式中：ρ_c——砂浆的实测表观密度值，精确至 $10kg/m^3$。

③ 如果砂浆的实测表观密度值与理论表观密度值之差的绝对值不大于理论值的 2%，该砂浆配合比确定为抹灰砂浆配合比；如果砂浆的实测表现密度值与理论表现密度值之差的绝对值大于理论值的 2%，则将配合比中每项材料用量均乘以校正系数 δ 后，确定为抹灰砂浆配合比。

5.4 建筑砂浆的性能检测

5.4.1 砌筑砂浆执行标准

《砌体结构工程施工质量验收规范》（GB 50203—2011）

《建筑砂浆基本性能试验方法》（JGJ/T70—2009）

5.4.2 拌合物取样及试样制备

建筑砂浆试验用料应从同一盘砂浆或同一车砂浆中取样。取样量应不少于试验所需量的 4 倍。其取样方法和原则按相应的施工验收规范执行。一般在使用地点的砂浆槽、砂浆运送车或搅拌机出料口，至少从三个不同部位取样。现场取来的试样，试验前应人工搅拌均匀。从取样完毕到开始进行各项性能试验不宜超过 15min。

在试验室制备砂浆拌合物时，所用原材料提前 24h 运入室内。拌合时试验室的温度应保持在 20℃±5℃。试验所用原材料与现场使用材料一致。砂应通过公称粒径 5mm 筛。试验室拌制砂浆时，材料用量应以质量计。称量精度：水泥、外加剂、掺合料等为 ±0.5%；砂为 ±1%。在试验室搅拌砂浆时应采用机械搅拌，搅拌的用量宜为搅拌机容量的 30%～70%，搅拌时间不少于 120s。掺有掺合料和外加剂的砂浆，其搅拌时间不少于 180s。

5.4.3 砂浆的稠度试验

1. 试验目的

测定达到要求稠度的用水量，或控制现场砂浆的稠度。

2. 仪器设备

（1）砂浆稠度测定仪

砂浆稠度测定仪由试锥、容器和支座三部分组成。试锥由钢材或铜材制成，高度为 145mm，锥底直径为 75mm，试锥连同滑杆的质量应为 300g ± 2g；盛砂浆的容器由钢板制成，筒高为 180mm，锥底内径为 150mm；支座分为底座、支架及稠度显示三个部分，由铸铁、钢及其他金属制成。

（2）钢制捣棒

直径 10mm，长 350mm，端部磨圆。

（3）秒表等。

3．试验步骤

（1）用少量润滑油轻擦滑杆，再将滑杆上多余的油用吸油纸擦净，使滑杆能自由滑动。

（2）用湿布擦净盛浆容器和试锥表面，将砂浆拌合物一次装入容器，使砂浆表面低于容器口约 10mm，用捣棒自容器中心向边缘插捣 25 次，然后轻轻地将容器摇动或敲击 5 下～6 下，使砂浆表面平整，然后将容器置于稠度测定仪的底座上。

（3）拧松制动螺丝，向下移动滑杆，当试锥尖端与砂浆表面刚接触时，拧紧制动螺丝，使齿条侧杆下端接触滑杆上端，读出刻度盘上的读数（精确至 1mm）。

（4）拧开制动螺丝，同时计时间，10 s 时立即拧紧螺丝，将齿条测杆下端接触滑杆上端，从刻度盘上读出下沉深度（精确至 1mm ），二次读数的差值即为在砂浆的稠度值。

（5）盛装容器内的砂浆，只允许测定一次稠度，重复测定时，应重新取样测定。

4．检测结果处理

（1）取两次试验结果的算术平均值，计算值精确至 1mm。

（2）两次试验值之差如大于 10mm，则应重新取样测定。

5.4.4　砂浆的分层度试验

1．试验目的

测定砂浆的分层度值，评定砂浆在运输存放过程中的保水性。

2．仪器设备

（1）砂浆分层度筒

内径为 150mm，上节高度为 200mm，下节带底净高为 100mm，用金属板制成，上、下层连接处需加宽到 3mm～5mm，并设有橡胶垫圈。

（2）水泥胶砂振动台

振幅为 0.5mm ± 0.05mm，频率为 50Hz ± 3Hz。

（3）稠度仪、木锤等。

3．试验步骤

（1）首先将砂浆拌合物按稠度试验方法测定稠度。

（2）将砂浆拌合物一次装入分层度筒内，待装满后，用木锤在容器周围距离大致相等的 4

个不同地方轻轻敲击 1～2 下，如砂浆沉落到低于筒口，则应随时添加，然后刮去多余的砂浆并用抹刀抹平。

（3）静置 30min 后，去掉上层 200mm 砂浆，剩余的 100mm 砂浆倒出放在拌合锅内拌 2min，再按稠度试验方法测其稠度，前后测得的稠度之差即为砂浆的分层度（mm）。

4. 检测结果处理

（1）取两次试验结果的算术平均值作为该砂浆的分层度值。

（2）两次分层度试验值之差如大于 10mm，应重做试验。

5.4.5 砂浆的保水率检测

1. 检测目的

用以判定砂浆拌合物在运输及停放时内部组分的稳定性及保持水分的能力。

2. 仪器设备

（1）金属或硬塑料圆环试模：内径应为 100mm，内部高度应为 25mm；

（2）可密封的取样容器：应清洁、干燥；

（3）2kg 的重物；

（4）金属滤网，网格尺寸 45 μm，圆形，直径 110±1mm；

（5）超白滤纸：应采用现行国家标准《化学分析滤纸》（GB/T 1914）规定的中速定性滤纸，直径应为 110mm，单位面积质量应为 200g/m^2；

（6）2 片金属或玻璃的方形或圆形不透水片，边长或直径应大于 110mm；

（7）天平：量程为 200g，感量应为 0.1g；量程为 2000g，感量应为 1g；

（8）烘箱。

3. 试验步骤

（1）称量底部不透水片与干燥试模质量 m_1 和 15 片中速定性滤纸质量 m_2；

（2）将砂浆拌合物一次性装入试模，并用抹刀插捣数次，当装入的砂浆略高于试模边缘时，用抹刀以 45° 角一次性将试模表面多余的砂浆刮去，然后再用抹刀以较平的角度在试模表面反方向将砂浆刮平；

（3）抹掉试模边的砂浆，称量试模、底部不透水片与砂浆总质量 m_3；

（4）用金属滤网覆盖在砂浆表面，再在滤网表面放上 15 片滤纸，用上部不透水片盖在滤纸表面，以 2kg 的重物把上部不透水片压住；

（5）静置 2min 后移走重物及上部不透水片，取出滤纸（不包括滤网），迅速称量滤纸质量 m_4；

（6）按照砂浆的配合比及加水量计算砂浆的含水率。当无法计算时，可按照相关标准规定测定砂浆含水率；

（7）砂浆保水率应按下列公式计算。

$$W = \left[1 - \frac{m_4 - m_2}{\alpha \times (m_3 - m_1)}\right] \times 100\% \qquad (5\text{-}11)$$

式中：W——保水性，%；

      m_1——下不透水片与干燥试模质量，g。精确至 1g；

      m_2——15 片滤纸吸水前的质量，g。精确至 1g；

      m_3——试模、下不透水片与砂浆的总质量，g。精确至 1g；

      m_4——15 片滤纸吸水后的质量，g。精确至 1g；

      α——砂浆含水率，%。

（8）砂浆的含水率时，应称取 100g ± 10g 砂浆拌合物试样，置于一干燥并已称量的盘中，在 105℃ ± 5℃的烘箱中烘干至恒重。砂浆含水率应按下式计算：

$$\alpha = \frac{m_6 - m_5}{m_6} \times 100\% \qquad (5\text{-}12)$$

式中：α——含水率，%；

      m_5——烘干后砂浆样本的质量，g。精确至 1g；

      m_6——砂浆样本的总质量，g。精确至 1g。

4. 检测结果处理

取两次试验结果的算数平均值作为砂浆的保水率精确至 0.1%，且第二次试验应重新取样测定，如两个测定值之差超过 2%，则此组试验结果无效。

取两次试验结果的算数平均值作为砂浆的含水率，精确至 0.1%。当两个测定值之差超过 2%时，此组试验结果应为无效。

5.4.6 砂浆立方体抗压强度检测

1. 检测目的

测定砂浆立方体抗压强度值，评定砂浆的强度等级。

2. 仪器设备

（1）试模

试模为 70.7mm × 70.7mm × 70.7mm 立方体。由铸铁或钢制成，应具有足够的刚度并且拆装方便。试模的内表面应机械加工，其不平度应为每 100mm 不超过 0.05mm，组装后各相邻面的不垂直度不应超过 ± 0.5。

（2）捣棒

直径 10mm，长 350mm 的钢棒，端部应磨圆。

（3）压力试验机

压力试验机精度为 1%，其量程应能使试件的预期破坏荷载值不小于全量程的 20%，也不大于全量程的 80%。

（4）垫板

试验机上、下压板及试件之间可垫钢垫板，垫板的尺寸应大于试件的承压面，其不平度应为每 100mm 不超过 0.02mm。

（5）振动台

空载中台面的垂直振幅应为 0.5 mm ± 0.05mm，空载频率应为 50 Hz ± 3Hz，空载台面振幅均匀度不应大于 10%，一次试验应至少能固定 3 个试模。

3. 试件的制作及养护

采用立方体试件，每组试件三个。应用黄油等密封材料涂抹试模的外接缝，试模内涂刷薄层机油或脱模剂，将拌制好的砂浆一次性装满砂浆试模，成型方法根据稠度而定。

当稠度 ≥ 50mm 时采用人工振捣成型，当稠度 < 50mm 时采用振动台振实成型。

人工振捣：用捣棒均匀地由边缘向中心按螺旋方式插捣 25 次，插捣过程中如砂浆沉落低于试模口，应随时添加砂浆，可用油灰刀插捣数次，并用手将试模一边抬高 5mm ～ 10mm 各振动 5 次，使砂浆高出试模顶面 6mm ～ 8mm。

机械振动：将砂浆一次装满试模，放置到振动台上，振动时试模不得跳动，振动 5s～10s 或持续到表面出浆为止，不得过振。

待表面水分稍干后，将高出试模部分的砂浆沿试模顶面刮去并抹平。

试件制作后放在室温为 20℃ ± 5℃ 的环境下静置 24h ± 2h，当气温较低时，可适当延长时间，但不超过两昼夜，然后对试件进行编号、拆模。试件拆模后立即放入温度为 20℃ ± 2℃，相对湿度为 95% 以上的标准养护室中养护。养护期间，试件彼此间隔不小于 10mm，混合砂浆试件上面加以覆盖，以防有水滴在试件上。

4. 试验步骤

试件从养护地点取出后，应尽快进行试验。试验前先将试件擦拭干净，测量尺寸，并检查其外观，试件尺寸测量精确至 1mm。计算试件的承压面积，如实测尺寸与公称尺寸之差不超过 1mm，可按公称尺寸进行计算。

将试件安放在试验机的下压板上（或下垫板上），试件的承压面与成型时的顶面垂直，试件中心与试验机下压板（或下垫板）中心对准。开动试验机，当上压板（或上垫板）与试件接近时，调整球座，使接触面均匀受压。连续而均匀地加荷，当试件接近破坏而开始迅速变形时，停止调整试验机油门，直至试件破坏，然后记录破坏荷载。

5. 结果计算与评定

砂浆立方体抗压强度应按下列公式计算：

$$f_{m,cu} = \frac{N_u}{A} \qquad (5\text{-}13)$$

式中：$f_{m,cu}$——砂浆立方体抗压强度，MPa。应精确至 0.1MPa；

N_u——立方体破坏压力，N；

A——试件承压面积，mm^2。

以三个试件测得的算术平均值的 1.3 倍砂浆的抗压强度平均值（f_2）作为该组试件的砂浆立

方体试件抗压强度值（精确至 0.1MPa）。

当三个测值的最大值或最小值中如有一个与中间值的差值超过中间值的 15%时，则把最大值及最小值一并舍去，取中间值作为该组试件的抗压强度值；如有两个测值与中间值的差值均超过中间值的 15 %时，则该组试件的试验结果无效。

习　题

一、填空题

1. 建筑砂浆按生产方式分为_____和_____。
2. 预拌砂浆又分为_____和_____。
3. 砌筑砂浆的组成材料主要有_____、_____、_____、_____和_____等。
4. 砌筑砂浆的和易性包括_____和_____两个方面。

二、名词解释

建筑砂浆；砌筑砂浆；砂浆的和易性；抹面砂浆；防水砂浆

三、问答题

1. 影响砌筑砂浆强度的因素有哪些?
2. 配制砂浆时，为什么除水泥外常常还要加入一定量的其他胶凝材料?
3. 砌筑砂浆有哪些技术性能?
4. 砌筑砂浆的配合比设计步骤?
5. 检测砂浆质量的方法有哪些? 目的是什么?

第6章

墙体材料的性能与检测

在房屋建筑中，墙体具有承重、围护和分隔的作用，是建筑结构中的重要建筑材料之一，主要有砌墙砖、砌块和板材等。

【学习目标】

1. 了解墙体材料的种类；掌握烧结普通砖、烧结多孔砖和空心砖的技术要求、特点及应用；
2. 掌握砌块的种类、组成、构造和特点；
3. 了解墙用板材的特点及用途；
4. 掌握砖的外观质量、强度检测和等级的评定。

6.1 砌墙砖

砌墙砖是以黏土、页岩、煤矸石、粉煤灰等工业废料为主要原料，按照不同的生产工艺制造而成。砌墙砖的类型很多，按规格、孔洞率及孔的大小可分为普通砖、多孔砖和空心砖；按工艺不同又分为烧结砖和非烧结砖。

6.1.1 砌墙烧结砖

砌墙烧结砖是以黏土、页岩、煤矸石和粉煤灰等为主要原料经焙烧而成的砖。焙烧窑中若氧气充足，使之在氧化气氛中焙烧，可烧得红砖；若在焙烧阶段使窑内缺氧，焙烧窑中为还原气氛，则所烧得的砖呈现青色，即烧得青砖。青砖较红砖耐碱，耐久性较好，但价格较红砖高。砖在焙烧时窑内温度存在差异，因此，除了正火砖（合格品）外，还常出现欠火砖和过火砖。欠火砖的焙烧温度低于烧结范围，得到的色浅、敲击时音哑、孔隙率大、强度低、吸水率大、耐久性差的砖，称为欠火砖。过火砖的焙烧温度高于烧结范围，色深、敲击声清脆、吸水率低、强度较高，但容易弯曲变形。欠火砖和过火砖均属于不合格产品。

1. 烧结普通砖

（1）质量要求

烧结普通砖按主要原料分为烧结黏土砖（N）、烧结页岩砖（Y）、烧结煤矸石砖（M）和烧结粉煤灰砖（F）等。砖的孔洞率小 15% 或无孔洞。根据国家标准《烧结普通砖》（GB 5101—2003）规定，烧结普通砖的技术要求包括尺寸偏差、外观质量、强度等级和抗风化性、泛霜和石灰爆裂等。该标准适用于以黏土、页岩、煤矸石和粉煤灰为主要原料的普通砖。

① 尺寸偏差

烧结普通砖的公称尺寸为 240mm×115mm×53mm，如图 6-1 所示。通常将 240mm×115mm 面称为大面，240mm×53mm 面称为条面，115mm×53mm 面称为顶面（见图 6-1）。4 块砖长、8 块砖宽、16 块砖厚，再加上砌筑灰缝（10mm），长度均为 1 m，则 1 m³ 砖砌体理论上需用砖 512 块。砖的尺寸允许偏差应符合表 6-1 的规定。

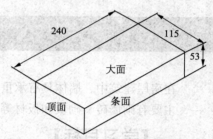

图 6-1　烧结普通砖的尺寸及各部分名称

表 6-1　　　　　　　烧结普通砖的尺寸允许偏差（mm）

公称尺寸	优等品		一等品		合格品	
	样本平均偏差	样本极差≤	样本平均偏差	样本极差≤	样本平均偏差	样本极差≤
240	±2.0	6	±2.5	7	±3.0	8
115	±1.5	5	±2.0	6	±2.5	7
53	±1.5	4	±1.6	5	±2.0	6

② 外观质量

强度、抗风化性能和放射性物质合格的砖，根据尺寸偏差、外观质量、泛霜和石灰爆裂等指标，分为优等品（A）、一等品（B）、合格品（C）三个质量等级。烧结普通砖的外观质量如表 6-2 所示。

表 6-2　　　　　　　烧结普通砖的外观质量（mm）

项　　目	优等品	一等品	合格品
两条面高度差　≤	2	3	4
弯曲　　　　　≤	2	3	4
杂质凸出高度　≤	2	3	4
缺棱掉角的三个破坏尺寸不得同时>	5	20	30
裂纹长度　≤ a.大面上宽度方向及其延伸至条面的长度 b.大面上长度方向及其延伸至顶面的长度或条顶	30	60	80
面上水平裂纹的长度	50	80	100
完整面≥	二条面和二顶面	一条面和一顶面	—
颜色	基本一致		

③ 强度等级

烧结普通砖按抗压强度分为 MU30、MU25、MU20、MU15、MU10 五个强度等级。在评定强度等级时，抽取试样 10 块，分别测其抗压强度。若强度变异系数 $\delta \leqslant 0.21$ 时，采用平均值—标准值方法；若强度变异系数 $\delta > 0.21$ 时，则采用平均值—最小值方法。烧结普通砖的强度等级如表 6-3 所示。

$$\delta = \frac{s}{\bar{f}} \tag{6-1}$$

$$s = \sqrt{\frac{1}{9}\sum_{i=1}^{10}(f_i - \bar{f})^2} \tag{6-2}$$

$$f_k = \bar{f} - 1.8s \tag{6-3}$$

式中：δ——砖强度变异系数，精确至 0.01；

s——标准差，精确至 0.01MPa；

f_i——单块试样的抗压强度测定值，精确至 0.01MPa；

$\bar{f}$——10 块试样的抗压强度平均值，精确至 0.01MPa；

f_k——强度标准值，精确至 0.1MPa。

表 6-3　　　　　　　　　　　　烧结普通砖的强度等级

强度等级	抗压强度平均值 $\bar{f}$（MPa）$\geqslant$	变异系数 $\delta \leqslant 0.21$ 强度标准值 f_k（MPa）$\geqslant$	变异系数 $\delta > 0.21$ 单块最小抗压强度值 f_{min}（MPa）$\geqslant$
MU30	30.0	22.0	25.0
MU25	25.0	18.0	22.0
MU20	20.0	14.0	16.0
MU15	15.0	10.0	12.0
MU10	10.0	6.5	7.5

④ 抗风化性

抗风化性能是烧结普通砖主要的耐久性之一，按划分的风化区采用不同的抗风化指标，风化区用风化指数进行划分。风化指数是指日气温从正温降至负温或从负温升至正温的每年平均天数与每年从霜冻之日起至消失霜冻之日止这一期间降雨总量（以 mm 计）的平均值的乘积。全国风化区划分如表 6-4 所示。

表 6-4　　　　　　　　　　　　风化区的划分

严重风化区		非严重风化区	
1. 黑龙江省	11. 河北省	1. 山东省	11. 福建省
2. 吉林省	12. 北京市	2. 河南省	12. 台湾省
3. 辽宁省	13. 天津市	3. 安徽省	13. 广东省
4. 内蒙古自治区		4. 江苏省	14. 广西壮族自治区
5. 新疆维吾尔自治区		5. 湖北省	15. 海南省
6. 宁夏回族自治区		6. 江西省	16. 云南省
7. 甘肃省		7. 浙江省	17. 西藏自治区
8. 青海省		8. 四川省	18. 上海市
9. 陕西省		9. 贵州省	19. 重庆市
10. 山西省		10. 湖南省	

严重风化区中的1、2、3、4、5地区的砖必须进行冻融试验。其他地区的砖的抗风化性能符合表6-5的规定时可不做冻融试验，当有一项指标达不到要求时，必须进行冻融试验。

表6-5　　　　　　　　　　　　　　　　　　抗风化性能

项目　　　　砖种类	严重风化区				非严重风化区			
	5h沸煮吸水率（%）≤		饱和系数≤		5h沸煮吸水率（%）≤		饱和系数≤	
	平均值	单块最大值	平均值	单块最大值	平均值	单块最大值	平均值	单块最大值
黏土砖	18	20	0.85	0.87	19	20	0.88	0.90
粉煤灰砖	21	23			23	25		
页岩砖	16	18	0.74	0.77	18	20	0.78	0.80
煤矸石砖								

⑤ 泛霜与石灰爆裂

泛霜又称盐析，它是指可溶性盐类（如硫酸盐等）在砖或砌块表面的析出现象，一般呈白色粉末、絮团或絮片状。石灰爆裂是指烧结砖的黏土原料中夹杂着石灰石，焙烧时被烧成生石灰块，在使用过程中吸水消化成熟石灰并产生体积膨胀，导致砖发生膨胀性破坏，严重时甚至使砖砌体强度降低，直至破坏。烧结普通砖的质量缺陷如图6-2所示。

泛霜的砖如果用于建筑物中的潮湿部位时，由于大量盐类的溶出和结晶膨胀会造成砖砌体表面粉化及剥落、孔隙率变大，砖的抗冻性明显下降。

（a）泛霜的墙面　　　　　　（b）石灰爆裂导致砖碎裂

图6-2　烧结普通砖的质量缺陷

⑥ 产品标记

烧结普通砖的产品标记按产品名称、规格、品种、强度等级、质量等级和标准编号的顺序编写。

例如：规格 240mm×115mm×53mm，强度等级 MU20，优等品的页岩砖，其标记为：烧结普通砖 Y MU20A GB5101。

（2）烧结普通砖的应用

烧结普通砖是传统墙体材料，主要用于砌筑建筑物的内墙、外墙、柱、烟囱和窑炉。烧结普通砖具有一定的强度、隔热、隔声性能及较好的耐久性，价格低廉。它的缺点是烧砖能耗高、砖自重大、成品尺寸小、施工效率低、抗震性能差，对于烧结黏土砖因制砖取土、大量毁坏农田，我国已经加以控制。

砖砌体的强度不仅取决于砖的强度，而且受砂浆性质的影响。砖的吸水率大，在砌筑中吸收砂浆中的水分，如果砂浆保持水分的能力差，砂浆就不能正常硬化，导致砌体强度下降。为此，在选择砌筑砂浆时除了要合理配制砂浆外，还要使砖润湿。烧结砖应在砌筑前 1 天～2 天浇水湿润，以浸入砖内深度 1cm 为宜。

烧结普通砖块体小，表观密度大、施工效率低，而且保温隔热等性能不好，因此开发新型墙体材料势在必行。我国正大力推广墙体材料改革，以多孔砖、空心砖及砌块、轻质板材来代替烧结普通砖，以减轻建筑物的自重、节约能源、改善环境。

2. 烧结多孔砖

烧结多孔砖以黏土、页岩、煤矸石、粉煤灰等为主要原料，经成型、干燥和焙烧而成的，主要用于承重部位的砖。烧结多孔砖的孔洞率大于等于 28%，孔的尺寸小而数量多，孔型采用矩型孔和矩型条孔。烧结多孔砖的高孔洞率不仅可以降低资源消耗，而且有利于干燥焙烧。烧结多孔砖在使用时孔洞垂直于受压面。

烧结多孔砌块以黏土页岩、煤矸石、粉煤灰等为主要原料，经成型、干燥和焙烧而成，孔洞率大于或等于 33%，孔的尺寸小而数量多的砌块，主要用于建筑物承重部位。

烧结多孔砖和多孔砌块的外形一般为直角六面体，烧结多孔砖和多孔砌块按主要原料分为黏土砖和黏土砌块（N）、页岩砖和页岩砌块（Y）、煤矸石砖和煤矸石砌块（M）、粉煤灰砖和粉煤灰砌块（F）、淤泥砖和淤泥砌块（U）、固体废弃物砖和固体废弃物砌块（G）。

根据国家标准《烧结多孔砖和多孔砌块》（GB 13544—2011）规定，烧结多孔砖和多孔砌块的技术要求包括尺寸规格、尺寸允许偏差、强度等级、质量等级、泛霜和石灰爆裂、抗风化性能等。

（1）技术要求

① 尺寸规格和密度等级

烧结多孔砖的外形为直角六面体，其长度、宽度、高度尺寸应符合下列要求：290mm，240mm，190mm，180mm；140mm，115mm，90mm。砌块规格尺寸：490mm、440mm、390mm、340mm、290mm、240mm、190mm、180mm、140mm、115mm、90mm。其他规格尺寸由供需双方协商确定。

典型烧结多孔砖规格有 190mm×190mm×90mm（M 型）和 240mm×115mm×90mm（P 型）两种，如图 6-3 所示。

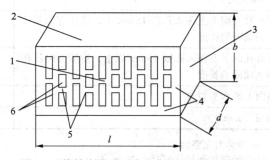

图 6-3　烧结多孔砖和多孔砌块孔结构示意图

1—大面（坐浆面）；2—条面；3—顶面；4—外壁；5—肋；6—孔洞；l—长度；b—宽度；d—高度

烧结多孔砖的密度等级分为 1000、1100、1200、1300 四个等级。烧结多孔砌块的密度等级分为 900、1000、1100、1200 四个等级。

② 尺寸允许偏差

为保证砌筑质量,要求砖的尺寸偏差必须符合《烧结多孔砖和多孔砌块》(GB13544—2011)规定,烧结多孔砖的尺寸偏差如表6-6所示。

表 6-6　　　　　　　　　　　　　　烧结多孔砖的尺寸偏差

尺寸(mm)	样本平均偏差(mm)	样本极差≤(mm)
>400	±3.0	10.0
300~400	±2.5	9.0
200~300	±2.5	8.0
100~200	±2.0	7.0
<100	±1.5	6.0

③ 强度等级

烧结多孔砖根据抗压强度分为 MU30、MU25、MU20、MU15、MU10 五个强度等级,按抗压强度平均值、强度标准值评定砖和砌块的强度等级,各级别强度规定值如表6-7所示。

表 6-7　　　　　　　　　　　　　　烧结多孔砖的强度等级

强度等级	抗压强度平均值 $\overline{f}$ ≥	强度标准值 f_k ≥
MU30	30.0	22.0
MU25	25.0	18.0
MU20	20.0	14.0
MU15	15.0	10.0
MU10	10.0	6.5

④ 质量等级

烧结多孔砖和多孔砌块的外观质量如表6-8所示。

表 6-8　　　　　　　　　　　　　　烧结多孔砖的外观质量

项　目		指　标
完整面不得少于		一条面和一顶面
缺棱掉角的 3 个最大尺寸/不得同时大于		30
裂纹长度(mm)≤	大面(有孔面)上深入孔壁 15mm 上,宽度方向及其延伸到条面的长度	80
	大面有孔面)上深入孔壁 15mm 以上,宽度方向及其延伸到顶面的长度	100
	条顶面上的水平裂纹	100
杂质在砖面上造成的突出高度(mm)≤		5

注:凡有下列缺陷之者,不能称为完整面:
1. 缺损在条面或顶面上造成的破坏面尺寸同时大于 20mm×30mm。
2. 条面或顶面上裂纹宽度大于 1mm,其长度超过 70mm。
3. 压陷、焦花、粘底在条面或顶面上的凹陷或凸出超过 2mm,区域尺寸同时大于 20mm×30mm。

⑤ 泛霜和石灰爆裂

每块砖或砌块不允许出现严重泛霜。根据《烧结多孔砖和多孔砌块》(GB13544—2011)规定：最大破坏尺寸大于 2mm 且小于等于 15mm 的爆裂区域，每组砖样不得多于 15 处；不允许出现最大破坏尺寸大于 15mm 的爆裂区域。

⑥ 抗风化性能

抗风化性能见表 6-5。

⑦ 产品标记

烧结多孔砖的产品标记按产品名称、品种、规格、强度等级、质量等级和标准编号顺序编写。如规格尺寸 290mm×140mm×90mm、强度等级 MU25、密度 1200 级的黏土烧结多孔砖，其标记为：烧结多孔砖 N 290×140×90　MU25 1200 GB 13544—2011。

（2）烧结多孔砖的应用

烧结多孔砖可以代替烧结黏土砖，用于承重墙体，尤其在小城镇建设中用量非常大。强度等级不低于 MU10，最好在 MU15 以上；优等品可用于墙体装饰和清水墙砌筑，中等泛霜的砖不得用于潮湿部位。

3. 烧结空心砖

烧结空心砖属于新型墙体材料的一种，具有节约资源，减轻建筑物自重，降低造价的优点。

烧结空心砖是以黏土、页岩、煤矸石和粉煤灰等为原料，经焙烧制成的孔洞率≥40% 而且孔洞数量少、尺寸大的烧结砖，用于非承重墙和填充墙。各类烧结空心砖如图 6-4 所示。

（a）烧结煤矸石多孔砖（右）与空心砖（左）　　　　（b）烧结粉煤灰空心砖

图 6-4　烧结空心砖

空心砖采用塑性成型方法生产。生产过程包括泥料制备、成型、干燥和焙烧等一系列操作过程。开采出来的原料不能直接成型坯体，必须经过制备、如剔除石灰石颗粒、较大的块状石英等杂质、破碎、混合、风化等处理，使其成为适宜成型的泥料。泥料在挤出机的作用下成型，经坯体干燥后进行焙烧。

焙烧是制品质量的关键环节，焙烧过程分为四个阶段，即干燥与预热阶段、加热阶段、烧成阶段和冷却阶段。各组分在高温作用下，发生一系列的物理化学变化，最后烧成具有一定机械强度及各种建筑性能的制品。

（1）技术要求

① 尺寸规定

《烧结空心砖和空心砌块》（GB13545—2003）规定：烧结空心砖的长、宽、高应符合下列要求：390mm、290mm、240mm，190mm、180mm（175），140mm、115mm、90mm。

烧结空心砖和空心砌块基本构造如图 6-5 所示。

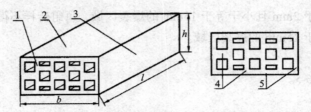

图 6-5 烧结空心砖和空心砌块示意图
1—顶面；2—大面；3—条面；4—肋；5—壁；*l*—长度；*b*—宽度；*h*—高度

② 密度等级

烧结空心砖和空心砌块分为 800、900、1000、1100 四个密度等级，不得低于 800，否则为不合格产品。

③ 强度等级

抗压强度分为 MU10.0、MU7.5、MU5.0、MU3.5、MU2.5 五个级别，如表 6-9 所示。

表 6-9　　　　　　　　　　　　　　烧结空心砖的强度等级

强度等级	抗压强度平均值 $\bar{f} \geqslant$	变异系数 $\delta \leqslant 0.21$ 强度标准值 $f_k \geqslant$（MPa）	变异系数 $\delta > 0.21$ 单块最小抗压强度 $f_{min} >$（MPa）	密度等级范围（kg/m³）
MU10.0	10.0	7.0	8.0	
MU7.5	7.5	5.0	5.8	≤1100
MU5.0	5.0	3.5	4.0	
MU3.5	3.5	2.5	2.8	
MU2.5	2.5	1.6	1.8	≤800

④ 质量等级

根据孔洞及排数、尺寸偏差、外观质量、强度等级和物理性能分为优等品（A）、一等品（B）、合格品（C）三个等级。

⑤ 烧结空心砖和空心砌块的产品标记

产品标记按产品名称、类别、规格、密度等级、强度等级、质量等级和标准编号顺序编写。如规格尺寸 290mm×190mm×90mm、密度等级 800、强度等级 MU7.5、优等品的页岩空心砖，其标记为：烧结空心砖 Y（290×190×90） 800 MU7.5A GB 13545。

（2）应用

烧结空心砖主要用作非承重墙，如多层建筑内隔墙或框架结构的填充墙等。

6.1.2　砌墙非烧结砖

不经过焙烧而制成的砖均为非烧结砖。目前非烧结砖主要有蒸养砖、蒸压砖和碳化砖等，根据生产原材料区分主要有蒸压灰砂砖、粉煤灰砖、炉渣砖和混凝土多孔砖等。

1. 蒸压灰砂砖

蒸压灰砂砖是以生石灰和砂子为主要原料，加水搅拌，消化、压制成型、蒸压养护而制成的砖，代号为 LSB。生石灰的质量直接影响到灰砂砖的品质，生石灰的消化对成型后砖坯的性能影响较大。消化是将生石灰熟化成熟石灰的必要过程，一般采用钢仓、混凝土仓进行间歇式消化，控制在2h～3h；也可以采用地面堆置消化，由于消化时散热较慢，所以消化时间较长，一般需要8h以上。

蒸压灰砂砖的主要尺寸规格为240mm×115mm×53mm，根据产品的尺寸偏差和外观分为优等品（A）、一等品（B）、合格品（C）三个等级。

蒸压灰砂砖按抗压强度和抗折强度分为MU25、MU20、MU15、MU10 四个强度等级。蒸压灰砂的砖强度指标和抗冻指标如表6-10所示。

表6-10　　　　　　　　　　　蒸压灰砂砖强度指标和抗冻指标

强度等级	强度指标				抗冻性指标	
	抗压强度（MPa）		抗折强度（MPa）		5块冻后抗压强度平均值（MPa）≥	单块砖干质量损失（%）≤
	平均值≥	单块值≥	平均值≥	单块值≥		
MU25	25.0	20.0	5.0	4.0	20.0	2.0
MU20	20.0	16.0	4.0	3.2	16.0	
MU15	15.0	12.0	3.3	2.6	12.0	
MU10	10.0	8.0	2.5	2.0	8.0	

蒸压灰砂砖一般采用压制成型，又经过蒸压养护，砖体组织致密，具有强度高、稳定性好、干缩率小、尺寸偏差小、外形光滑平整等特点。它主要用于工业与民用建筑的墙体和基础。其中，MU15、MU20 和 MU25 的灰砂砖可用于基础及其他部位，MU10 的灰砂砖可用于防潮层以上的建筑部位。

蒸压灰砂砖不得用于长期受热 200℃以上、受急冷、受急热或有酸性介质侵蚀的环境，也不宜用于受流水冲刷的部位。灰砂砖表面光滑平整，使用时注意提高砖与砂浆之间的黏结力。

蒸压灰砂砖出釜后应放置一个月以上，方可用于砌体的施工，砌筑前提前 2 天浇水，不宜与其他品种的砖同层混砌，不宜雨天施工。

2. 蒸压粉煤灰砖

蒸压粉煤灰砖是以粉煤灰、生石灰为原料，掺加适量石膏和骨料，经坯料制备、压制成型，蒸压养护而成的砖。粉煤灰具有活性，使制品获得一定的强度；石灰的主要作用是提供钙质原料。

蒸压粉煤灰砖的尺寸规格为 240mm×115mm×53mm，表观密度为 1500kg/m³。按蒸压粉煤灰砖的抗压强度和抗折强度分为 MU30、MU25、MU20、MU15、MU10 五个强度等级。按外观质量、强度、抗冻性和干燥收缩分为优等品（A）、一等品（B）、合格品（C）三个产品等级，优等品的强度等级应不低于 MU15。蒸压粉煤灰砖的强度等级见表6-11。

表6-11　　　　　　　　　　　粉煤灰砖强度等级

强度等级	抗压强度（MPa）		抗折强度（MPa）	
	10 块平均值≥	单块值≥	10 块平均值≥	单块值≥
MU30	30.0	24.0	6.2	5.0
MU25	25.0	20.0	5.0	4.0
MU20	20.0	16.0	4.0	3.2
MU15	15.0	12.0	3.3	2.6
MU10	10.0	8.0	2.5	2.0

蒸压粉煤灰砖可用于工业与民用建筑的基础和墙体，但应注意以下几点。

（1）在易受冻融和干湿交替的部位必须使用优等品或一等品砖。用于易受冻融作用的部位时要进行抗冻性检验，并采取适当措施以提高其耐久性。

（2）用粉煤灰砖砌筑的建筑物，应适当增设圈梁及伸缩缝或采取其他措施，以避免或减少收缩裂缝的产生。

（3）粉煤灰砖出釜后，应存至少放 1 周～2 周后再用，以减少相对伸缩值，砌筑时提前浇水，保持砖的含水量在 10%左右，雨天施工时采取防雨措施。

（4）长期受高于 200℃作用，或受冷热交替作用，或有酸性侵蚀的建筑部位不得使用粉煤灰砖。

3. 蒸压炉渣砖

蒸压炉渣砖是以煤燃烧后的炉渣为主要原料，掺入适量的石灰和少量石膏，经加水搅拌混合、压制成型、蒸养或蒸压养护而制成的实心砖。炉渣砖的外形尺寸同普通黏土砖 240mm×115mm×53mm。根据抗压强度和抗折强度分为 MU25、MU20 和 MU15 三个等级。质量等级分优等品（A）、一等品（B）、合格品（C）三个等级。

炉渣砖可用于一般工业与民用建筑的墙体和基础。用于基础或易受冻融和干湿交替作用的建筑部位必须使用 MU15 及以上强度等级的砖；炉渣砖不得用于长期受热在 200℃以上或受急冷急热或有侵蚀性介质的部位。

4. 混凝土多孔砖

混凝土多孔砖是以水泥为胶结材料，以砂、石等为主要集料，加水搅拌、压制成型、养护制成的一种多排小孔的混凝土砖。混凝土多孔砖具有自重小、强度高、保温效果好、耐久、收缩变形小、外观规整和施工方便等特点，是一种替代烧结黏土砖的理想材料。

混凝土多孔砖的外形为直角六面体，产品的主要规格尺寸（长、宽、高）有：240mm×190mm×180mm；240mm×115mm×90mm；115mm×90mm×53mm。最小外壁厚不应小于15mm，最小肋厚不应小于 10mm，典型规格如图 6-6 所示。为了减轻墙体自重及增加保温隔热功能，规定其孔洞率应不小于 30%。混凝土多孔砖按强度等级分为 MU10、MU15、MU20、MU25、MU30 五个等级。

图 6-6　混凝土多孔砖

用混凝土多孔砖代替实心黏土砖、烧结多孔砖，可以不占耕地，节省黏土资源，且不用焙烧设备，节省能耗，对于改善环境，保护土地资源和推进墙体材料革新与建筑节能，以及"禁实"工作的深入开展具有十分重要的社会和经济意义。可直接替代烧结黏土砖用于各类承重、保温承重和框架填充等不同建筑墙体结构中，具有广泛的应用前景。

6.2 | 砌块

砌块是比砖大的砌筑用人造石材，外形多为直角六面体，也有各种异型的。生产砌块的原料多为工业废渣，因此砌块能节约土地、降低能耗、保护环境，改善建筑功能和提高建筑施工效率。

按产品主规格的尺寸，可分为大型砌块（高度大于 980mm）、中型砌块（高度为 380mm～980mm）和小型砌块（高度大于 115mm、小于 380mm）。按有无孔洞可分为实心砌块和空心砌块。空心砌块是指空心率≥25%的砌块。

目前在国内推广应用较为普遍的砌块有蒸压加气混凝土砌块、混凝土小型空心砌块、粉煤灰砌块、石膏砌块等。

6.2.1 蒸压加气混凝土砌块

蒸压加气混凝土砌块是钙质材料（水泥、生石灰等）和硅质材料（矿渣和粉煤灰）加和水按一定比例配合，加入少量铝粉作发气剂，经蒸压养护而成的多孔轻质墙体材料，简称加气混凝土砌块，其代号为 ACB。生产加气混凝土时，水泥的品种通常选择硅酸盐水泥，以保证浇注稳定性和坯体硬化。生石灰除了提供有效 CaO，使之与 SiO_2、Al_2O_3 作用生成水化产物，使制品具有强度外，生石灰还可为料浆提供碱度，促进铝粉发气，提高料浆温度，促进料浆稠化。一般要求生石灰中有效 CaO 的含量大于 65%。

加气混凝土砌块的生产工艺包括原材料制备、配料浇注、坯体切割、蒸压养护、脱模加工等工序。浇注工艺方式主要有移动浇注和定点浇注两种，它与配料工序共同构成加气混凝土生产工艺的中心环节；蒸压养护工艺为制品提供反应所需的温度、湿度和时间。

1. 技术要求

（1）尺寸规定。按《蒸压加气混凝土砌块》（GB/T 11968—2006）规定，长度：600mm；高度：200mm、240mm、250mm、300mm；宽度：100mm、120mm、125mm、150mm、180mm、200mm、240mm、250mm、300mm，如需要其他规格，可由供需双方协商解决。

（2）强度等级。按抗压强度可分为 7 个等级 A1.0、A2.0、A2.5、A3.5、A5.0、A7.5、A10.0，如表 6-12 所示。

表 6-12 蒸压加气混凝土砌块的抗压强度

强度等级	立方体抗压强度（MPa）	
	平均值≥	单块最小值≥
A1.0	1.0	0.8
A2.0	2.0	1.6
A2.5	2.5	2.0
A3.5	3.5	2.8
A5.0	5.0	4.0

强度等级	立方体抗压强度（MPa）	
	平均值≥	单块最小值≥
A7.5	7.5	6.0
A10.0	10.0	8.0

（3）密度等级。按干表观密度可分为 B03、B04、B05、B06、B07、B08 六个等级。

（4）质量和强度等级。按外观质量、尺寸偏差、干密度及抗压强度等分为优等品（A）和合格品（B）。各强度级别的相关性能如表 6-13 和表 6-14 所示。

表 6-13　　　　　　　　　　　　　　　加气混凝土砌块的干密度

干密度级别		B03	B04	B05	B06	B07	B08
干密度（kg/m³）	优等品≤	300	400	500	600	700	800
	合格品≤	325	425	525	625	725	825

表 6-14　　　　　　　　　　　　　　加气混凝土砌块各等级抗压强度

强度等级		A1.0	A2.0	A2.5	A3.5	A5.0	A7.5	A100
立方体抗压强度（MPa）	平均值≥	1.0	2.0	2.5	3.5	5.0	7.5	10.0
	单块最小值≥	0.8	1.6	2.0	2.8	4.0	6.0	8.0

（5）抗冻性和导热系数

加气混凝土砌块的保温隔热性能好，主要是由于它的导热系数小。加气混凝土砌块的抗冻性和导热系数如表 6-15 所示。

表 6-15　　　　　　　　　　　　　加气混凝土砌块的抗冻性和导热系数

干密度级别			B03	B04	B05	B06	B07	B08
抗冻性	质量损失（%）≤		5.0					
	冻后强度（MPa）≥	优等品（A）	0.8	1.6	2.8	4.0	6.0	8.0
		合格品（B）			2.0	2.8	4.0	6.0
导热系数（干态）[W/（m²·K）]≤			0.10	0.12	0.14	0.16	0.18	0.20

（6）产品标识。蒸压加气混凝土砌块的产品标识由强度级别、干密度级别、等级、规格尺寸及标准编号五部分组成。如：强度级别为 A3.5、干密度级别为 B05、优等品、规格尺寸为 600mm×200mm×250mm 的蒸压加气混凝土砌块，其标记为：ACB A3.5 B05 600×200×250A GB 11968。

2. 应用

蒸压加气混凝土砌块具有表观密度小、保温及耐火性好、易加工、抗震性好、施工方便的特点；适用于框架结构、现浇筑混凝土结构建筑的外墙填充、内墙隔断，三层以下的承重墙，有抗震圈梁构造柱多层建筑的外墙等。加气混凝土不宜用于长期浸水或经常干湿交替部位，受化学侵蚀环境，承重制品表面温度高于 800℃的部位。加气混凝土砌块砌筑时，应向砌筑面适量浇水，每天砌筑高度不宜超过 1.8m。加气混凝土外墙面，应采取饰面防护措施。

6.2.2　小型混凝土空心砌块

1.　分类

（1）按主要原材料分类。混凝土小型空心砌块按主要原材料分为普通混凝土小型空心砌块、工业废渣骨料混凝土小型空心砌块、天然轻骨料和人造轻骨料混凝土小型空心砌块。

（2）按功能分类。混凝土小型空心砌块按功能分为承重和非承重混凝土小型空心砌块、装饰砌块、保温砌块和吸声砌块等。

（3）按用途分类。混凝土小型空心砌块按用途分为墙用砌块、铺地砌块、异型砌块等。

混凝土小型空心砌块分为单排孔和多排孔两种。单排孔砌块为沿宽度方向只有一排孔的砌块，砌块示意图如图6-7所示。单排孔砌块的孔洞分为通孔和盲孔两种。多排孔砌块是沿宽度方向有双排或多排孔的砌块，通常为盲孔砌块，保温隔热性能好。这里主要介绍普通混凝土小型空心砌块。

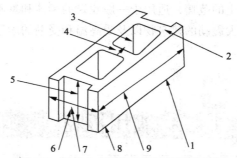

图6-7　混凝土小型空心砌块各部位名称

1—条面；2—坐浆面（肋厚较小的面）；3—壁；4—肋；5—高度；

6—顶面；7—宽度；8—铺浆面（肋厚较大的面）；9—长度

普通混凝土小型空心砌块是以水泥为胶凝材料，砂、碎石或卵石、煤矸石、炉渣为集料，经加水搅拌、振动加压或冲压成型、养护而成的小型砌块。

2.　技术要求

（1）尺寸规格。普通混凝土小型空心砌块主规格尺寸为 390mm×190mm×90mm，最小外壁厚不应小于30mm，最小肋厚不应小于25mm，空心率应不小于25%。

（2）强度和质量等级。普通混凝土小型空心砌块按抗压强度分为 MU3.5、MU5.0、MU7.5、MU10.0、MU15.0、MU20.0 六个强度等级，质量等级分为优等品（A）、一等品（B）、合格品（C）。

（3）产品标识。普通混凝土小型空心砌块按产品名称（代号 NHB）、强度等级、外观质量等级和标准编号的顺序进行标记。例如：强度等级为MU7.5，外观质量为优等品（A）的砌块，其标记为：NHB MU7.5A GB8239。

3.　应用

普通混凝土小型空心砌块建筑体系比较灵活，砌筑方便，可以用于各种墙体、柱类及特殊构筑物砌体等。如各种公用或民用住宅建筑以及工业厂房、仓库和农村建筑的内外墙体。为防止或避免小砌块因失水而产生的收缩导致墙体开裂。小砌块采用自然养护时，必须养护28天后方可上墙，保证砌体达到应有的强度指标；出厂时小砌块的相对含水率必须严格控制；在施工现场堆放时，必须采用防雨措施；砌筑前，一般不宜浇水，以防止墙体开裂，应根据建筑的情况设置伸缩缝，在必要的部位增加构造钢筋。

6.2.3 粉煤灰砌块

粉煤灰砌块是以粉煤灰、石灰、石膏和骨料为原料，经加水搅拌、振动成型、蒸汽养护而制成的一种密实砌块，代号 FB。

粉煤灰砌块主规格尺寸有 880mm×380mm×240mm 和 880mm×430mm×240mm。强度等级分为 MU10、MU13 两个等级。蒸养粉煤灰砌块的表观密度随所用集料而变，当用炉渣为集料时，其表观密度为 1300kg/m³～1550kg/m³。质量等级分为一等品（B）和合格品（C）。

粉煤灰砌块属于轻混凝土的范畴，适用于一般建筑的墙体和基础。不适用于有酸性侵蚀介质，密封性要求高、易受较大震动的建筑物以及受高温和受潮的承重墙。

6.3

墙用板材

6.3.1 水泥类墙用板材

水泥类墙用板材具有较好的力学性能和耐久性，生产技术成熟，产品质量可靠，主要用于承重墙、外墙和复合外墙的外层面，但其表观密度大，抗拉强度低，体型较大的板材在施工中易受损。为减轻自重，同时增加保温隔热性，生产时可制成空心板材，也可加入一些纤维材料制成增强型板材，还可在水泥板材上制作具有装饰效果的表面层。

1. 预应力混凝土空心板

预应力混凝土空心板是以高强度的预应力钢绞线用先张法制成，可根据需要增设保温层、防水层和外饰面层等。根据《预应力混凝土空心板》（GB/T 14040—2007）标准规定，规格尺寸：高度宜为 120mm、180mm、240mm、300mm、360mm，宽度宜为 900mm、1200mm，长度不宜大于高度的 40 倍，混凝土强度等级不应低于 C30，如用轻骨料混凝土浇筑，轻骨料混凝土强度等级不应低于 LC30。预应力混凝土空心板可用于承重或非承重的内外墙板、楼面板、屋面板、阳台板、雨篷等，如图 6-8 所示。

图 6-8 预应力混凝土空心板

2. 玻璃纤维增强水泥（GRC）轻质多孔墙板

GRC 轻质多孔墙板是以水泥砂浆为胶结材料，膨胀珍珠岩、粉煤灰、炉渣等为骨料，用耐碱玻璃纤维作增强材料，经搅拌、成型、脱水养护而成的一种轻质墙板，GRC 是 "Glass Fiber Reinforced Cement（玻璃纤维增强水泥）" 的缩写。GRC 轻质多孔墙板是一种无机复合材料，如图 6-9 所示。墙板中均匀分布着玻璃纤维，能够防止制品表面龟裂；水泥砂浆作为基材，水泥品种采用碱度低的水泥，如快硬硅酸盐水泥或低碱度硫铝酸盐水泥。

图 6-9　GRC 轻质多孔墙板

GRC 轻质多孔墙板的工艺按成型方法分为挤压成型工艺、成组立模成型工艺、喷射成型工艺等。GRC 轻质多孔墙板具有轻质、强度高、耐冲击性能优越、隔热、隔声、防火性能好、抗震性好、加工方便、价格适中、施工简便等优点，可用于民用与工业建筑物的内隔墙和复合墙体的外墙面，如学校、医院、体育馆和娱乐场所等。

3. 蒸压加气混凝土复合墙板

蒸压加气混凝土复合墙板是以硅质材料、钙质材料和石膏为基本原料，以铝粉为发气剂，配以钢筋网片，经过静停、切割、蒸压养护和出釜拆模等工艺制成的轻质板材。

蒸压加气混凝土复合墙板具有密度小，防火性和保温性能好，可钉、可锯、容易加工等特点，主要用于工业与民用建筑的外墙和内隔墙。由于蒸压加气混凝土复合墙板中含有大量微小的封闭气孔，孔隙率达 70%～80%，因而具有自重轻、绝热性好、隔声吸声等优点，施工时不需吊装，人工即可安装，施工速度快，该板还具有较好的耐火性与一定的承载能力，被广泛应用于工业与民用建筑的各种非承重隔墙。

6.3.2　石膏类墙用板材

石膏板主要有纸面石膏板、纤维石膏板及石膏空心条板三类。

1. 纸面石膏板

纸面石膏板是以建筑石膏为胶凝材料，并掺入纤维和添加剂所组成的芯材，与芯材牢固地结合在一起的护面纸所组成的建筑板材。护面纸对石膏芯起到保护和增强作用，纸面石膏板主要包括普通纸面石膏板、耐火纸面石膏板、装饰纸面石膏板和耐水纸面石膏板等品种。

纸面石膏板具有轻质、隔热、防火、防水、吸声、可调节室内空气温度湿度、施工方便等特点。纸面石膏板体积密度为 $800kg/m^3$～$1000kg/m^3$，导热系数为 0.19 $W/m \cdot K$～0.21 $W/m \cdot K$。普通纸面石膏板厚度为 9mm～18mm，耐火纸面石膏板厚度为 9mm～15mm，耐水纸面石膏板厚度为 9mm～25mm。

普通纸面石膏板适用于建筑物的围护墙、内隔墙和吊顶。在厨房、厕所以及空气相对湿度经常大于 70% 的潮湿环境使用时，必须采用相应防潮措施。装饰石膏板主要用于室内装饰；耐水纸面石膏板纸面经过防水处理，而且石膏芯材也含有防水成分，因而适用于湿度较大的房间墙面；耐火纸面石膏板主要用于对防火要求较高的建筑工程。

2. 纤维石膏板

纤维石膏板是以建筑石膏为主要原料，加入适量有机或无机纤维和外加剂，经打浆、铺浆脱水、成型、干燥而成的一种板材。板厚 12mm，体积密度为 $1100kg/m^3 \sim 1230kg/m^3$，导热系数 $0.18\ W/m \cdot K \sim 0.19\ W/m \cdot K$。纤维石膏板具有轻质、高强、隔声和韧性好等特点，可锯、钉、刨、粘，施工简便，主要用于非承重内隔墙、天花板和内墙贴面等。

3. 石膏空心板

石膏空心板是以建筑石膏为胶凝材料，加入适量轻质材料（如膨胀珍珠岩等）和改性材料（如水泥、石灰、粉煤灰、外加剂等），经搅拌、成型、抽芯、干燥等工序制成的空心条板。石膏空心板按强度有普通型和增强型两种。

石膏空心板表观密度仅 $600kg/m^3 \sim 900kg/m^3$，加工性好、重量轻、颜色洁白、表面平整光滑，可在板面喷刷或粘贴各种饰面材料，空心部位可预埋电线和管件，施工安装时不用龙骨，施工简单，主要用于非承重内隔墙。

6.3.3 复合墙板

复合板材是将不同功能的材料分层复合而制成的墙板。一般由外层、中间层和内层组成。外层用防水或装饰材料做成，主要起防水或装饰作用；中间层为减轻自重而掺入的各种填充性材料，有保温、隔热、隔声作用；内层为饰面层。内外层之间多用龙骨或板肋连接，以增加承载力。目前，建筑工程中已广泛使用各种复合板材，并取得了良好的效果。

1. 钢丝网夹芯复合板材

钢丝网夹芯复合板材是将聚苯乙烯泡沫塑料、岩棉、玻璃棉等轻质芯材夹在中间，两片钢丝网之间用"之"字形钢丝相互连接，形成稳定的三维网架结构，然后用水泥砂浆在两侧抹面，或进行其他饰面装饰。

常用的钢丝网夹芯复合板材品种很多，包括泰柏板、三维板、GY 板等，但其基本结构相近，如图 6-10 所示。

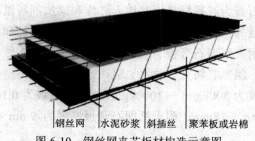

钢丝网　水泥砂浆　斜插丝　聚苯板或岩棉
图 6-10　钢丝网夹芯板材构造示意图

钢丝网夹芯复合板材自重轻，约为 $90kg/m^3$，其热阻约为 240mm 厚普通砖墙的两倍，具有良好的隔热性，另外还具有隔声性好、抗冻性能好、抗震能力强、耐久性好、施工方便等特点。

在建筑物中可用作墙板、屋面板和各种保温板。

2．彩钢夹芯板

彩钢夹芯板是以硬质泡沫塑料或结构岩棉为芯材，在两侧粘上彩色压型（或平面）镀锌板材，又称 EPS 轻型板。外露的彩色钢板表面一般涂以高级彩色塑料涂层，使其具有良好的抗腐性和耐气候性。

彩钢夹芯板重量为 $10kg/m^2 \sim 14kg/m^2$，绝热效果好，导热系数为 0.3 W/m·K，且具有较好的抗弯、抗剪等力学性能，安装灵活快捷，经久耐用，可多次拆装和重复使用，适用于各类墙体和屋面。

6.4
砌墙砖的性能试验

本节试验采用的标准：《砌墙砖试验方法》（GB/T 2542—2003）；《烧结普通砖》（GB 5101—2003）；《烧结多孔砖和多孔砌块》（GB 13544—2011）。

6.4.1　采用的标准

《砌墙砖试验方法》（GB/T2542—2003）

《烧结普通砖》（GB 5101—2003）

《烧结多孔砖和多孔砌块》（GB 13544—2011）

6.4.2　一般规定

1．检验批

烧结普通砖及多孔砖的性能按批进行检验。砌墙砖检验批的批量在 3.5 万块～15 万块，但不得超过一条生产线的日产量，不足 3.5 万块按一批计。

2．检验类型

产品检验分出厂检验和型式检验。出厂检验项目为：尺寸偏差、外观质量和强度等级。型式检验项目包括本标准技术要求的全部项目。当产品有下列之一情况者，应进行型式检验。

（1）新厂生产试制定型检验；

（2）正式生产后，原材料、工艺等发生较大的改变，可能影响产品性能时；

（3）正常生产时，每半年进行一次（放射性物质一年进行一次）；

（4）出厂检验结果与上次型式检验结果有较大差异时；

（5）国家质量监督机构提出进行型式检验时。

3. 抽样

外观质量检验试样采用随机抽样法，在每一检验批的产品堆垛中抽取 50 块；尺寸偏差、强度等级检验的试样采用随机抽样法，从外观质量检验后的样品中分别抽取 20 块和 10 块。

6.4.3　尺寸测量

1. 试验目的

检验砖试样的几何尺寸是否符合标准。

2. 主要仪器设备

砖用卡尺（分度值为 0.5mm）（见图 6-11）。

3. 试验步骤

砖样的长度和宽度应在砖的两个大面的中间处分别测量两尺寸，高度应在砖的两个条面的中间处分别测量两个尺寸（见图 6-12）。当被测处缺损或凸出时，可在其旁边测量，但应选择不利的一侧进行测量。

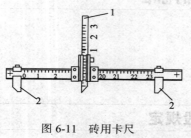

图 6-11　砖用卡尺

1—垂直尺　2—支脚

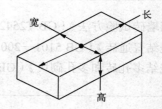

图 6-12　砖的尺寸量法

4. 结果评定

（1）每一尺寸测量不足 1mm 按 1mm 计，每一方向尺寸以两个测量值的算术平均值表示。

（2）检验样品数量为 20 块，样本平均偏差是 20 块试样同一方向测量尺寸的算术平均值减去其公称尺寸的差值，样本极差是抽检的 20 块试样中同一方向 40 个测量尺寸中最大测量值与最小测量值之差值。

6.4.4　砖的外观质量检查

1. 试验目的

检查砖外观的完好程度。

2. 主要仪器设备

砖用卡尺（分度值为 0.5mm），钢直尺（分度值 1mm）。

3. 试验步骤

（1）缺损。缺棱掉角在砖上造成的破损程度，以破损部分对长、宽、高三个棱边的投影尺寸来度量，称为破坏尺寸，如图 6-13 所示；缺损造成的破坏面，是指缺损部分对条、顶面（空心砖为条面、大面）的投影面积如图 6-14 所示；空心砖内壁残缺及肋残缺尺寸，以长度方向的投影尺寸来度量（图中 l 为长度方向投影量；b 为宽度方向的投影量；h 为高度方向的投影量）。

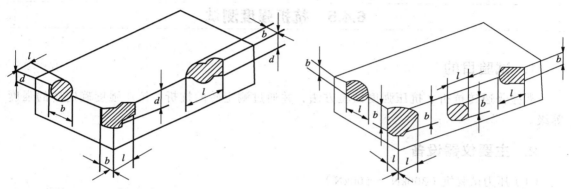

图 6-13　缺棱掉角破坏尺寸量法　　　　　图 6-14　缺损在条、顶面上造成破坏面量法

（2）裂纹。裂纹分为长度方向、宽度方向和高度方向三种，以被测方向上的投影长度表示。如果裂纹从一个面延伸至其他面上时，则累计其延伸的投影长度，如图 6-15 所示；多孔砖的孔洞与裂纹相通时，则将孔洞包括在裂纹内一并测量，如图 6-16 所示。裂纹长度以在 3 个方向上分别测得的最长裂纹作为测量结果。

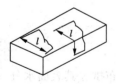 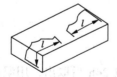 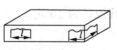 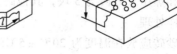

（a）长度方向延伸　　（b）宽度方向延伸　　（c）高度方向延伸

图 6-15　砖裂纹长度量法　　　　　图 6-16　多孔砖裂纹通过孔洞时的尺寸量法

（3）弯曲。分别在大面和条面上测量，测量时将砖用卡尺的两支脚沿棱边两端放置，择其弯曲最大处将垂直尺推至砖面，如图 6-17 所示。但不应将因杂质或碰伤造成的凹陷计算在内。以弯曲测量中测得的较大者作为测量结果。

（4）砖杂质凸出高度量法。杂质在砖面上造成的凸出高度，以杂质距砖面的最大距离表示。测量时将专用卡尺的两支脚置于杂质凸出部分两侧的砖平面上，以垂直尺测量（见图 6-18）。

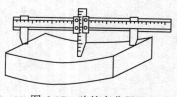

图 6-17　砖的弯曲量法

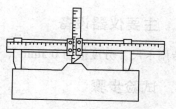

图 6-18　杂质凸出高度量法

4. 结果评定

外观测量以 mm 为单位，不足 1mm 者均按 1mm 计。

6.4.5　抗折强度测试

1. 试验目的

掌握普通砖抗折、抗压强度试验方法，并通过测定砖的抗折、抗压强度确定砖的强度等级。

2. 主要仪器设备

（1）压力试验机（300kN ～500kN）。

（2）砖瓦抗折试验机。抗折试验的加荷形式为三点加荷，其上下压辊的曲率半径为 15mm，下支辊应有一个为铰支固定。

（3）抗压试件制备平台。其表面必须平整水平，可用金属或其他材料制作。

（4）切砖机、水平尺（规格为 250mm ～350mm）、钢直尺（分度值为 1mm）、抹刀。

3. 试验准备

（1）试样数量

烧结砖和蒸压灰砂砖为 5 块，其他砖为 10 块。

（2）试样处理

蒸压灰砂砖应放在温度为 20℃±5℃的水中浸进行泡 24h 后取出，用湿布拭去其表面水分进行抗折强度试验。粉煤灰砖和炉渣砖在养护结束后 24h～36h 内进行试验，烧结砖不需浸水及其他处理，直接进行试验。

4. 试验步骤

（1）按尺寸测量的规定，测量试样的宽度和高度尺寸各 2 个。分别取其算术平均值（精确至 1mm）。

（2）调整抗折夹具下支辊的跨距为砖规格长度减去 40mm。但规格长度为 190mm 的砖样其跨距为 160mm。

（3）将试样大面平放在下支辊上，试样两端面与下支辊的距离应相同。当试样有裂纹或凹陷时，应使有裂纹或凹陷的大面朝下放置，以 50 N/s～150 N/s 的速度均匀加荷，直至试样断裂，记录最大破坏荷载 P。

5. 结果计算与数据处理

每块多孔砖试样的抗折荷重以最大破坏荷载乘以换算系数计算（精确到 0.1kN）。其他品种每块砖样的抗折强度 f_c 按式（6-4）计算（精确至 0.1MPa）。

$$f_c = \frac{3PL}{2bh^2}$$ （6-4）

式中：f_c——砖样试块的抗折强度，MPa；

P——最大破坏荷载，N；

L——跨距，mm；

b——试样高度，mm；

h——试样宽度，mm。

测试结果以试样抗折强度的算术平均值和单块最小值表示（精确至 0.1MPa）。

6.4.6　砖的抗压强度试验

1. 试验目的

试验目的与主要仪器设备与抗折强度测试相同。

2. 试验制备

（1）试样数量

蒸压灰砂砖为 5 块，烧结普通砖、烧结多孔砖和其他砖为 10 块（空心砖大面和条面抗压各 5 块）。非烧结砖也可用抗折强度测试后的试样作为抗压强度试样。

（2）试件制备

① 烧结普通砖、非烧结砖的试件制备。将试样切断或锯成两个半截砖，断开后的半截砖长不得小于 100mm，如图 6-19 所示。在试样制备平台上将已断开的半截砖放入室温的净水中浸 10min～20min 后取出，并使断口以相反方向叠放，两者中间抹以厚度不超过 5mm 的水泥净浆黏结，上下两面用厚度不超过 3mm 的同种水泥浆抹平。水泥浆用 32.5 或 42.5 强度等级普通硅酸盐水泥调制，稠度要适宜。制成的试件上、下两面须相互平行，并垂直于侧面，如图 6-20 所示。

② 多孔砖、空心砖的试件制备。多孔砖以单块整砖沿竖孔方向加压。空心砖以单块整砖沿大面和条面方向分别加压。试件制作采用坐浆法操作。即用一块玻璃板置于水平的试件制备平台上，其上铺一张湿的垫纸，纸上铺一层厚度不超过 5mm，用 32.5 或 42.5 强度等级普通硅酸盐水泥制成的稠度适宜的水泥净浆，再将经水中浸泡 10min～20min 的多孔砖试样平稳地将受压面坐放在水泥浆上，在另一受压面上稍加压力，使整个水泥层与砖的受压面相互黏结，砖的侧面应垂直于玻璃板。待水泥浆适当凝固后，连同玻璃板翻放在另一铺纸放浆的玻璃板上，在进行坐浆，并应水平尺校正上玻璃板，使之水平。

图 6-19　断开的半截砖

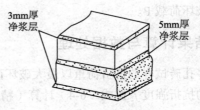

图 6-20　砖的抗压试件

制成的抹面试件应置于温度不低于 10℃的不通风室内养护 3d，再进行强度测试。非烧结砖不需要养护，可直接进行测试。

3. 试验步骤

测量每个试件连接面或受压面的长、宽尺寸各 2 个，分别取其平均值（精确至 1mm）。将试件平放在加压板的中央，垂直于受压面加荷，加荷过程应均匀平稳，不得发生冲击或振动，加荷速度以 4kN/s 为宜。直至试件破坏为止，记录最大破坏荷载 P。

4. 结果计算与数据处理

（1）结果计算。每块试样的抗压强度 f_p 按式（6-5）计算（精确至 0.1MPa）。

$$f_p = \frac{P}{Lb} \tag{6-5}$$

式中：f_p——砖样试件的抗折强度，MPa；

P——最大破坏荷载，N；

L——试件受压面（连接面）的长度，mm；

b——试件受压面（连接面）的宽度，mm。

（2）结果评定

① 试验后按以下两式［式（6-6）、式（6-7）］分别计算出强度变异系数 δ、标准差 s。

$$\delta = \frac{s}{\bar{f}} \tag{6-6}$$

$$s = \sqrt{\frac{1}{9}\sum_{i=1}^{10}(f_i - \bar{f})^2} \tag{6-7}$$

式中：δ——砖强度变异系数，精确至 0.01；

s——标准差，精确至 0.01MPa；

f_i——单块试样的抗压强度测定值，精确至 0.01MPa；

$\bar{f}$——10 块试样的抗压强度平均值，精确至 0.01MPa。

② 当变异系数 $\delta \leqslant 0.21$，按抗压强度平均值 $\bar{f}$ 和强度标准值 f_k 指标评定砖的强度等级。样本 $n=10$ 时的强度标准值按式（6-8）计算。

$$f_k = \bar{f} - 1.8s \tag{6-8}$$

式中：f_k——强度标准值，精确至 0.1MPa。

③ 当变异系数 $\delta > 0.21$ 时，按抗压强度平均值 $\bar{f}$ 和单块最小抗压强度值 $f_{\min}$ 指标评定砖的强度等级。

根据以上数据按相关标准规定对照检查和评定强度等级。

习　题

一、填空题

1. 目前所用的墙体材料有_____、_____和_____三大类。

2. 普通烧结砖的公称尺寸为_____。

3. 根据生产工艺不同砌墙砖分为_____和_____。

4. 普通烧结黏土砖多为开口孔，如增大其孔隙率，则会使砖抗冻性_____，耐水性_____，强度_____。

5. 一般青砖比红砖强度较高，耐久性_____。

6. 实心黏土砖具有_____、_____、_____和_____等缺点。

7. 烧结普通砖的技术性能指标包括尺寸偏差、_____、_____、抗风化性能等。

8. 与烧结多孔砖相比，烧结空心砖的孔洞尺寸较_____，主要适用于_____墙。

二、单选题

1. 下面（　　）不是加气混凝土砌块的特点。

A. 轻质　　　　　　B. 保温隔热　　　　　C. 加工性能好　　　　　D. 韧性好

2. 欠火砖的特点是（　　）。

A. 色浅、敲击声脆、强度低　　　　　　B. 色浅、敲击声哑、强度低

C. 色深、敲击声脆、强度低　　　　　　D. 色深、敲击声哑、强度低

3. 红砖是在（　　）条件下焙烧的。

A. 氧化气氛　　　　　　　　　　　　　B. 先氧化气氛，后还原气氛

C. 还原气氛　　　　　　　　　　　　　D. 先还原气氛，后氧化气氛

4. 鉴别过火砖和欠火砖的常用方法是（　　）。

A. 根据砖的强度　　　　　　　　　　　B. 根据砖的颜色和打击声

C. 根据砖的外形尺寸　　　　　　　　　D. 根据砖缺棱掉角的情况

5. 在现代建筑工程中规定禁止使用的墙体材料是（　　）。

A. 混凝土砌块　　　B. 烧结多孔砖　　　C. 烧结黏土砖　　　　D. 灰砂砖

6. 烧结普通砖的强度等级用 MU_{xx} 表示，共分为（　　）个等级。

A. 3　　　　　　　　B. 4　　　　　　　　C. 5　　　　　　　　D. 6

7. 烧结普通砖的质量等级评价依据不包括（　　）。

A. 尺寸偏差　　　B. 砖的外观质量　　　C. 泛霜　　　　　D. 自重

8. 灰砂砖不得用于的建筑部位是（　　　）。
A. 长期受 200℃以上，受急冷急热和有酸性介质侵蚀
B. 长期受 200℃以上，受急冷急热和有碱性介质侵蚀
C. 长期受 100℃以下，受急冷急热和有碱性介质侵蚀
D. 长期受 250℃以上，受急冷急热和有酸性介质侵蚀

三、名词解释

泛霜；石灰爆裂；灰砂砖；蒸压加气混凝土砌块；普通混凝土小型空心砌块

四、简答题

1. 欠火砖与过火转有何特征？红砖与青砖有何差别？
2. 未烧透的欠火砖为何不宜用于地下？
3. 蒸压加气混凝土砌块具有哪些特点？
4. 常用板材产品有哪些？它们的主要用途有哪些？

五、计算题

实验室中进行烧结普通砖试验，测定 10 块砖样的抗压强度值分别为：21.1MPa、14.3MPa、9.5MPa、18.8MPa、22.9MPa、18.2MPa、19.9MPa、19.8MPa、18.2MPa、13.4MPa，试确定该砖的强度等级。

第7章

建筑钢材的性能与检测

　　建筑钢材是指在建筑工程中使用的各种钢材，包括钢结构用的各种型钢（圆钢、角钢、槽钢、工字钢等）、钢板和钢筋混凝土中的各种钢筋、钢丝等。

　　钢材材质均匀密实，强度高，塑性和韧性好，抗拉、抗弯、抗剪切强度都很高，能承受冲击和振动荷载的作用，易于加工（焊接、铆接、切割等）和装配，广泛应用于建筑、铁路、桥梁等工程中，是一种重要的建筑结构材料。

【学习目标】

1. 了解钢材的冶炼方法和分类；钢材的防锈和防火措施；
2. 掌握钢材的力学性能、工艺性能以及钢材的化学成分对钢材性能的影响；
3. 了解钢筋混凝土结构用钢和钢结构用钢的技术性质和应用；
4. 掌握建筑钢材检测的试验方法和结果评定。

7.1 钢材的基本知识

7.1.1　钢材的冶炼

　　钢是由生铁经冶炼而成的。生铁的含碳量大于 2%，同时含有较多的硫、磷等杂质，因而生铁表现出强度较低、脆性、韧性较差等特点，且不能采用轧制或锻压等方法来进行加工。生铁的品种有白口铁、灰口铁、铁合金等，其中白口铁为炼钢用铁。炼钢是对熔融的生铁进行高温氧化，使其中含碳量降到 2%以下，同时使其他杂质的含量降到允许范围内。在炼钢后期投入脱氧剂，除去钢液中的氧，这个过程称为"脱氧"。

　　炼钢的方法根据炼钢炉种类的不同可分为氧气转炉法、平炉法及电炉法。

　　氧气转炉法炼钢是以熔融铁水为原料，由转炉顶部吹入高压纯氧去除磷、硫杂质，冶炼时间短，大约 30min，钢质较好且成本低，氧气转炉法是目前炼钢的主要方法。

平炉法炼钢是以铁矿石、废钢、液态或固态生铁为原料，用煤气或重油为燃料，靠吹入空气或氧气，利用铁矿石或废钢中的氧使碳及杂质氧化。这种方法冶炼时间长，钢质好，但成本较高、冶炼周期长。

电炉炼钢是以生铁和废钢为原料，利用电能转变为热能来冶炼钢的一种方法。电炉熔炼温度高，而且温度可以自由调节，因此该法去除杂质干净，质量好，但能耗大，成本高，生产效率低，基本被淘汰。

7.1.2　钢材的分类

钢的分类方法很多，常见的分类方法有以下几种。

1.　按化学成分分类

（1）碳素钢

碳素钢的主要化学成分是铁，其次是碳，此外还含有少量的硅、锰、磷、硫、氧、氮等微量元素。碳素钢根据含碳量的高低，又分为低碳钢（含碳量 < 0.25%）、中碳钢（含碳量为 0.25%～0.60%）、高碳钢（含碳量 > 0.60%）。

（2）合金钢

合金钢是在碳素钢的基础上加入一种或多种改善钢材性能的合金元素，如锰、硅、钒、钛等。合金钢根据合金元素的总含量，又分为低合金钢（合金元素总量 < 5%）、中合金钢（合金元素总量为 5%～10%）、高合金钢（合金元素总量 > 10%）。

2.　按冶炼时脱氧程度不同分类

经冶炼后的钢液须经过脱氧处理后才能铸锭，因钢冶炼后含有以氧化亚铁（FeO）形式存在的氧，对钢的质量产生影响。通常加入脱氧剂如锰铁、硅铁、铝等进行脱氧处理，将氧化亚铁（FeO）中的氧去除，将铁还原出来。根据脱氧程度的不同，钢可分为镇静钢、沸腾钢、半镇静钢和特殊镇静钢四种。

（1）镇静钢

镇静钢一般用硅铁、锰铁和铝为脱氧剂，脱氧完全，钢液浇注后平静地冷却凝固，基本无一氧化碳（CO）气泡产生。镇静钢结构密实，机械性能好，品质好，但成本较高。镇静钢可用于承受冲击荷载的重要结构，镇静钢用代号 Z 表示。

（2）沸腾钢

沸腾钢一般用锰、铁脱氧，脱氧很不完全，由于钢水中残存的氧化亚铁（FeO）与碳（C）化合生成一氧化碳（CO），钢液冷却凝固时有大量一氧化碳（CO）气体外逸，引起钢液沸腾，故称为沸腾钢。沸腾钢内部气泡和杂质较多，化学成分和力学性能不均匀，致密程度较差，强度和韧性较低。因此钢的质量较差，但成本较低，可用于一般的建筑结构，沸腾钢用代号 F 表示。

（3）半镇静钢

半镇静钢用少量的硅进行脱氧，钢的脱氧程度和性能介于镇静钢和镇静钢之间。半镇静钢用代号 b 表示。

（4）特殊镇静钢

特殊镇静钢比镇静钢脱氧程度更充分彻底，特殊镇静钢的质量好，适用于特别重要的结构工程。

3. 按品质（杂质含量）分类

钢材根据品质好坏可分为普通钢、优质钢、高级优质钢（主要是对硫、磷等有害杂质的限制范围不同）。

4. 按用途分类

钢材按用途不同可分为结构钢（主要用于工程构件及机械零件）、工具钢（主要用于各种刀具、量具及模具）、特殊钢（具有特殊物理、化学或机械性能，如不锈钢、耐热钢、耐磨钢等，一般为合金钢）。

建筑上常用的钢种是普通碳素钢中的低碳钢和普通合金钢中的低合金钢。

7.2 建筑钢材的主要技术性能

钢材的性能主要包括力学性能和工艺性能。只有掌握钢材的性能，才能合理地选择和使用钢材。

7.2.1 力学性能

力学性能又称机械性能，是钢材最重要的使用性能，指钢材在受力过程中表现出的性能。钢材的主要力学性能有抗拉性能、冲击韧性、硬度、耐疲劳性等。

1. 抗拉性能

拉伸是建筑钢材的主要受力形式，是钢材性能和选用钢材的重要依据。低碳钢由于含碳量低，强度低、塑性好，便于观察拉伸过程中应力和应变的变化关系。低碳钢拉伸过程经历了四个阶段：即弹性阶段（OB）、屈服阶段（BC）、强化阶段（CD）、颈缩阶段（DK）。表示钢材抗拉性能的主要技术指标是屈服点、抗拉强度和伸长率，这些技术指标可通过低碳钢（软钢）受拉时的应力–应变曲线来阐明，如图 7-1 所示。

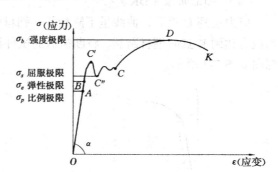

图 7-1　低碳钢受拉时的应力–应变曲线

（1）弹性阶段（OB）

弹性阶段中，OA 段为直线段。在 OA 段中，应变随应力增加而增大，应力与应变成正比例关系。即

$$\frac{\sigma}{\varepsilon} = \tan\alpha = E \qquad (7-1)$$

E 为钢材的弹性模量，反映了钢材刚度的大小，是计算结构变形的重要参数。工程上常用的碳素结构钢 Q235 的弹性模量 $E = 2.0 \times 10^5 \text{MPa} \sim 2.1 \times 10^5 \text{MPa}$。A 点对应的应力称为比例极限，用符号 σ_p 表示。

AB 段为曲线段，应力与应变不再成正比例的线性关系，但钢材仍表现出弹性性质，B 点对应的应力称为弹性极限，用符号 σ_e 表示。在曲线中 A、B 两点很接近，所以在实际应用时，往往将两点看作一点。

（2）屈服阶段（BC）

应力过 B 点后，曲线呈锯齿形。此时，应力在很小范围内波动，而应变显著增加，应力与应变之间不再成正比关系。当荷载消除后，钢材不会回复原有形状和尺寸，似产生屈服现象，故 BC 段称屈服阶段。在 BC 段中 C′点为上屈服点，C″点为下屈服点，工程上通常将 C″点对应的应力称为屈服极限，用符号 σ_s 表示。当钢材在外力作用下达到屈服点后，虽未产生破坏，但已产生很大的变形而不能满足使用的要求，因此，σ_s 是结构设计的重要指标。

对无明显塑性变形的硬钢，以产生 0.2%残余应变时所对应的应力为屈服强度，用符号 $\sigma_{0.2}$ 表示，如图 7-2 所示。

（3）强化阶段（CD）

应力超过 C 点后，曲线呈上升趋势，此时钢材内部组织产生变化，钢材恢复了抵抗变形的能力，应变随应力提高而增大，故称强化阶段。曲线最高点 D 点对应的应力称为强度极限（即抗拉强度），用符号 σ_b 表示。在工程设计中，强度极限不作为结构设计的依据，但应考虑屈服极限 σ_s 与强度极限 σ_b 的比值（屈强比）它反映了结构在超载情况下继续使用的可靠性大小和利用率的高低。屈强比 σ_s/σ_b 越小，表明结构在超载情况下继续使用的可靠性越长，结构的安全度大，不易因局部超载而破坏；屈强比过小，表明钢材利用率偏低，不经济。合理的屈强比为 0.60～0.75。

（4）颈缩阶段（DK）

应力达到 D 点后，曲线呈下降趋势，钢材标距长度内某一截面产生急剧缩小，形成颈缩，当应力达到 K 点时钢材断裂。将断裂后的试件拼接起来，测量出拉断后的试件，钢材拉伸后示意图如图 7-3 所示。

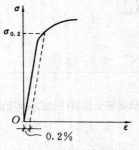

图 7-2 硬钢应力–应变图

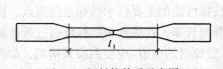

图 7-3 钢材拉伸后示意图

钢材的伸长率为钢材试件拉断后的伸长值与原始标距长度之比，用 δ 表示。伸长率 δ 可按式（7-2）计算。

$$\delta = \frac{l_1 - l_0}{l_0} \times 100\% \qquad (7-2)$$

式中：δ——钢材的伸长率（%）；

　　　l_0——原始标距长度（mm）；

　　　l_1——拉断拼接后标距长度（mm）。

伸长率是衡量钢材塑性好坏的重要指标，同时也反映钢材的韧性、冷弯性能、焊接性能的好坏。δ越大说明钢材塑性越好。

拉伸试件分标准长试件和标准短试件，国家规定取 $l_0=10a$ 或 $l_0=5a$（a 为钢材的直径或厚度），其对应伸长率分别用 δ_{10} 和 δ_5 表示。对同一种钢材，一般 $\delta_5 > \delta_{10}$。因为试件的原始标距愈长，则试件在断裂处附近产生的颈缩变形量在总的伸长值中所占的比例相对越减小，因而计算的伸长率便小一些。

2. 冲击韧性

冲击韧性是指钢材抵抗冲击荷载作用的能力，通常用冲击韧性值 α_k 来度量（见图 7-4）。冲击韧性值 α_k 用标准试件以摆锤冲断 V 形缺口试件时，单位面积所消耗的功（J/cm^2）来表示。α_k 越大，钢材的冲击韧性越好，抵抗冲击作用的能力越强。

影响钢材冲击韧性的因素很多。钢材中的磷、硫含量较高，化学成分不均匀，含有非金属夹杂物以及焊接中形成的微裂纹等都会使冲击韧性显著降低。温度对钢材冲击韧性的影响也很大。某些钢材在常温（20℃）条件下呈韧性断裂，而当温度降低到一定程度时，α_k 值急剧下降而使钢材呈脆性断裂，这一现象称为低温冷脆性，这时的温度称为脆性临界温度。脆性临界温度越低，说明钢材的低温冲击韧性越好。

另外，钢材随时间的延长，强度会逐渐提高，冲击韧性下降，这种现象称为时效。时效敏感性越大的钢材，经过时效以后其冲击韧性的降低越显著。为了保证安全，对于承受动荷载的重要结构，应选用时效敏感性小的钢材。

对于重要的结构以及承受动荷载作用的结构，特别是处于负温条件下的结构，应保证钢材具有一定的冲击韧性。对寒冷地区或承受冲击振动荷载作用的结构，选用钢材时须考虑冲击韧性值指标。

3. 硬度

硬度是指钢材表面抵抗变形或破裂的能力。硬度是检验热处理工件质量的主要指标，测试的方法有布氏、洛氏、维氏硬度法三种，建筑钢材常用布氏硬度值 HB 表示，如图 7-5 所示。

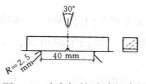

图 7-4　冲击韧性试验示意图

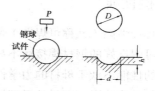

图 7-5　布氏硬度测定示意图

p—荷载；D—钢球直径

4．耐疲劳性

钢材在交变（数值和方向都有变化的）荷载的反复作用下，往往在应力远小于其抗拉强度时发生破坏，这种现象称为钢材的疲劳破坏。疲劳破坏的危险应力用疲劳极限来表示，疲劳极限是指疲劳试验中试件在交变应力作用下，在规定的周期基数内不发生断裂所能承受的最大应力。

钢材的疲劳破坏，一般认为是由拉应力引起的。因此，钢材的疲劳极限与抗拉强度有关，钢材的抗拉强度高，其疲劳极限也高。在设计承受反复荷载作用的结构时，应了解所用钢材的疲劳极限。

7.2.2　工艺性能

建筑钢材在使用前，大多需进行一定形式的加工。良好的工艺性能是钢制品或构件的质量保证，而且可以提高成品率，降低成本。

1．冷弯性能

冷弯性能是指钢材在常温下承受弯曲变形的能力。衡量钢材冷弯性能的指标有两个，一个是试件的弯曲角度（α），另一个是弯心直径（d）与钢材的直径或厚度（a）的比值（d/a），见图 7-6。冷弯试验是将钢材按规定的弯曲角度和弯心直径进行弯曲，若弯曲后试件弯曲处无裂纹、起层及断裂现象，则认为冷弯性能合格；否则为不合格。钢材的弯曲角度 α 越大，弯心直径与钢材的直径或厚度的比值越小，表示钢材的冷弯性能越好。

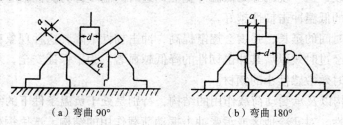

（a）弯曲 90°　　　　　　　　（b）弯曲 180°

图 7-6　钢筋冷弯

d—弯心直径；a—试件厚度

建筑构件在加工和制造过程中，常常要把钢筋、钢板等钢材弯曲成一定的形状，这就需要钢材有较好的冷弯性能。钢材在弯曲过程中，受弯部位产生局部不均匀塑性变形，这种变形比在一定程度上比伸长率更能反映钢材内部的组织状态、内应力灰缝夹杂物等缺陷。

2．焊接性能

钢材的焊接性能（又称可焊性）是指钢材在通常的焊接方法和工艺条件下获得良好焊接接头的性能。可焊性好的钢材焊接后不易形成裂纹、气孔等缺陷，焊头牢固可靠，焊缝及其附近受热影响区的性能不低于母材的力学性能。

钢材的化学成分影响钢材的可焊性。一般含碳量越高，可焊性越低。含碳量小于 0.25% 的低碳钢具有优良的可焊性，高碳钢的焊接性能较差。钢材中含硫会使焊接时产生热脆性。

在建筑工程中，焊接结构应用广泛，如钢结构构件的联结，钢筋混凝土的钢筋骨架、接头的联结，以及预埋件的联结等，这就要求钢材具有良好的可焊接性。焊接结构用钢，宜选用含碳量较低的镇静钢。

7.2.3　钢材的冷加工处理和时效

将钢材在常温下进行冷拉、冷拔和冷轧，使钢材产生塑性变形，从而提高屈服强度，塑性和韧性相应降低，这个过程称为钢材的冷加工强化。通常冷加工变形越大，则强化越明显，即屈服强度提高越多，而塑性和韧性下降也越大。

冷加工后的钢材，通常须经时效处理后再使用。钢材经过冷加工后，在常温下放置 15 d～20d，或加热到 100℃～200℃保持一段时间，钢材的强度和硬度将进一步提高，塑性和韧性进一步下降，这种现象称为时效。前者称为自然时效，后者称为人工时效。通常对强度较低的钢筋采用自然时效，对强度较高的钢筋采用人工时效。见图 7-7、图 7-8。

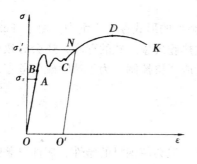

图 7-7　钢材冷拉示意图

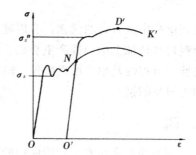

图 7-8　钢材冷拉经时效后示意图

建筑工程中，常对钢材进行冷加工和时效处理来提高屈服强度，以节约钢材。冷拉和时效处理后的钢筋，在冷拉的同时还被调直和清除了锈皮，简化了施工工序。

7.2.4　钢材的化学成分对钢材性能的影响

钢材中所含的元素很多，除了主要成分铁和碳外，还含有少量的硅、锰、硫、磷、氧、氮以及一些合金元素等，它们的含量决定了钢材的性能和质量。

1. 碳

碳是钢材中的主要元素，是决定钢材性能的重要因素。在含碳量小于 0.8%的范围内，随着含碳量的增加，钢材的抗拉强度和硬度增加，塑性和冲击韧性降低。当含碳量超过 1%时，随着含碳量的增加，除硬度继续增加外，钢材的强度、塑性、韧性都降低，耐腐蚀性和可焊性变差，冷脆性和时效敏感性增大。

2. 硅

硅是炼钢时为了脱氧而加入的元素。当钢材中含硅量在 1%以内时，它能增加钢材的强度、硬度、耐腐蚀性，且对钢材的塑性、韧性、可焊性无明显影响。当钢材中含硅量过高（大于1%）时，将会显著降低钢材的塑性、韧性、可焊性，并增大冷脆性和时效敏感性。

3. 锰

锰是炼钢时为了脱氧而加入的元素，是我国低合金结构钢的主要合金元素。在炼钢过程中，锰和钢中的硫、氧化合成 MnS 和 MnO，入渣排除，起到了脱氧排硫的作用。锰的作用主要是能显著提高钢材的强度和硬度，改善钢材的热加工性能和可焊性，几乎不降低钢材的塑性、韧性。

4. 铝、钒、钛、铌

它们都是炼钢时的强脱氧剂，也是最常用的合金元素。适量加入钢内能改善钢材的组织，细化晶粒，显著提高强度，改善韧性和可焊性。

5. 硫

硫是钢材中极有害的元素，多以硫化铁（FeS）夹杂物的形式存在于钢中。由于 FeS 熔点低，使钢材在热加工中内部产生裂痕，引起断裂，形成热脆现象。硫的存在，还会导致钢材的冲击韧性、可焊性及耐腐蚀性降低，故钢材中硫的含量应严格控制。为了消除硫的危害，可在钢中加入适量的锰。

6. 磷

磷是钢中的有害元素，它能使钢的强度和硬度增加，但会使钢材的塑性、韧性显著降低，可焊性变差，尤其在低温下，冲击韧性下降更突出，是钢材冷脆性增大的主要原因。

7. 氧、氮、氢

氧、氮、氢为钢中有害元素，这三种有害气体都会显著降低钢材的塑性和韧性，应加以限制。氧大部分以氧化物夹杂形式存在于钢中，使钢的强度、塑性和可焊性降低。氮随着含量增加，能使钢的强度、硬度增加，但使钢的塑性、韧性、可焊性大大降低，还会加剧钢的时效敏感性、冷脆性和热脆性。钢中溶氢会引起钢的白点（圆圈状的断裂面）和内部裂纹，断口有白点的钢一般不能用于建筑结构。

7.3 建筑工程中常用建筑钢材的技术标准与选用

用于建筑工程中的钢材可分为钢结构用钢和钢筋混凝土结构用钢两大类。

7.3.1 钢结构用钢

1. 碳素结构钢

（1）牌号

按照国家标准《碳素结构钢》（GB/T 700—2006）的规定，碳素结构钢的牌号表示方法为：屈服点的字母 Q，屈服点数值（MPa），质量等级，脱氧程度四个部分按顺序组成。碳素结构钢按屈服点的数值（MPa）划分为 Q195、Q215、Q235、Q275 四个牌号；质量等级分为 A、B、C、D 四个等级，质量按顺序逐级提高；脱氧程度分为沸腾钢（F）、半镇静钢（b）、镇静钢（Z）和特殊镇静钢（TZ），牌号表示时，Z、TZ 可省略。例如：Q235-A·F 表示屈服点不低于 235MPa 的 A 级沸腾钢；Q275–C 表示屈服点不低于 275MPa 的 C 级镇静钢。

（2）力学性能

根据国家标准《碳素结构钢》（GB/T 700—2006）的规定，碳素结构钢的力学性能应符合表 7-1 的规定，冷弯性能应符合表 7-2 的规定。

（3）应用

Q235 号钢在建筑工程中应用最广泛，具有较高的强度，良好的塑性、韧性和可焊性，综合性能好，能满足一般钢结构和钢筋混凝土用钢要求，且成本较低。Q235 钢被大量制作成钢筋、型钢和钢板用于建造房屋建筑、桥梁等。

Q195、Q215 号钢，强度低，塑性和韧性较好，易于冷加工，常用作钢钉、铆钉、螺栓及铁丝等。

Q275 号钢，强度较高，耐磨性较好，但塑性、韧性和可焊性较差，不宜焊接和冷弯加工，主要用于机械零件和工具等。

表 7-1　　　　　　碳素结构钢的力学性能（GB/T 700—2006）

牌号	等级	拉伸试验												冲击试验	
		屈服点（MPa）					抗拉强度（MPa）	伸长率 δ_5（%）						V 型冲击功（纵向）（J）	
		钢材厚度（直径）（mm）						钢材厚度（直径）（mm）					温度℃		
		≤16	16~40	40~60	60~100	100~150	150~200		≤40	>40~60	>60~100	>100~150	150~200		
		≥							≥						≥
Q195	–	195	185	–	–	–	–	315~430	33	–	–	–	–	–	–
Q215	A	215	205	195	185	175	165	335~450	31	30	29	27	26	–	–
	B													20	27
Q235	A	235	225	215	215	195	185	370~500	26	25	24	22	21	–	–
	B													20	27
	C													0	
	D													-20	
Q275	A	275	265	255	245	225	215	410~540	22	21	20	18	17	–	–
	B													20	27
	C													0	
	D													-20	

表 7-2 碳素结构钢的冷弯试验指标（GB/T 700—2006）

牌号	试样方向	冷弯试验（试样宽度 $B = 2a$，180°）	
		钢材厚度（直径）a（mm）	
		≤60	60～100
		弯心直径 d	
Q195	纵 横	0 0.5a	— —
Q215	纵 横	0.5a a	1.5a 2a
Q235	纵 横	a 1.5a	2a 2.5a
Q275	纵 横	1.5a 2a	2.5a 3a

2. 低合金高强度结构钢

低合金高强度结构钢是在碳素结构钢的基础上加入总量小于 5%的合金元素形成的钢种。常用的合金元素有锰、硅、钒、钛、铌、铬、镍等，这些合金元素可使钢材的强度、塑性、耐腐蚀性、低温冲击韧性等得到显著的改善和提高。

（1）牌号

根据国家标准《低合金高强度结构钢》（GB/T 1591—2008）的规定，低合金高强度结构钢的牌号表示方法为：屈服点的字母 Q，屈服点数值（MPa），质量等级三个部分按顺序组成。低合金高强度结构钢按屈服点的数值（MPa）划分为 Q345、Q390、Q420、Q460、Q500、Q550、Q620、Q690 八个牌号；质量等级分为 A、B、C、D、E 五个等级，质量按顺序逐级提高。例如：Q345A 表示屈服点不低于 345MPa 的 A 级低合金高强度结构钢。

（2）力学性能

根据国家标准《低合金高强度结构钢》（GB/T 1591—2008）的规定，低合金高强度结构钢的力学性能应符合表 7-3 的规定。

（3）性能及应用

低合金高强度结构钢具有的特点是：强度高，综合性能好，如抗冲击性、耐腐蚀性、耐低温性好，使用寿命长；可减轻自重，节约钢材；塑性、韧性和可焊性好，有利于加工和施工。

低合金高强度结构钢主要用于轧制型钢、钢板、钢筋及钢管，在建筑工程中广泛应用于钢筋混凝土结构和钢结构，特别是重型、大跨度、高层结构和桥梁等。

3. 型钢、钢板和钢管

（1）热轧型钢和冷弯薄壁型钢

钢结构常用的热轧型钢有工字钢、槽钢、等边角钢、不等边角钢、H 型钢、T 型钢等。型钢由于截面形式合理，材料在截面上分布对受力最为有利，且构件间连接方便，因而型钢是钢结构采用的主要钢材。几种常见热轧型钢截面形状如图 7-9 所示。

表 7-3　低合金高强度结构钢的力学性能

牌号	质量等级	拉伸试验																					
		下屈服强度 ≥（MPa）以下公称厚度（直径、边长）mm									抗拉强度（直径、边长）（MPa）以下公称厚度							断后伸长率 A≥（%）公称厚度（直径、边长）（mm）					
		≤16	16~40	40~63	63~80	80~100	100~150	150~200	200~250	250~400	≤40	40~63	63~80	80~100	100~150	150~250	250~400	≤40	40~63	63~100	100~150	150~250	250~400
Q345	A	345	335	325	315	305	285	275	265	—	470~630	470~630	470~630	470~630	450~600	450~600	—	20	19	19	18	17	—
	B	345	335	325	315	305	285	275	265	—	470~630	470~630	470~630	470~630	450~600	450~600	—	20	19	19	18	17	—
	C	345	335	325	315	305	285	275	265	—	470~630	470~630	470~630	470~630	450~600	450~600	—	21	20	20	19	18	—
	D	345	335	325	315	305	285	275	265	265	470~630	470~630	470~630	470~630	450~600	450~600	450~600	21	20	20	19	18	17
	E	345	335	325	315	305	285	275	265	265	470~630	470~630	470~630	470~630	450~600	450~600	450~600	21	20	20	19	18	17
Q390	A	390	370	350	330	330	310	—	—	—	490~650	490~650	490~650	490~650	470~620	—	—	20	19	19	18	—	—
	B	390	370	350	330	330	310	—	—	—	490~650	490~650	490~650	490~650	470~620	—	—	20	19	19	18	—	—
	C	390	370	350	330	330	310	—	—	—	490~650	490~650	490~650	490~650	470~620	—	—	20	19	19	18	—	—
	D	390	370	350	330	330	310	—	—	—	490~650	490~650	490~650	490~650	470~620	—	—	20	19	19	18	—	—
	E	390	370	350	330	330	310	—	—	—	490~650	490~650	490~650	490~650	470~620	—	—	20	19	19	18	—	—
Q420	A	420	400	380	360	360	340	—	—	—	520~680	520~680	520~680	520~680	500~650	—	—	19	18	18	18	—	—
	B	420	400	380	360	360	340	—	—	—	520~680	520~680	520~680	520~680	500~650	—	—	19	18	18	18	—	—
	C	420	400	380	360	360	340	—	—	—	520~680	520~680	520~680	520~680	500~650	—	—	19	18	18	18	—	—
	D	420	400	380	360	360	340	—	—	—	520~680	520~680	520~680	520~680	500~650	—	—	19	18	18	18	—	—
	E	420	400	380	360	360	340	—	—	—	520~680	520~680	520~680	520~680	500~650	—	—	19	18	18	18	—	—
Q460	C	460	440	420	400	400	380	—	—	—	550~720	550~720	550~720	550~720	530~720	—	—	17	16	16	16	—	—
	D	460	440	420	400	400	380	—	—	—	550~720	550~720	550~720	550~720	530~720	—	—	17	16	16	16	—	—
	E	460	440	420	400	400	380	—	—	—	550~720	550~720	550~720	550~720	530~720	—	—	17	16	16	16	—	—
Q500	C	500	480	470	450	440	—	—	—	—	610~770	600~760	590~750	540~730	—	—	—	17	17	17	—	—	—
	D	500	480	470	450	440	—	—	—	—	610~770	600~760	590~750	540~730	—	—	—	17	17	17	—	—	—
	E	500	480	470	450	440	—	—	—	—	610~770	600~760	590~750	540~730	—	—	—	17	17	17	—	—	—
Q550	C	550	530	520	500	490	—	—	—	—	670~830	620~810	590~780	—	—	—	—	16	16	16	—	—	—
	D	550	530	520	500	490	—	—	—	—	670~830	620~810	590~780	—	—	—	—	16	16	16	—	—	—
	E	550	530	520	500	490	—	—	—	—	670~830	620~810	590~780	—	—	—	—	16	16	16	—	—	—
Q620	C	620	600	590	570	—	—	—	—	—	710~880	690~880	670~860	—	—	—	—	15	15	15	—	—	—
	D	620	600	590	570	—	—	—	—	—	710~880	690~880	670~860	—	—	—	—	15	15	15	—	—	—
	E	620	600	590	570	—	—	—	—	—	710~880	690~880	670~860	—	—	—	—	15	15	15	—	—	—
Q690	C	690	670	660	640	—	—	—	—	—	770~940	750~920	730~900	—	—	—	—	14	14	14	—	—	—
	D	690	670	660	640	—	—	—	—	—	770~940	750~920	730~900	—	—	—	—	14	14	14	—	—	—
	E	690	670	660	640	—	—	—	—	—	770~940	750~920	730~900	—	—	—	—	14	14	14	—	—	—

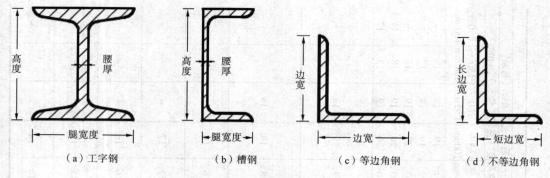

（a）工字钢　　　　（b）槽钢　　　　（c）等边角钢　　　　（d）不等边角钢

图 7-9　几种常见热轧型钢截面示意图

冷弯薄壁型钢用 2mm～6mm 的钢板经冷弯或模压而制成，有角钢、槽钢等。

开口薄壁型钢和方形、矩形等空心薄壁型钢。冷弯薄壁型钢主要用于轻型钢结构。

（2）钢板

钢板按轧制方式不同有热轧钢板和冷轧钢板两种，在建筑工程中多采用热轧钢板。钢板规格表示方法为：宽度×厚度×长度（mm）。通常将厚度 >4mm 的钢板称为厚板，厚度 ≤4mm 的钢板称为薄板。厚板主要用于结构，薄板主要用于屋面板、楼板、墙板等。在钢结构中，单块钢板不能独立工作，必须用几块板组合成工字形、箱形等结构来承受荷载。

（3）钢管

在建筑结构中钢管多用于制作桁架、桅杆等构件，也可用于制作钢管混凝土。钢管混凝土是钢管中浇筑混凝土而形成的构件，它可使构件的承载力大大提高，且具有良好的塑性和韧性，经济效果显著。钢管混凝土可用于高层建筑、塔柱、构架柱、厂房柱等。

钢管有无缝钢管和焊接钢管两大类。焊接钢管由优质或普通碳素钢钢板卷焊结而成；无缝钢管是以优质碳素钢和低合金高强度结构钢为原材料，采用热轧—冷拔联合工艺生产而成的。无缝钢管具有良好的力学性能和工艺性能，主要用于压力管道，焊缝形式有直纹焊缝和螺纹焊缝；焊接钢管成本低，易加工，但抗压性能较差，适用于各种结构、输送管道等。

7.3.2　钢筋混凝土结构用钢材

钢筋混凝土用钢材包括钢筋、钢丝和钢绞线。混凝土具有较高的抗压强度，但抗拉强度很低。若在混凝土中配置抗拉强度较高的钢筋，可大大扩展混凝土的应用范围，而混凝土又会对钢筋起保护作用。钢筋混凝土中所用的钢筋主要有热轧钢筋、冷加工钢筋、热处理钢筋、钢丝和钢绞线等。

1. 热轧钢筋

热轧钢筋是经热轧成型并自然冷却的成品钢筋，按外形可分为光圆和带肋两种。带肋钢筋的表面形状通常呈月牙形，带肋钢筋外形如图 7-10 所示。带肋钢筋表面轧有凸纹，可提高混凝土与钢筋的黏结力。

（a）月牙肋　　　　　　　　　（b）等高肋

图 7-10　带肋钢筋外形图

热轧钢筋的性能应符合《钢筋混凝土用钢第 1 部分：热轧光圆钢筋》（GB 1499.1—2008）和《钢筋混凝土用钢第 2 部分：热轧带肋钢筋》（GB 1499.2—2007）的规定，其力学性能和工艺性能如表 7-4 所示。

热轧钢筋的级别越高，强度越高，塑性韧性越差。在热轧钢筋中，HPB235 和 HPB300 钢筋为光圆钢筋，强度较低，塑性好，易于加工成型，可焊性好；热轧光圆钢筋可用作中、小型钢筋混凝土结构的主要受力钢筋，也可作为冷轧带肋钢筋的原材料，盘条还可以作为冷拔低碳钢钢丝的原材料。

普通热轧带肋钢筋的牌号用 HRB 和牌号的屈服强度特征值构成，有 HRB335、HRB400、HRB500 三个牌号。例如：HRB335 表示屈服点不小于 335MPa 的热轧带肋钢筋。HRB335 和 HRB400 强度较高，塑性、可焊性好，为钢筋混凝土结构的主要用筋。经冷拉处理后也可作为预应力筋。HRB500 级钢筋，强度高，塑性韧性有保证，但可焊性较差，主要用于工程中的预应力钢筋。

表 7-4　　　　　　　　　　　　热轧钢筋的力学性能和工艺性能

表面形状	强度等级	公称直径 d（mm）	屈服强度（MPa）	抗拉强度（MPa）	断后伸长率 A（%）	最大力伸长率（%）	弯曲实验弯心直径（弯曲角度 180℃）
			不小于				
光圆	HPB235 HPB300	6～22	235 300	370 420	25.0	10.0	d
热轧带肋钢筋	HRB335 HRBF335	6～25 28～40 40～50	335	455	17	7.5	3d 4d 5d
	HRB400 HRBF400	6～25 28～40 40～50	400	540	16		4d 5d 6d
	HRB500 HRBF500	6～25 28～40 40～50	500	630	15		6d 7d 8d

注：d 为钢筋的公称直径。

2. 冷加工钢筋

（1）冷拉钢筋

为了提高强度以节约钢筋，建筑工程中常按施工规程对钢筋进行冷拉。冷拉 HPB235 级钢筋一般用于非预应力受拉钢筋，冷拉热轧带肋钢筋强度较高，可用作预应力混凝土结构的预应力筋。由于冷拉钢筋的塑性、韧性较差，易发生脆断，因此冷拉钢筋不宜用于负温、受冲击或重复荷载作用的结构。

（2）冷轧带肋钢筋

将热轧圆盘条经冷轧和冷拔减径后在其表面带有沿长度方向均匀分布的三面或二面横肋的。与冷拔低碳钢丝相比，冷轧带肋钢筋具有强度高、塑性好、与混凝土黏结牢固、节约钢材、质量稳定等优点，广泛应用于中、小型预应力混凝土结构构件和普通钢筋混凝土结构构件中。

根据《冷轧带肋钢筋》（GB 13788—2008）的规定，冷轧带肋钢筋的牌号由 CRB 和钢筋的抗拉强度最小值构成。冷轧带肋钢筋分为 CRB550、CRB650、CRB800、CRB970 四个牌号。CRB550 为普通钢筋混凝土用钢筋，其他牌号为预应力混凝土钢筋。CRB550 钢筋的公称直径范围为 4～12mm，CRB650 及以上牌号钢筋的公称直径为 4mm、5mm、6mm。

3．预应力混凝土用热处理钢筋

热处理钢筋是由热轧带肋钢筋经淬火和回火进行调质处理后而成的钢筋。它具有高强度、韧性好和高黏结力及塑性降低小等优点，特别适用于预应力混凝土构件的配筋。但其对应力腐蚀及缺陷敏感性强，使用时应防止锈蚀及刻痕等。

4．预应力混凝土用钢丝和钢绞线

预应力混凝土用钢丝是用优质碳素结构钢制成，抗拉强度高达 1470MPa～1770MPa，按外形分为消除应力光圆钢丝、消除应力刻痕钢丝和消除应力螺旋肋钢丝三种。刻痕钢丝和螺旋肋钢丝与混凝土的黏结力好，消除应力钢丝的塑性比冷拉钢丝好。

预应力混凝土用钢绞线是以数根优质碳素钢钢丝经绞捻后消除内应力制成的。根据钢丝的股数分为三种结构类型：1×2、1×3 和 1×7。1×7 钢绞线以一根钢丝为芯，6 根钢丝围绕其周围捻制而成。钢绞线与混凝土的黏结力较好。

预应力钢丝和钢绞线具有强度高、柔韧性好、无接头、质量稳定、施工简便等优点，使用时按要求的长度切割，主要用于大跨度、大荷载的桥梁、电杆、屋架等，预应力钢丝和钢绞线在建筑工程中广泛应用。

7.4

钢材的锈蚀、防火

7.4.1　钢材的锈蚀

钢材表面与周围介质发生化学反应遭到破坏的现象称为钢材的锈蚀。钢材锈蚀的现象普遍存在，特别是当周围环境有侵蚀性介质或湿度较大时，锈蚀情况就更为严重。锈蚀不仅会使钢材有效截面面积减小，浪费钢材，而且会形成程度不等的锈坑、锈斑，造成应力集中，加速结构破坏，还会显著降低钢材的强度、塑性、韧性等力学性能。根据钢材表面与周围介质的作用原理，锈蚀可分为化学锈蚀和电化学锈蚀。

1. 化学锈蚀

化学锈蚀是指钢材表面直接与周围介质发生化学反应而产生的锈蚀。这种锈蚀多数是氧化作用，使钢材表面形成疏松的氧化物氧化亚铁。其钝化能力很弱，易破裂，有害介质可进一步进入而发生反应，造成锈蚀。在干燥环境下，化学锈蚀的速度缓慢。但在温度和湿度较高的环境条件下，化学锈蚀的速度加快。

2. 电化学锈蚀

电化学锈蚀是由于金属表面形成了原电池而产生的锈蚀。钢材本身含有铁、碳等多种成分，由于这些成分的电极电位不同，形成许多微电池。在潮湿空气中，钢材表面吸附一层极薄的水膜。在阳极区，铁被氧化成 Fe^{2+} 进入水膜，因为水中溶有氧，故在阴极区氧被还原成 OH^-，两者结合成不溶于水的氢氧化亚铁 $[Fe(OH)_2]$，并进一步氧化成疏松易剥落的红棕色的铁锈——氢氧化铁 $[Fe(OH)_3]$。钢材在大气中的锈蚀，是化学锈蚀和电化学锈蚀共同作用所致，但以电化学锈蚀为主。

锈蚀的结果是在钢材表面形成疏松的氧化物，使钢结构断面减少，从而使钢材的承载力降低，降低钢材的性能。为了防止钢材生锈，确保钢材的良好性能和延长建筑物的使用寿命，工程中必须对钢材做防锈处理。建筑工程中常用的防锈措施有以下两种。

（1）在钢材表面施加保护层

在钢材表面施加保护层，使钢材与周围介质隔离，从而防止钢材锈蚀。保护层可分为金属保护层和非金属保护层。

金属保护层是用耐腐蚀性较好的金属，以电镀或喷镀的方法覆盖在钢材表面，从而提高钢材的耐锈蚀能力。常用的金属保护层有镀锌、镀锡、镀铬、镀铜等。非金属保护层是用无机或有机物质做保护层。常用的是在钢材表面涂刷各种防锈涂料，也可采用塑料保护层、沥青保护层、搪瓷保护层等。

（2）制成耐候钢

耐候钢是在碳素钢和低合金钢中加入铬、铜、钛、镍等合金元素而制成的，如在低合金钢中加入铬可制成不锈钢。耐候钢在大气作用下，能在表面形成致密的防腐保护层，从而起到耐腐蚀作用。

对于钢筋混凝土中钢筋的防锈，可采取保证混凝土的密实度及足够的混凝土保护层厚度、限制原材料中氯的含量等措施，也可掺入防锈剂（如重铬酸盐等）。

7.4.2　钢材的防火

钢材属于不燃性材料，但这并不表明钢材能够抵抗火灾。在高温时，钢材的性能会发生很大的变化。温度在 200℃ 以内，可以认为钢材的性能基本不变；超过 300℃ 以后，屈服强度和抗拉强度开始急剧下降，应变急剧增大；到达 600℃ 时钢材开始失去承载能力。耐火试验和火灾案例表明：以失去支持能力为标准，无保护层时钢屋架和钢柱的耐火极限只有 0.25h，而裸露钢梁的耐火极限仅为 0.15h。所以，没有防火保护层的钢结构是不耐火的。对于钢结构，尤其是可能经历高温环境的钢结构，应做必要的防火处理。所谓钢结构的防火措施就是采用绝热或吸热材料，阻隔火焰和热量，推迟钢结构的升温速度。

常用的防火方法有以下几种。

1．在钢材表面涂覆防火涂料

防火涂料按受热时的变化分为膨胀型（薄型）和非膨胀型（厚型）两种。

膨胀型防火涂料的涂层厚度一般为 2mm～7mm，覆着力较强，可同时起装饰作用。由于涂料内含膨胀组分，遇火后会膨胀增厚 5 倍～10 倍，形成多孔结构，从而起到良好的隔热防火作用，构件的耐火极限可达 0.5h～1.5h。

非膨胀型防火涂料的涂层厚度一般为 8mm～50mm，呈粒状面，强度较低，喷涂后需再用装饰面层保护，耐火极限可达 0.5h～3.0h。为了保证防火涂料牢固包裹钢构件，可在涂层内埋设钢丝网，并使钢丝网与构件表面的净距离保持在 6mm 左右。防火涂料一般采用分层喷涂工艺制作涂层，局部修补时，可采用手工涂抹或刮涂。

2．用不燃性板材、混凝土等包裹钢构件

常用的不燃性板材有石膏板、岩棉板、珍珠岩板、矿棉板等，可通过黏结剂或钢钉、钢箍等固定在钢构件上。

3．浇筑混凝土砌筑砖块法

用混凝土作外包层时，可以在钢结构上现浇成型，也可采用喷射工艺，这种方法保护层强度高、耐冲击、占用空间较大，适用于容易碰撞、无保护面板的钢柱防火保护。

4．冲水法

在空心钢构件内充水，它能使钢结构在火灾时保持较低的温度。水在结构构件内循环，受热的水可经冷却再循环，或由水管引入凉水来取代加热过的水。这种方法在国外被广泛地使用在钢柱的防护中。这种方法造价低，对空心钢构件的防渗漏、防腐蚀要求高，只适用于空心钢构件的保护。

7.5

建筑钢材的性能检测

7.5.1　采用的标准

《金属材料　拉伸试验　第 1 部分：室温试验方法》（GB/T 228.1—2010）

《金属材料弯曲试验方法》（GB/T 232—2010）

《钢筋混凝土用钢带肋钢筋》（GB 14499.2—2007）

《钢筋混凝土用钢第 1 部分:热轧光圆钢筋》（GB 1499.1—2008）

《低碳钢热轧圆盘条》（GB/T 701—2008）

7.5.2　建筑钢材取样

1．热轧钢筋

（1）检验批确定：以同一牌号、同一炉罐号、同一规格、同一交货状态，不超过60吨为一批。

（2）取样方法

拉伸检验：任选两根钢筋切取。两个试样，试样长500mm。

冷弯检验：任选两根钢筋切取两个试样，试长度按下式计算：

$$L=1.55(a+d)+140mm$$

式中：L——试样长度，mm；

　　　a——钢筋公称直径，mm；

　　　d——弯曲试验的弯心直径。

按表7-5选取钢筋强度等级（牌号）。

表7-5　　　　　　　　　　　钢筋强度等级的确定

强度等级	HPB235	HRB335	HRB400	HRB500
直径（mm）	8～20	12～25	12～25	12～25
弯心直径（mm）	a	$3a$	$5a$	$6a$

在切取试样时，应将钢筋端头的500mm去掉后再切取。

2．低碳钢热轧圆盘条

（1）检测批确定：同一牌号、同一炉罐号、同一品种、同一尺寸、同一交货状态，不超过60吨为一批。

（2）取样方法

拉伸检验：任选一盘，从该盘的任一端切取一个试样，试样长500mm。

弯曲检验：任选两盘，从每盘的任一端各切取一个试样，试样长200mm。

在切取试样时，应将端头的500mm去掉后再切取。

3．冷拔低碳钢丝

（1）检测批确定：甲级钢丝逐盘检验。乙级钢丝以同直径5吨为一批任选三盘检验。

（2）取样方法

从每盘上任一端截去不少于500mm后，再取两个试样一个拉伸，一个反复弯曲，拉伸试样长500mm，反复弯曲试样长200mm。

4．冷轧带肋钢筋

（1）冷轧带肋钢筋的力学性能和工艺性能应逐盘检验，从每盘任一端截去500mm以后，取两个试样，拉伸试样长500mm，冷弯试样长200mm。

（2）对成捆供应的550级冷轧带肋钢筋应逐捆检验。从每捆中同一根钢筋上截取两个试样，其中，拉伸试样长500mm，冷弯试样长250mm。如果，检验结果有一项达不到标准规定。应从该捆钢筋中取双倍试样进行复验。

7.5.3　建筑钢材拉伸试验

1. 试验目的

测定低碳钢的屈服强度、抗拉强度、伸长率三个指标，作为评定钢筋强度等级的主要技术依据。掌握《金属材料　拉伸试验　第 1 部分：室温试验方法》（GB/T 228.1—2010）。

2. 主要仪器设备

万能材料试验机、钢板尺、游标卡尺、千分尺。

3. 试验步骤

（1）记录试样原始长度。试样原始标距 L_0 不小于 15mm，试样原始的标记应准确到±1%。

（2）调零点。在试验加载链装配完成后，试样两端被夹持之前，应设定力测量系统的零点。

（3）使用楔形夹头、螺纹夹头、平推夹头、套环夹具等合适的夹具夹持试样，确保夹持的试样受轴向拉力的作用，尽量减少弯曲。

（4）预加拉力。为了得到直的试样和确保试样与夹头对中，可以施加不超过规定强度或预期屈服强度的 5%相应的预拉力。

（5）试样原始横截面的测定。圆形试样截面直径应在标距的两端及两个相互垂直的方向上各测 1 次，取其算术平均值，选用三处测得横截面积中最小值，横截面积按下式计算：

$$S_0 = 1/4 \, \pi D^2$$

式中：　S_0——试样横截面积，mm^2；

　　　　D——试样横截面积直径，mm。

试样原始横截面积测定的方法准确度应符合《金属材料　拉伸试验　第 1 部分：室温试验方法》（GB/T 228.1—2010）规定的要求。

4. 试验要求

（1）在试验加载链装配完成后，试样两端被夹持之前，应设定力测量系统的零点。

（2）应使用例如楔形夹头、螺纹夹头、平推夹头、套环夹具等合适的家具夹持试样。应尽最大努力确保夹持的试样受轴向拉力的作用，尽量减少弯曲。

（3）为了得到直的试样和确保试样与夹头对中，可以施加不超过规定强度或预期屈服强度的 5%相应的预拉力。

5. 结果计算与数据处理

（1）屈服强度

屈服强度分为上屈服强度（R_{eH}）和下屈服强度（R_{eL}）。

上屈服强度 R_{eH} 可以从力—延伸曲线图或峰值力显示器上测得：定义为试样发生屈服而力首次下降前的最大力值对应的应力。下屈服强度 R_{eL} 可以从力—延伸曲线图测定，定义为在屈服期间，不计初始瞬时效应时屈服阶段中的最小力值对应的应力。

（2）抗拉强度按下式计算：

$$\sigma_b = \frac{P_b}{A_0} \qquad (7\text{-}3)$$

式中：σ_b——屈服强度，MPa；

$\quad\quad P_b$——最大荷载，N；

$\quad\quad A_0$——试件原横截面面积，mm^2。

（3）伸长率按下式计算（精确至1%）原始标距的伸长与原始标距 L_0 之比的百分率。

$$\delta_{10}\delta_5 = \frac{L_1 - L_0}{L_0} \times 100\% \qquad (7\text{-}4)$$

式中：$\delta_{10}(\delta_5)$——分别表示 $L_0=10d_0$ 和 $L_0=5d_0$ 时的伸长率；

$\quad\quad L_0$——原始标距长度，mm；

$\quad\quad L_1$——试件拉断后直接量出或按移位法确定的标距部分长度，mm（测量精确至0.1mm）。

7.5.4　建筑钢材冷弯试验

1．试验目的

通过检验钢筋的工艺性能评定钢筋的质量。掌握《金属材料弯曲实验方法》（GB/T 232—2010）钢筋弯曲（冷弯）性能的测试方法和钢筋质量的评定方法，正确使用仪器设备。

2．主要仪器设备

（1）压力机或万能试验机；

（2）配有两个支辊和一个弯曲压头的支辊式弯曲装置，如图7-10所示。

3．试件制备

（1）试件的弯曲外表面不得有划痕。

（2）试样加工时，应去除剪切或火焰切割等形成的影响区域。

（3）弯曲试件长度根据试件直径和弯曲试验装置而定，通常按下式确定试件长度：

$$L = (5a + 150a) \qquad (7\text{-}5)$$

（4）两支辊间的距离为：

$$l = (D + 3a) \pm 0.5a \qquad (7\text{-}6)$$

式中：D——弯心直径，mm；

$\quad\quad a$——钢筋公称直径，mm。

4．试验步骤

（1）冷弯试验的试验温度必须符合有关标准规定。整个测试过程应在10℃～35℃或控制条件23℃±5℃下进行。

（2）按照相关产品标准规定，采用下列方法之一完成试验：

① 试样在给定的条件和力作用下弯曲至规定的弯曲角度（见图 7-11）；

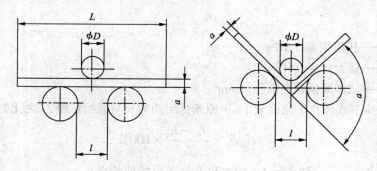

图 7-11　支辊弯曲装置

② 试样在力作用下弯曲至两臂相距规定距离且相互平行（见图 7-12）；

③ 试样在力作用下弯曲至两臂直接接触（见图 7-13）。

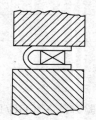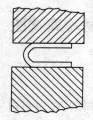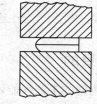

图 7-12　弯曲至两臂平行　　　　　　　　　　　图 7-13　弯曲至两臂重合

5. 试验结果评定

应按照相关产品标准的要求评定弯曲试验结果。如未规定具体要求，弯曲试验后不使用放大仪器观察，试样弯曲外表面无可见裂纹应评定为合格。

习　题

一、填空题

1. 钢的分类方法很多，按化学成分分为_____和_____。

2. 钢材的主要力学性能有_____、_____、_____、_____等。

3. 低碳钢拉伸过程经历了四个阶段，即_____、_____、_____和_____。

4. 冷弯性能是指钢材在常温下承受_____的能力。

5. Q345A 表示_____；HRB335 表示_____。

6. 钢材的工艺性能包括_____和_____。

二、单选题

1. 钢材抵抗冲击荷载的能力称为（　　）。

A. 塑性 　　　　　B. 冲击韧性 　　　　C. 弹性 　　　　　D. 硬度

2. 钢的含碳量为（　　）。

A. 小于 2.06% 　　B. 大于 3.0% 　　　C. 大于 2.06% 　　D. <1.26%

3. 伸长率是衡量钢材的（　　）指标。

A. 弹性 　　　　　B. 塑性 　　　　　　C. 脆性 　　　　　D. 耐磨性

4. 普通碳素结构钢随钢号的增加，钢材的（　　）。

A. 强度增加、塑性增加 　　　　　　B. 强度降低、塑性增加

C. 强度降低、塑性降低 　　　　　　D. 强度增加、塑性降低

5. 在低碳钢的应力应变图中，有线性关系的是（　　）阶段。

A. 弹性阶段 　　　B. 屈服阶段 　　　　C. 强化阶段 　　　D. 颈缩阶段

6. 以下（　　）元素对钢材性能的影响有利。

A. 适量 S 　　　　B. 适量 O 　　　　　C. 适量 Mn 　　　　D. 适量 P

7. 钢材中（　　）的含量过高，将导致其冷脆现象发生。

A. S 　　　　　　B. O 　　　　　　　C. Mn 　　　　　　D. P

8. 钢材牌号的质量等级中，表示钢材质量最好的等级是（　　）。

A. A 　　　　　　B. B 　　　　　　　C. C 　　　　　　　D. D

三、名词解释

冲击韧性；冷弯性能；硬度；耐疲劳性

四、简答题

1. 为何说屈服点 σ_s、抗拉强度 σ_b 和伸长率 δ 是建筑用钢材的重要技术性能指标？

2. 钢材的冷加工强化有何作用意义？

3. 工地上为何常对强度偏低而塑性偏大的低碳盘条钢筋进行冷拉？

五、计算题

一钢材试件，直径为 25mm，原标距为 125mm，做拉伸试验，当屈服点荷载为 201.0kN，达到最大荷载为 250.3kN，拉断后测的标距长为 138mm，求该钢筋的屈服点、抗拉强度及拉断后的伸长率。

第**8**章

防水材料的性能与检测

　　防水材料是保证房屋建筑防止雨水、地下水和其他水分渗透的材料。它是建筑工程中不可缺少的重要建筑材料之一，同时在水利、公路、桥梁等工程中也广泛应用。

【学习目标】

1. 掌握石油沥青的主要技术性质、质量标准、试验方法及应用；
2. 了解沥青防水材料、高聚物改性沥青防水卷材、合成高分子防水卷材性质和应用；
3. 了解沥青防水涂料、高聚物改性沥青防水涂料、合成高分子防水涂料及常用密封材料的性质和应用。

8.1

沥青

　　沥青是一种有机胶凝材料，是有机化合物的复杂混合物。沥青溶于二硫化碳、四氯化碳、苯及其他有机溶剂，在常温下呈固体、半固体或液体形态，颜色呈灰亮褐色以及黑色。沥青具有良好的黏结性、塑性、不透水性及耐化学侵蚀性，并能抵抗大气的风化作用。在建筑工程上主要用于屋面及地下室防水、车间耐腐蚀地面及道路路面等。此外，还可用来制造防水卷材、防水涂料、油膏、胶结剂及防腐涂料等。一般用于建筑工程的主要是石油沥青及少量的煤沥青。

8.1.1　石油沥青的组成与结构

　　石油沥青是由多种碳氢化合物及其非金属（氧、硫和氮）衍生物组成的混合物。它的组分主要有碳（80%～87%），氢（10%～15%），其余是非烃元素，如氧、硫、氮等（≤3%）。此外尚有一些微量的金属元素，如镍、钡、铁、锰、钙、镁和钠等。石油沥青化学组成十分复杂，对其进行化学成分分析十分困难，同时化学组成还不能反映沥青物理性质的差异。因此从工程使用角度，将沥青中化学成分和物理性质相近，并且具有某些共同特征的部分，划分为若干组，这些组即称为组分。油分、树脂和地沥青质是石油沥青的三大组分，其中油分和树脂可以互相溶解，树脂能浸润地沥青质，并在地沥青质的超细颗粒表面形成树脂薄膜。所以石油沥青的结构是以地沥青质为核心，周围吸附部分树脂和油分的互溶物而构成胶团，无数胶团分散在油分中而形成胶体结构。根据沥青中各组分的相对比例不同，胶体结构可分为溶胶型、凝胶型和溶凝胶型三种类型。

8.1.2　石油沥青的技术性质

沥青的主要技术性质有密度、黏滞性、塑性、温度稳定性、大气稳定性，另外它的闪点和燃点以及溶解度、防水性等对它的应用都有影响。

1．密度

沥青密度是指在规定温度条件下单位体积的质量，单位为 kg/m^3 或 g/cm^3。《公路工程沥青及沥青混合料试验规程》（JTG E20—2011）规定的温度为 15℃。也可用相对密度表示。相对密度是指在规定温度（25℃）下沥青质量与同体积水质量之比。

沥青的密度与其化学组成有密切的关系，它取决于沥青各组分的比例及排列的紧密程度。通常黏稠沥青的密度在 $0.96\ g/cm^3 \sim 1.04g/cm^3$ 范围波动。

2．黏滞性

黏滞性（简称黏性），是指沥青在外力作用下抵抗变形的能力。沥青在工程使用中可能受到各种力的作用，如重力、温度应力、车轮荷载等。如在沥青路面中，沥青作为黏结材料将矿料黏结起来，形成强度，沥青的黏滞性决定了路面的力学行为。为防止路面夏天出现车辙，冬天出现开裂，沥青的黏性选择是首要考虑的参数。

石油沥青的黏性大小与组分及温度有关。地沥青质含量高，同时有适量的树脂，而油分含量较少时，则黏性较大。在一定温度范围内，当温度上升时，则黏性随之降低，反之，则随之增大。

绝对黏度的测定方法因材而异，且较为复杂，工程上常用相对黏度（条件黏度）表示。测定石油沥青相对黏度的方法是针入度测定法。沥青的针入度是指：在规定条件下（一定荷载、时间及温度），标准针垂直穿入沥青试样中的深度，以 1/10mm 表示。针入度值越小说明石油沥青的黏度越大。

3．塑性

塑性是指沥青在外力作用下，产生变形而不被破坏的能力。沥青之所以能被制造成性能良好的柔性防水材料，很大程度上取决于它的塑性。沥青塑性的大小与它的组成、温度及拉伸速度等因素有关。树脂含量较多，塑性较大；温度升高，塑性增大；拉伸速度越快，塑性越大。

沥青的塑性用延伸度来表示。延伸度是指将沥青标准试件在规定温度（25℃）下，在沥青延伸仪以规定速度（5cm/min）的条件下拉伸，当试件被拉断时的伸长值为沥青的延伸度，单位为 cm。沥青的延伸度越大，沥青的塑性越好。

4. 温度稳定性

温度敏感性是指石油沥青的黏滞性和塑性随温度而变化的性能。随温度的升高，沥青的黏滞性降低，塑性增加，这样变化的程度越大，则表示沥青的温度敏感性越大。温度敏感性大的沥青，低温时全变成脆硬固体，易破碎；高温时则会变为液体而流淌，因此温度敏感件是沥青的重要质量指标之一，常用软化点表示。《沥青软化点测定法 环球法》（GB/T 4507—2014）中规定软化点的方法是：置于肩或锥状黄铜环中两块水平沥青圆片，在加热介质中以一定速度加热，每块沥青上置有一只钢球。所报告的软化点为当试样软化到使两个放在沥青上的钢球下落25mm 距离时温度的平均值。

5. 大气稳定性

大气稳定件是指沥青长期在阳光、空气、温度等的综合作用下，性能稳定的程度。沥青在大气因素的长期综合作用下，逐渐失去黏滞性、塑性而变硬变脆的现象称为沥青的老化。大气稳定性可以用沥青的蒸发损失量及针入度变化来表示，即试样在160℃温度下加热5h 后的质量损失百分率和蒸发前后的针入度比。蒸发损失率越小，针入度比越大，则表示沥青的大气稳定性越好。

6. 闪点和燃点

闪点是指沥青达到软化点后再继续加热，则会发生热分解而产生挥发性的气体，当与空气混合，在一定条件下与火焰接触，初次产生蓝色闪光时的沥青温度。

燃点又称着火点。当沥青温度达到闪点，温度如再上升，与火接触而产生的火焰能持续燃烧5 s 以上时，这个开始燃烧的温度即为燃点。

各种沥青的最高加热温度都必须低于其闪点和燃点。施工现场在熬制沥青时，应特别注意加热温度。当超过最高加热温度时，由于油分的挥发，可能发生沥青锅起火、爆炸等事故。

7. 溶解度

沥青的溶解度是指沥青在溶剂中（苯或二硫化碳）溶解的百分率。沥青溶解度是用来确定沥青中有害杂质含量的多少。

沥青中有害杂质含量高，主要会降低沥青的黏滞性。一般石油沥青溶解度高达98%以上，而天然沥青因含不溶性矿物质，溶解度低。

8. 防水性

石油沥青是憎水性材料，具有良好的防水性，广泛用作土木工程防潮、防水材料。

8.1.3　石油沥青的选用

沥青的针入度、软化点和延伸度是沥青的主要技术指标。

沥青的牌号划分主要是依据针入度的大小。道路石油沥青一般有以下几个牌号：200 号、180 号、140 号、100 号、60 号，其主要性能指标满足表 8-1 的技术要求。建筑石油沥青牌号有

10 号、30 号和 40 号，其主要性能指标满足表 8-2 的技术要求。

表 8-1   道路石油沥青的技术要求

项　　目	质量指标				
	200 号	180 号	140 号	100 号	60 号
针入度（25℃,100g，5s）（1/10 mm）	200～300	150～200	110～150	80～110	50～80
延度（25℃）（cm）不小于	20	100	100	90	70
软化点（℃）	95			75	60
溶解度（%）不小于	99.0				
闪点（开口杯法）（℃）不低于	180		200	230	
密度（25℃）（g/cm³）	报告				
蜡含量（%）不大于	4.5				
薄膜烘箱试验质量变化（163℃,5h）（%）不大于	1.3	1.3	1.3	1.2	1.0
针入度比（%）不小于	报告				

注：如果 25℃延度达不到，15℃延度达到时，也认为是合格的，指标要求与 25℃延度要求一致。

表 8-2   建筑石油沥青的技术要求

项　目	质量指标		
	10 号	30 号	40 号
针入度（25℃，100g，5s）（1/10 mm）	10～25	26～35	36～50
针入度（46℃，100g，5s）（1/10 mm）	报告	报告	报告
针入度（0℃，200g，5s）（1/10 mm）不小于	3	6	6
延度（25℃，5 cm/min）（cm）不小于	1.5	2.5	3.5
软化点（环球法）（℃）不低于	95	75	60
溶解度（三氯乙烯）（%）不小于	99.0		
蒸发后质量变化（163℃,5h）（%）不大于	1		
蒸发后 25℃针入度比（%）不小于	65		
闪点（开口杯法）（℃）不低于	260		

注：测定蒸发损失后样品的 25℃针入度与原 25℃针入度之比乘以 100 后所得的百分比称为蒸发后针入度比。

石油沥青牌号越大，针入度越大（黏性越小），延伸度越大（塑性越大），软化点越低（温度敏感性越大）。因此在选用石油沥青时，在满足使用要求的前提下应尽量选用较大牌号的沥青，可以保证较长的使用年限。建筑沥青多用于屋面和地下防水工程以及作为建筑防腐材料。道路沥青多用于拌制沥青砂浆和沥青混凝土，用于道路路面及厂房地面等。普通石油沥青含蜡量高，性能较差，在建筑中一般不单独使用，可与其他沥青掺配使用。

8.1.4　沥青的改性

建筑上使用的沥青要求具有一定的物理性质和黏附性，即低温下有弹性和塑性；高温下有足够的强度和稳定性；加工和使用条件下有抗"老化"能力；与各种矿料和结构表面有较强的黏附力；具有对构件变形的适应性和耐疲劳性。通常石油加工厂制备的沥青不能满足这些要求，因此需要对沥青进行氧化、乳化、催化，或者掺入橡胶、树脂及矿物等物质，使得沥青的性质发生不同程度的改善，由此得到的产品称为改性沥青。

1. 橡胶改性

橡胶改性沥青是指掺入橡胶（天然橡胶、丁基橡胶、氯丁橡胶和再生橡胶）的沥青，使得沥青具有一定橡胶特性，改善其气密性，低温柔性、耐化学腐蚀性、耐光性、耐气候性、耐燃烧性、可制作卷材、片材、密封材料或涂料。

2. 树脂改性

树脂改性沥青是指用树脂进行改性的沥青，它可以提高沥青的强度、塑性、耐寒性、耐热性、黏结性和抗老化性，常用树脂有聚乙烯树脂、聚丙烯树脂、环氧树脂改性沥青、酚醛树脂等。

3. 橡胶和树脂改性

橡胶和树脂改性沥青是在沥青中同时加入橡胶和树脂，可以使沥青同时具备橡胶和树脂的特性，性能更加优良。主要用于制作片材、卷材、密封材料和防水涂料。

4. 矿物填充改性

矿物质填充改性沥青是指为了提高沥青的黏结能力和耐热性，降低沥青的温度敏感性，扩大沥青的使用温度范围，加入一定数量矿物填充料（滑石粉、石灰粉、云母粉和硅藻土）的沥青。

8.2 防水卷材

防水卷材是由厚纸或纤维织物为胎基，经浸涂沥青或其他合成高分子防水材料而成的成卷防水材料，防水卷材产品应具有良好的延伸性、耐高温性以及较高的抗拉强度、抗撕裂能力。主要是用于建筑墙体、屋面、以及隧道、公路、垃圾填埋场等处，起到抵御外界雨水、地下水渗漏的一种可卷曲成卷状的柔性建材产品，作为工程基础与建筑物之间无渗漏连接，是整个工程防水的第一道屏障，对整个工程起着至关重要的作用。产品主要有沥青防水卷材和合成高分子防水卷材。

8.2.1 沥青防水卷材

沥青防水卷材是在原纸或者纤维织物等上浸涂沥青后，在表面撒布粉状或片状隔离材料制成的一种防水材料。沥青防水卷材有石油沥青纸胎油毡和油纸、石油沥青玻璃纤维（或玻璃布）胎油毡、铝箔面油毡、改性沥青聚乙烯胎防水卷材及沥青复合胎防水卷材等品种。其中纸胎油毡是限制使用和即将淘汰的产品。

1. 石油沥青纸胎防水卷材

纸胎油毡是采用低软化点石油沥青浸渍原纸，用高软化点涂盖油纸的两面，再撒以隔离材料而制成的一种纸胎油毡。

《石油沥青纸胎油毡》（GB 326—2007）规定：幅宽为 1000mm，其他规格可由供需双方规定；每卷油毡的总面积为 20m²±0.3m²。按油毡卷重和物理性能分为Ⅰ型、Ⅱ型和Ⅲ型；其中Ⅰ型、Ⅱ型油毡适用于辅助防水、保护隔离层、临时性建筑防水、防潮及包装等，Ⅲ型油毡适用于屋面工程的多层防水。

纸胎基油毡防水卷材存在一定缺点，如抗拉强度及塑性较低，吸水率较大，不透水性较差，并且原纸由植物纤维制成，易腐烂、耐久性较差。此外原纸的原料来源也较困难。目前已经大量用玻璃布及玻纤毡为胎基生产沥青卷材。

2. 石油沥青玻璃纤维胎防水卷材

石油沥青玻璃纤维胎防水卷材是以玻纤毡为胎基，浸涂石油沥青，两面覆以隔离材料制成的防水卷材。

石油沥青玻璃纤维胎防水卷材产品按单位面积质量分为 15 号、25 号；按上表面材料分为 PE 膜、砂面，也可按生产厂商要求采用其他类型的上表面材料。按力学性能分为Ⅰ型、Ⅱ型。其规格公称宽度为 1m，公称面积为 10m²、20m²。标记方法为产品名称、型号、单位面积质量、上表面材料、面积采用标准编号等。如面积 20m²、砂面、25 号Ⅰ型石油沥青玻纤胎防水卷材标记为：沥青玻纤胎卷材Ⅰ 25 号砂面 20m²—GB/T 14686—2008。

3. 沥青混合胎柔性防水材料

沥青复合胎柔性防水卷材是以涤棉无纺布—玻纤网格复合毡为胎基，浸涂胶粉改性沥青，以细砂、聚乙烯膜、矿物粒（片）料等为覆面材料制成的用于一般建筑防水工程的防水卷材。按物理性能分为Ⅰ型、Ⅱ型。按上表面材料分为：聚乙烯膜（PE）、细砂（S）、矿物粒（片）料（M）。其中，细砂粒径为不超过 0.6mm 的矿物颗粒。规格尺寸有 10m²、7.5m²；幅宽 1000m；厚度 3mm、4mm。其性能指标应符合《沥青复合胎柔性防水卷材》（JC/T 690—2008）中的规定。

4. 铝箔面油毡

铝箔面油毡是用玻璃纤维毡为胎基、浸涂氧化沥青，表面用压纹铝箔贴面，底面撒以细颗粒矿物料或覆盖以聚乙烯（PE）膜制成的防水卷材。具有美观效果及能反射热量和紫外线的功能，能降低屋面及室内温度，阻隔蒸汽的渗透。30 号铝箔面油毡适用于多层防水工程的面层，40 号铝箔面油毡适用于单层或多层防水工程的面层。

8.2.2　高聚物改性沥青防水卷材

高聚物改性沥青防水卷材是以合成高分子聚合改性沥青为涂盖层，纤维织物或纤维毡为基胎、粉状、粒状、片状或薄膜材料为防粘隔离层制成的防水卷材，具有高温不流淌，低温不脆裂，拉伸强度高，延伸率较大等优异性能，是重点发展的一类中档产品。

1. 弹性体改性沥青防水卷材

弹性体改性沥青防水卷材是以聚酯毡、玻纤毡、玻纤增强聚酯毡为胎基，以苯乙烯—丁二烯—苯乙烯（SBS）、热塑性弹性体做石油沥青改性剂，两面覆以隔离材料所制成的防水卷材。

弹性体改性沥青防水卷材按胎基分为聚酯毡（PY）、玻纤毡（G）、玻纤增强聚酯毡（PYG）。按上表面隔离材料分为聚乙烯膜（PE）、细砂（S）、矿物粒料（M）。其中，细砂为粒径不超过0.60mm的矿物粒料。按材料性能分为Ⅰ型和Ⅱ型。

其规格为卷材公称宽度1000mm；聚酯毡卷材公称厚度为3mm、4mm、5mm；玻纤毡卷材公称厚度为3mm、4mm；玻纤增强聚酯毡卷材公称厚度为5mm；每卷卷材公称面积为7.5m²、10m²、15m²。

2. 塑性体改性沥青防水卷材

塑性体改性沥青防水卷材是以聚酯毡、玻纤维及玻纤维增强聚酯毡为胎基，以无规聚丙烯（APP）或聚烯烃类聚合物（APAO、APO等）作石油沥青改性剂，两面覆以隔离材料所制成的防水卷材。塑性体改性沥青防水卷材按胎基分为聚酯毡（PY）、玻纤毡（G）及玻纤增强聚酯毡（PYG）。按上表面隔离材料分为聚乙烯膜（PE）、细砂（S）及矿物粒料（M）。下表面隔离材料为细砂（S）及聚乙烯膜（PE）。其中，细砂为粒径不超过0.60mm的矿物粒料。按材料性能分为Ⅰ型和Ⅱ型。

3. 胶粉改性沥青聚酯毡与玻纤网格布增强防水卷材

胶粉改性沥青聚酯毡与玻纤网格布增强防水卷材是以聚酯毡—玻纤网格布复合毡（PYK）为胎基，浸涂胶粉等聚合物改性沥青，以细砂、聚乙烯膜及矿物粒（片）料等为覆面材料制成的防水卷材。胶粉改性沥青聚酯毡与玻纤网格布增强防水卷材按物理性能分为Ⅰ型、Ⅱ型。按上表面材料分为：聚乙烯膜（PE）、细砂（S）、矿物粒（片）料（M），其中细砂为粒径不超过0.6mm的矿物颗粒。

4. 改性沥青聚乙烯胎防水卷材

改性沥青聚乙烯胎防水卷材是以改性沥青为基料，以高密度聚乙烯膜为胎体，以聚乙烯膜或铝箔为上表面覆盖材料，经滚压、水冷及成型制成的防水卷材。按基料分为改性氧化沥青防水卷材、丁苯橡胶改性氧化沥青防水卷材及高聚物改性沥青防水卷材3类。按上表面覆盖材料分为聚乙烯膜和铝箔两个品种。按物理力学性能分为Ⅰ型和Ⅱ型。卷材按不同基料，不同上表面覆盖材料分为5个品种。厚度为3mm、4mm，幅宽为1100mm，每卷面积为11 m²。改性沥青聚乙烯胎防水卷材适用于工业与民用建筑的防水工程。上表面覆盖聚乙烯膜的卷材适用于非外露防水工程；上表面覆盖铝箔的卷材适用于外露防水工程。

8.2.3 合成高分子防水卷材

高分子防水卷材是以合成橡胶、合成树脂或两者的共混体为基料，加入适量的助剂和填充料等，经过特定工序制成的。合成高分子防水卷材具有拉伸强度高、断裂伸长率大、抗撕裂强度高、耐热性能好、低温柔性好、耐腐蚀、耐老化以及可以冷施工等一系列优异性能，是我国大力发展的新型高档防水卷材。

1. 聚氯乙烯（PVC）防水卷材

（1）组成

聚氯乙烯防水卷材以聚氯乙烯树脂为主原料，加入增塑剂、稳定剂、耐老化剂、填料，经捏合、混炼、（造粒）、压延（或挤出）、检验、卷取、包装等工序制成。

（2）特点

① 防水效果好，抗拉强度高。聚氯乙烯防水卷材的抗拉强度是氯化聚乙烯防水卷材拉伸强度的两倍，抗裂性能高，防水、抗渗效果好。

② 使用寿命长。根据抗老化试验测定其使用寿命长达 20 年。

③ 断裂伸长率高。断裂伸长率是纸胎油毡的 300 倍以上，对基层伸缩和开裂变形的适应性较强。

④ 高低温性能良好。聚氯乙烯防水卷材的使用温度范围在–40℃～90℃之间。

⑤ 施工方便、不污染环境。聚氯乙烯防水卷材一般采用空铺施工，卷材与卷材的搭接用热风焊进行熔接，常温下施工，操作简便，不污染环境。

2. 三元乙丙橡胶（EPDM）防水卷材

（1）组成

三元乙丙橡胶卷材是以三元乙丙橡胶与丁基橡胶为基本原料，添加软化剂、填充补强剂、促进剂以及硫化剂等，经混炼、过滤、精炼、挤出（或压延）成型，并经硫化等工序制成的片状防水材料。

（2）特点

① 三元乙丙橡胶和丁基橡胶在各种橡胶材料中耐老化性能最优，日光、紫外线对其物理力学性能及外观几乎没有影响。三元乙丙橡胶防水卷材经过几年的风化，物性保持率非常稳定。

② 由于没有双键，三元乙丙橡胶表现出非常良好的耐臭氧性，几乎不发生龟裂。与丁基橡胶共混后，可以进一步增加其耐臭氧性。

③ 三元乙丙橡胶和丁基橡胶表现出比其他橡胶更优越的热稳定性，能在高温下长时间使用。耐低温性也优越，适用温度范围广。此外 EPDM 防水卷材耐蒸汽性良好，在 200℃左右，其物理性能也几乎不变。

④ 三元乙丙橡胶的溶解度参数值为 7.9 左右，有比较强的耐溶剂性和耐酸碱性。因此，三元乙丙橡胶防水卷材可以广泛地用于防腐领域。另外，三元乙丙橡胶密度小，作为防水卷材可以减轻屋顶结构的负荷。

3. 氯化聚乙烯（CPE）防水卷材

（1）组成

以含氯量为 30%～40%的氯化聚乙烯树脂（热塑性弹性体）为主要原料，掺入适量的稳定剂、颜料等化学助剂（无硫化剂）和一定量的填充材料，采用塑料的加工工艺，经过捏合、塑炼、压延、卷曲、检验、分卷、包装等工序加工制成的弹塑性防水卷材。

（2）特点

① 耐老化性能强、使用寿命长。氯化聚乙烯分子结构呈饱和状态，使其具有良好的耐候性、耐臭氧和耐油、耐化学腐蚀及阻燃性能。

② 耐老化性能强、使用寿命长。氯化聚乙烯分子结构呈饱和状态，使其具有良好的耐候性、耐臭氧和耐油、耐化学腐蚀及阻燃性能。

③ 具有热塑性弹性体特性。塑料型氯化聚乙烯防水卷材既具有合成树脂的热塑性，还具有橡胶状弹性体特性。

④ 热风焊施工、不污染环境。塑料型氯化聚乙烯防水卷材具有热塑性特性，所以可用热风焊接施工，黏结力强不污染环境。

4．氯化聚乙烯橡胶共混防水卷材

（1）组成

氯化聚乙烯橡胶共混防水卷材是以含氯 30%～40%的氯化聚乙烯树脂和合成橡胶为主体，加入适量的硫化剂、促进剂、稳定剂和填充剂等材料，采用常规的塑料加工方法制成的弹性防水材料。

（2）特点

拉伸强度高，抗撕裂性能好，延伸率大，耐低温性能优良，不污染环境等特性，而且造价低，使用寿命长。

5．热塑性聚烯烃（TPO）防水卷材

（1）组成

热塑性聚烯烃防水卷材的主要原料包括聚烯烃、软化剂和多种添加剂，通过特殊的聚合工艺加工而成，是一种新型防水卷材。通常由橡胶组分作为软化剂，一般选用三元乙丙橡胶、丁腈橡胶和丁基橡胶；聚烯烃组分主要为聚丙烯（PP）和聚乙烯（PE）。目前用得较多的是聚丙烯与三元乙丙橡胶。

（2）特点

① 具有优异的耐候性、耐臭氧、耐紫外线及良好的耐高温和耐冲击性能。

② 可用普通热塑性塑料加工设备进行成型加工，具有加工简便、成本低、可连续生产及边角余料可回收利用等优点，广泛应用于各种防水领域。

③ 与三元乙丙橡胶防水卷材相比，热塑性聚烯烃防水卷材的防穿刺性更好，泛水可以焊接，接缝的耐久性和强度更好，可提供持久的白色或浅色。

④ 在热塑性聚烯烃的配方中没有添加增塑剂，使得热塑性聚烯烃柔性保持率高，这是热塑性聚烯烃的另一个固有优势。

8.3
防水涂料

8.3.1　沥青防水涂料

这类涂料的主要成膜物质是沥青，包括溶剂型和水乳型两种，主要品种有冷底子油、沥青胶及水性沥青基防水涂料。

1. 冷底子油

冷底子油是将建筑石油沥青加入汽油、柴油或将煤沥青加入苯，融合而成的沥青溶液。一般不单独作为防水材料使用，作为打底材料与沥青胶配合使用，增加沥青胶与基层的黏结力。常用配合比为 a. 石油沥青:汽油=30:70，b. 石油沥青:煤油或柴油=40:60，一般现用现配，用密闭容器贮存，以防溶剂挥发。

2. 沥青胶（玛树脂）

沥青胶是为了提高沥青的耐热性，降低沥青层的低温脆性，在沥青材料中加入填料进行改性而制成的液体。粉状填料有石灰石粉、白云石粉、滑石粉和膨润土等，纤维状填料有木质纤维和石棉屑等。

3. 水乳型沥青防水涂料

水乳型沥青防水涂料主要是指采用沥青为主要原料，以水为分散介质，采用化学乳化剂或矿物乳化剂乳化的防水涂料，目前包括石棉乳化沥青防水涂料、膨润土乳化沥青防水涂料、氯丁橡胶乳化沥青防水涂料、SBS 改性乳化沥青防水涂料、APP 改性乳化沥青防水涂料、丁苯橡胶乳化沥青防水涂料、再生胶乳化沥青防水涂料及丙烯酸乳化沥青防水涂料等。这类涂料具有耐候、耐温性能好，能在潮湿基面上施工，与基层黏结性能好，无毒、无污染，施工简单方便等优点，被广泛使用于地下室、卫生间、厨房、屋面工程，特别是近几年来被广泛应用于公路及桥梁等的防水。

8.3.2 高聚物改性沥青防水涂料

高聚物改性沥青防水涂料是以高聚物改性沥青为基料，制成的水乳型或溶剂型防水涂料，有再生胶改性沥青防水涂料、水乳型氯丁橡胶沥青防水涂料及 SBS 橡胶改性沥青防水涂料等。

1. 再生橡胶改性沥青防水涂料

再生橡胶改性沥青防水涂料分为 JG-1 和 JG-2 两类。其中 JG-1 防水冷胶料为溶剂型再生橡胶沥青防水涂料，JG-2 防水冷胶料为水乳型再生橡胶沥青防水涂料。

JG-1 型是以渣油（200 号或 60 号道路石油沥青）与废开司粉（废轮胎里层带线部分磨成的细粉）加热熬制，加入高标号的汽油而制成。

JG-2 型是水乳型的双组分防水冷胶料，属于反应固化型。A 液为乳化橡胶，B 液为阴离子型乳化沥青，分别包装，现用、现配，在常温下施工，维修简单，具有优良的防水和抗渗性能。温度稳定性能好，但涂层薄，需多道施工（低于 5℃不能施工），加衬中碱玻璃丝或无纺布可做防水层。

这两种防水冷胶料具有良好的黏结性、耐热性、抗裂性、不透水性和抗老化性，可以冷操作与中碱玻璃丝布配合使用做防水层，适用于屋面、墙体、地面及地下室等工程，也可用以嵌缝及防腐工程等。

2. 氯丁橡胶改性沥青防水涂料

氯丁橡胶改性沥青防水涂料有溶剂型和水乳型两类，可用于Ⅱ级、Ⅲ级、Ⅳ级屋面防水。

溶剂型氯丁橡胶改性沥青防水涂料是将氯丁橡胶和石油沥青溶于芳烃溶剂（苯或二甲苯）中形成一种混合胶体溶液。具有较好的耐高、低温性能，黏结性好，干燥成膜速度快，按抗裂性及低温柔性可分为一等品或合格品。

水乳型氯丁橡胶改性沥青防水涂料是以阳离子氯丁胶乳和阴离子沥青乳液混合而成。涂膜层强度高，耐候性好，抗裂性好。以水代替溶剂，成本低，无毒。

氯丁橡胶沥青防水涂料具有橡胶和沥青双重优点。可用于混凝土屋面防水层，油毡屋面维修，以及厨房、水池、卫生间、地下室等处的抗渗防潮等。有较好的耐水性、耐腐蚀性，成膜快、涂膜致密完整、延伸性好、能适应多种复杂面层，耐候性能好，能在常温及较低温度条件下施工。施工时，可用喷涂或人工涂刷，找平层要求平整、清洁、无积水，非冰冻期晴天即可施工。

氯丁橡胶沥青防水涂料性能优良，成本不高，属中档防水涂料。

3. SBS改性沥青防水涂料

SBS改性沥青防水涂料是以SBS树脂改性沥青；加表面活性剂及少量其他树脂制成的水乳型的弹性防水涂料。具有耐候、耐温性能好，能在潮湿基面上直接施工，与基层黏结性能好，施工简单方便等优点。涂料固化后，能在基面上形成一层没有接缝、富有弹性的整体防水层。还可以与其他防水卷材一起组成复合防水层。与其他涂料或单纯沥青相比，该涂料最大的优点就是在施工方便，施工时无需加热，冷施工，可刮，可刷，即使不是专业的施工人员，也能得到很好的防水效果。适用于工业及民用建筑屋面防水，防腐蚀地坪的隔离层及水池、地下室、冷库等抗渗防潮施工。

8.3.3　合成高分子防水涂料

合成高分子防水涂料是以合成橡胶或合成树脂为主要成膜物质，加入其他辅助材料配制而成。合成高分子防水涂料强度高、延伸大、柔韧性好，耐高、低温性能好，耐紫外线和酸、碱、盐老化能力强，使用寿命长。

1. 聚氨酯防水涂料

聚氨酯防水涂料是一种双组分反应固化型合成高分子防水涂料，由A组分和B组分组成。使用时将A、B两组分按一定比例混合，搅拌均匀后，刮涂在需施工基面上，经数小时后反应固结成为防水涂膜。聚氨酯防水涂料的强度高，弹性好，黏附力强，物理性能优良，可厚涂，涂膜密实，无气泡，常温下可施工，施工安全方便，耐酸碱、耐腐蚀，耐热，耐寒，不透水性强。适用于屋面、地下建筑、卫生间、水池、游泳池、地下管道等。

2. 丙烯酸酯防水涂料

丙烯酸酯防水涂料是以纯丙酸酯乳液为主，加入适量优质填料、助剂配置而成，属合成树脂类单组分防水涂料。其具有优良的耐候性、耐热性和耐紫外线性，使用温度范围大，能适应基面一定幅度的开裂变形。可据需要调配各种色彩，防水层兼有装饰和隔热效果，可在潮湿基面施工，具有一定的透气性。

3. 有机硅憎水剂

有机硅憎水剂主要为甲基硅醇钠和高沸硅醇钠等，是一种小分子水溶性的聚合物，易被弱酸分解，形成甲基硅酸，然后很快聚合，形成不溶于水的有憎水性能的甲基硅醚防水膜。

有机硅憎水剂不堵塞建筑物表面的毛细孔和微孔，不影响墙内及室内潮气的散发，即防潮又透气。即在墙面形成一层肉眼观察不到的透气性憎水薄膜，就像给建筑物穿上一件透明、透气的雨衣，阻止水分湿润，浸入墙体，防止内墙面潮湿发霉、发黑和脱落等病害。多用于多孔性无机基层不承受水压的防水及防护，用于砖墙、贴面砖外墙及涂料、天然石材饰面外墙的防水抗渗、防污、保色、抗风化等。施工可采用喷涂和刷涂，使用寿命为 3 年～7 年。

8.3.4 常用的密封材料

建筑防水密封材料又称嵌缝材料，分为定型（密封条、压条）和不定型（密封膏、密封胶）两类。嵌入建筑接缝中，可以防尘、防水、隔气，具有良好的黏附性、耐老化性和温度适应性，能长期承受被黏附物体的振动、收缩而不破坏。

1. 建筑防水密封材料的分类

按原材料及其性能，不定型材料可以分为以下几种：

（1）塑性密封膏

是以改性沥青和煤焦油为主要原料制成的。其价格低，具有一定的弹塑性和耐久性，但弹性差，使用年限在 10 年以下。

（2）弹塑性密封膏

是以聚氯乙烯胶泥及各种塑料油膏为主。弹性较低，塑性较大，延伸性和黏结力较好，年限在 10 年以上。

（3）弹性密封膏

弹性密封膏是由聚硫橡胶、有机硅橡胶、氯丁橡胶、聚氨酯和丙烯酸萘为主要原料制成。性能好，使用年限在 20 年以上。

2. 建筑常用密封膏

（1）建筑防水沥青嵌缝油膏

是以石油沥青为基料，加入改性材料、稀释剂及填料混合而成。改性材料有废橡胶粉和硫化鱼油；稀释剂有松节油、机油；填充材料有石棉绒和滑石粉。

（2）聚氯乙烯防水接缝材料

是以聚氯乙烯（含 PVC 废料）和焦油为基料，同增塑剂、稳定剂、填充剂等共混，经塑化或热熔而成，呈黑色黏稠状或块状。

（3）聚氨酯建筑密封膏

聚氨酯建筑密封膏是以聚氨基甲酸酯聚合物为主要成分的双组分反应型的密封材料。按流变性能分为 N 型（非下垂型）和 L 型（自流平型）两种。

（4）聚硫密封膏

聚硫密封膏是以液态聚硫橡胶为基料的密封胶，属双组分化学反应固化型的密封材料。外观呈可挤注的黏稠液体。

（5）丙烯酸酯建筑密封胶

丙烯酸酯建筑密封胶是以丙烯酸酯乳液为基料的建筑密封胶。这种密封胶弹性好，能适应一般基层的伸缩变形。耐候性性能优异，使用年限在 15 年以上。耐高温性能好，在 -20℃～100℃情况下，长期保持柔韧性。黏结强度高，耐水、耐碱性好，具有良好的着色性。

8.4

石油沥青的性能测试

8.4.1　采用的标准

《建筑石油沥青》（GB/T 494—2010）

《沥青针入度测定法》（GB/T 4509—2010）

《沥青延度测定法》（GB/T 4508—2010）

《沥青软化点测定法　环球法》（GB/T 4507—2014）

8.4.2　石油沥青针入度测试

石油沥青的针入度，是以标准针在一定荷载、时间及温度条件下垂直贯入沥青试样中的深度来表示的。其单位以 1/10mm 为 1 度。标准针、针连杆及附加砝码的总质量应为 100 g±0.1 g，测试时要求室温为 25℃，时间为 5 s。

1. 主要仪器设备

（1）针入度计[见图 8-1（a）]

保证针连杆在无明显摩擦情况下能够垂直运动，能指示穿入深度精确至 0.1mm，针和针连杆组合件的总质量为 50 g±0.05 g，并附带 50 g±0.05 g 和 100 g±0.05 g 砝码各一个。仪器上设有针连杆控制按钮，紧压按钮时，针连杆应能自由下落。

（2）标准针

标准针由硬化回火的不锈钢制成。标准针各部分的尺寸规定，如图 8-1（b）所示。

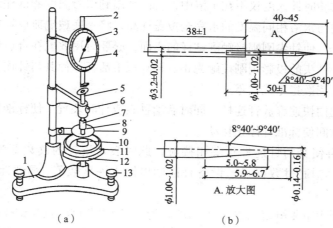

（a）　　　　　　　　　　　（b）
图 8-1　沥青针入度计及针入度标准针
1—底座；2—活杆；3—刻度盘；4—指针；5—连杆；6—按钮；7—砝码；8—标准针；
9—小镜；10—试样；11—保温皿；12—圆形平台；13—调平螺丝

（3）试样皿

所检测石油沥青针入度小于 40° 时，用内径 55mm，深 35mm 的皿；所检测石油沥青针入度大于 200° 小于 350° 时，用内径 70mm、深 45mm 的皿；针入度在 300° ～500° 时，可用内径 55mm，内部深度 60mm 的皿。

（4）恒温水浴

容量不小于 10L，能保持温度在试验温度的±0.1℃范围内。水中应备有一个带孔的支架，位于水面下不少于 100mm，距浴底不少于 50mm 处。

（5）平底玻璃皿

容量不少于 350mL，深度要没过最大的试样皿。内设一个不锈钢三脚支架，能使试样皿稳定。

（6）秒表

刻度不大于 0.1s，60s 间隔内的准确度达到±0.1s 的任何秒表均可使用。

（7）温度计（刻度范围–8℃～55℃，分度为 0.1℃）

2.　试验前准备工作

（1）试样在砂浴上加热并不断搅拌，避免试样中进入气泡。加热时的温度不得超过预计软化点 90 ℃，加热时间在保证样品充分流动基础上尽量少。

（2）将试样倒入规定大小的试样皿中，试样深度应至少是预计锥入深度的 120%。

（3）将试样皿松松地盖住，以防灰尘落入，在 15℃～30℃室温下冷却试样皿中的样品，冷却结束后，将试样皿和平底玻璃皿一起放入测试温度下的水浴中，水面应没过试样表面。

3.　试验方法

（1）调节针入度仪的水平，检查针连杆和导轨，确保上面没有水和其他物质。如果预测针入度超过 350 应选择长针，否则用标准针。先用合适的溶剂将针擦干净，再用干净的布擦干，然后将针插入针连杆中固定。按试验条件选择合适的砝码并放好砝码。

（2）如果测试时针入度仪是在水浴中，则直接将试样皿放在浸在水中的支架上，使试样完全浸在水中。如果试验时针入度仪不在水浴中，将已恒温到试验温度的试样皿放在平底玻璃皿中的三脚支架上，用与水浴相同温度的水完全覆盖样品，将平底玻璃皿放置在针入度仪的平台上。慢慢放下针连杆，使针尖刚刚接触到试样的表面，必要时用放置在合适位置的光源观察针头位置使针尖与水中针头的投影刚刚接触为止。轻轻拉下活杆，使其与针连杆顶端相接触，调节针入度仪上的表盘读数指零或归零。

（3）在规定时间内快速释放针连杆，同时启动秒表或计时装置，使标准针自由下落穿入沥青试样中，到规定时间使标准针停止移动。

（4）下拉活杆再使其与针连杆顶端相接触，此时表盘指针的读数即为试样的针入度，或自动方式停止锥入，通过数据显示设备直接读出锥入深度数值，得到针入度，用 1/10mm 表示。

（5）同一试样至少重复测定三次，每一次试验点的距离和试验点与试样皿边缘的距离都不得小于 10mm，每次试验前都应该将试样和平底玻璃皿放入恒温水浴中，每次测定都要用干净的针。当针入度小于 200 时可将针取下用合适的溶剂擦净后继续使用。当针入度超过 200 时，每个试样皿中扎一针，三个试样皿得到三个数据。

4. 结果评定

（1）取三次测试所得针入度值的算术平均值，取至整数后作为最终测定结果。三次测定值相差不应大于表 8-3 所列规定，否则应重作试验。

表 8-3　　　　　　　　　　　针入度测定最大差值　　　　　　　　　　　（1/10mm）

针入度	0~49	50~149	150~249	250~350	350~500
最大差值	2	4	6	10	20

（2）关于测定结果重复性与再现性的要求，详见表 8-2。

8.4.3　石油沥青延度测试

1. 主要仪器设备

（1）模具

模具应按《沥青延度测定法》（GB/T4508—2010）中所给样式进行设计。试件模具由黄铜制造，由两个弧形端模和两个侧模组成，组装模具的尺寸变化按标准要求。

（2）水浴

水浴能保持试验温度变化不大于 0.1℃，容量至少为 10L，试件浸入水中深度不得小于 10cm，水浴中设置带孔搁架以支撑试件，搁架距水浴地部不得小于 5cm。

（3）延度仪

对于测量沥青的延度来说，凡是能够满足标准中规定的将试件持续浸没于水中，能按照一定的速度拉伸试件的仪器均可使用。该仪器在启动时应无明显振动。

（4）温度计

0℃~50℃。分度为 0.1℃和 0.5℃各一支。

（5）隔离剂

以质量计，由两份甘油和一份滑石粉调制而成。

（6）支撑板

黄铜板，一面应磨光至表面粗糙度为 $Ra0.63$。

2. 试验前准备工作

（1）将模具组装在支撑板上，将隔离剂涂于支撑板表面及侧模的内表面，以防沥青沾在模具上。板上的模具要水平放好，以便模具的底部能够充分与板接触。

（2）小心加热样品，充分搅拌以防局部过热，直到样品容易倾倒。石油沥青加热温度不超过预计石油沥青软化点 90℃；煤焦油沥青样品加热温度不超过煤焦油沥青预计软化点 60℃。样品的加热时间在不影响样品性质和在保证样品充分流动的基础上尽量短。将熔化后的样品充分搅拌之后倒入模具中，在组装模具时要小心，不要弄乱了配件。在倒样时使试样呈细流状，自模的一端至另一端往返倒入，使试样略高出模具，将试件在空气中冷却 30min～40min，然后放在规定温度的水浴中保持 30min 取出，用热的直刀或铲将高出模具的沥青刮出，使试样与模具齐平。

（3）恒温：将支撑板、模具和试件一起放入水浴中，并在试验温度下保持 85min`～95min，然后从板上取下试件，拆掉侧模，立即进行拉伸试验。

3. 试验步骤

（1）将模具两端的孔分别套在试验仪器的柱上，然后以一定的速度拉伸，直到试件拉伸断裂。拉伸速度允许误差在 ±5% 以内，测量试件从拉伸到断裂所经过的距离，以 cm 表示。试验时，试件距水面和水底的距离不小于 2.5cm，并且要使温度保持在规定温度的 ±0.5℃ 范围内。

（2）如果沥青浮于水面或沉入槽底时，则试验不正常。应使用乙醇或氯化钠调整水的密度，使沥青材料既不浮于水面，又不沉入槽底。

（3）正常的试验应将试样拉成锥形或线形或柱形，直至在断裂时实际横断面面积接近于零或一均匀断面。如果三次试验得不到正常结果，则报告在该条件下延度无法测定。

4. 结果评定

若三个试件测定值在其平均值的 5% 内，取三个结果的平均值作为测定结果。若三个试件测定值不在平均值的 5% 以内，但其中两个较高值在平均值的 5% 之内，则弃去最低测定值，取两个较高值的平均值的平均值作为测定结果，否则重新测定。

8.4.4　石油沥青软化点测试

1. 主要仪器设备

（1）两只黄铜肩或锥环，其尺寸规格见《沥青软化点测定法》（GB/T4507—2014）。

（2）支撑板：扁平光滑的黄铜板或瓷砖，其尺寸约为 50mm×75mm。

（3）两只直径为 9.5mm 的钢球，每只为 3.5g±0.05g。

（4）钢球定位器：两只钢球定位器用于使钢球定位于试样中央，其一般形状和尺寸见标准。

（5）浴槽：可以加热的玻璃容器，其内径不小于 85mm，离加热底部的深度不小于 120mm。

（6）环支撑架和组装：一只钢支撑架用于支撑两个水平位置的环。支撑架上的肩环的底部距离下支撑板的上表面为 25mm。下支撑板的下表面距离浴槽底部为 16mm ± 3mm。

（7）温度计：符合《石油产品试验用玻璃液体温度计技术条件》（GB/T 514—2005）的规定要求，即测温范围在 30℃～180℃、最小分度值为 0.5℃的全浸式温度计。该温度计不允许使用其他温度计代替，可使用满足相同精度、数据显示最小温度和误差要求的其他测温设备代替。

（8）新煮沸过的蒸馏水、甘油。

（9）隔离剂：以质量计，用两份甘油和一份滑石粉调制而成，此隔离剂适合 30℃～157℃的沥青材料。

2. 试验前准备工作

（1）样品的加热时间在不影响样品性质和在保证样品充分流动的基础上尽量短。石油沥青、改性沥青、天然沥青以及乳化沥青残留物加热温度不应超过年预计沥青软化点 110℃。煤焦油沥青样品加热温度不应超过煤焦油沥青预计软化点 55℃。

（2）如果样品为按照 SH/T 0099.4、SH/T 0099.16、NB/SH/T 0890 方法得到的乳化沥青残留物或高聚物改性乳化沥青残留物时，可终其热残留物质搅拌均匀后直接注入试模中。如果重复试验，不能重新加热样品，应在干净的容器中用新鲜样品制备试样。

（3）若估计软化点在 120℃～157℃之间，应将黄铜环宇支撑板预热至 80℃～100℃。然后将铜环放到涂有隔离剂的支撑板上。否则会出现沥青试样从铜环中完全脱落的现象。

（4）向每个环中倒入略过量的沥青试样，让试件在室温下至少冷却 30min。对于在室温较软的样品，应将试件在低于预计软化点 10℃以上的环境中冷却 30min。从开始倒试样时起至完成试验的时间不超过 240min。

（5）当试样冷却后。用稍加热的小刀或刮刀干净地刮去多余的沥青，使得每一个圆片饱满且和环的顶部齐平。

3. 试验步骤

（1）选择下列一种加热介质和适合预计软化点的温度计或测试设备。

新煮沸过的蒸馏水适于软化点为 30℃～80℃的沥青。起始加热介质温度应为 5℃ ± 1℃。甘油适于软化点为 80℃～157℃的沥青，起始加热介质的温度应为 30℃ ± 1℃。

为了进行仲裁，所有软化点低于 80℃的沥青应在水浴中测定，而软化点在 80℃～157℃的沥青材料在甘油浴中测定。仲裁时采用标准中规定的相应温度计。或者上述内容由买卖双方共同协定。

（2）把仪器放在通风棚内并配置两个样品环、钢球定位器，并将温度计插入合适的位置，浴槽加满加热介质，并时各仪器处于适当位置。用镊子将钢球置于浴槽底部，使其同支架的其他部位达到相同的起始温度。

（3）如果有必要，将浴槽置于冰水中，或小心加热并维持适当的起始浴温达 15min，并使仪器处于适当位置，注意不要沾污浴液。

（4）再次用镊子从浴槽底部将钢球夹住并置于定位器中。

（5）从浴槽底部加热使温度以恒定的速率 5℃/min 上升，为防止通风的影响有必要时可用保护装置，试验期间不能取加热速率的平均值，但在 3min 后。升温速度应达到 5℃/min ± 0.5 ℃/min，若温度上升速率超过此限定范围，则此次试验失败。

（6）当包着沥青的钢球触及下支撑板时，分别记录温度计所显示的温度。无需对温度计的浸没部分进行校正，取两个温度的平均值作为沥青材料的软化点。当软化点在 30℃～157℃时，如果两个温度的差值超过 1℃，则重新试验。

4．结果评定

（1）因为软化点的测定是条件性的试验方法。对于给定的沥青试样，当软化点略高于 80℃时，水浴中测定的软化点低于甘油浴中测定的软化点。

（2）软化点高于 80℃时，从水浴变成甘油浴时的变化是不连续的，在甘油浴中所报告的沥青软化点最低可能为 84.5℃，而焦煤油沥青的软化点最低可能为 82℃，当甘油浴中软化点低于这些值时，应转变为水浴中的软化点为 80℃或更低，并在报告中注明。

将甘油浴软化点转化为水浴软化点时，石油沥青的校正值为-4.5℃，对煤焦油沥青的为-2.0℃。采用此校正值只能粗略地表达出软化点的高低，欲得到准确的软化点应在水浴中重复试验。

无论在任何情况下，如果甘油浴中所测得的石油沥青软化点的平均值为 80.0℃或更低，煤焦油沥青软化点的平均值为 77.5℃或更低，则应在水浴中重复试验。

（3）将水浴中略高于 80℃的软化点转化成甘油浴中的软化点时，石油沥青的校正值为+4.5℃，煤焦油沥青的校正值为+2.0℃。采用此校正值只能粗略地表示出软化点的高低，欲得到准确的软化点应在甘油浴中重复试验。

在任何情况下，如果水浴中两次测定温度的平均值为 85.0℃或更高，则应在甘油浴中重复试验。

（4）报告

取两个结果的平均值作为试验结果。注明报告试验结果时间及报告浴槽中所使用加热介质的种类。

习　题

一、填空

1. 石油沥青的组分主要包括_____、_____和_____三种。

2. 石油沥青的黏滞性，对于液态石油沥青用_____表示，单位为_____；对于半固体或固体石油沥青用_____表示，单位为_____。

3. 石油沥青的塑性用_____表示；该值越大，则沥青塑性越_____；温度敏感性用_____表示，其值越高，沥青的耐久性越好，温度稳定性越好。

4. 同一品种石油沥青的牌号越高，则针入度越_____，黏性越_____；延度越_____，塑性越_____；软化点越_____，温度敏感性越_____。

二、解释名词

防水卷材；沥青防水卷材；高聚物改性沥青防水涂料；合成高分子防水涂料；防水密封材料

三、简答题

1. 石油沥青的主要组成以主要的技术性质有哪些？
2. 石油沥青是根据什么划分牌号的？道路石油沥青和建筑石油沥青分为哪些牌号？
3. 道路石油沥青和建筑石油沥青分别满足哪些技术要求？
4. 简述防水卷材的分类。

第**9**章

建筑塑料的性能与检测

塑料是指以合成树脂或天然树脂为基础原料，加入（或不加）各种塑料助剂、增强材料和填料，在一定温度、压力下，加工塑制成型或胶黏固化成型，得到的固体材料或制品。建筑塑料具有轻质、高强、多功能等特点，多用于塑料门窗、上下水管道、楼梯扶手、踢脚板、隔墙及隔断、卫生洁具等方面。随着塑料资源的不断开发以及工艺的不断完善，塑料性能更加优越，成本不断下降，应用前景广泛。

【学习目标】

1. 掌握塑料的组成及主要特征；
2. 熟悉建筑塑料常用的品种；
3. 掌握塑料门窗的性能及检测方法；
4. 掌握塑料管材、管件的性能及检测方法。

9.1 塑料的基本知识

塑料是指以合成树脂或天然树脂为基础原料，加入（或不加）各种塑料助剂、增强材料和填料，在一定温度、压力下，加工塑制成型或胶黏固化成型，得到的固体材料或制品。而建筑塑料则是指用于塑料门窗、上下水管道、楼梯扶手、踢脚板、隔墙及隔断、卫生洁具等方面的塑料材料。

9.1.1 塑料的组成

塑料从总体上是由树脂和添加剂两类物质组成。

1. 树脂

树脂是塑料的基本组成材料，是塑料中的主要成分，它在塑料中起胶结作用，不仅能自身胶结，还能将其他材料牢固地胶结在一起。塑料的工艺性能和使用性能主要是由树脂的性能决定的。其用量约占总量的30%～60%，其余成分为稳定剂、增塑剂、着色剂及填充料等。

树脂的品种繁多，按树脂合成时化学反应不同，将树脂分为加聚树脂和缩聚树脂；按受热时性能变化的不同，又分为热塑性树脂和热固性树脂。

加聚树脂是由一种或几种或几种不饱和的低分子化合物（称为单体）在热、光或催化剂作用下，经加成聚合反应而成的高分子化合物。在反应过程中不产生副产物，聚合物的化学组成和参与反应的单体的化学组成基本相同。如乙烯经加聚反应成为聚乙烯：$n\mathrm{C_2H_4} \rightarrow (\mathrm{C_2H_4})n$。

缩聚树脂是由两种或两种以上的单体经缩合反应而制成的。缩聚反应中除获得树脂外还产生副产品低分子化合物如水、酸、氨等。如酚醛树脂是由苯酚和甲醛缩合而得到的；脲醛树脂是由尿素和甲醛缩合而得到的。

热塑性树脂是指在热作用下，树脂会逐渐变软、塑化，甚至熔融，冷却后则凝固成型，这一过程可反复进行。这类树脂的分子呈线型结构，种类有聚乙烯、聚丙烯、聚氯乙烯、氯化聚乙烯、聚苯乙烯、聚酰胺、聚甲醛、聚碳酸酯及聚甲基丙烯酸甲酯等。

热固性树脂则是指树脂受热时塑化和软化，同时发生化学变化，并固化定型，冷却后如再次受热时，不再发生塑化变形。这类树脂的分子呈体型网状结构，种类有酚醛树脂、氨基树脂、不饱和聚酯树脂及环氧树脂等。

2. 添加剂

添加剂是指能够帮助塑料易于成型，以及赋予塑料更好的性能，如改善使用温度、提高塑料强度、硬度、增加化学稳定性、抗老化性、抗紫外线性能、阻燃性、抗静电性、提供各种颜色及降低成本等，所加入的各种材料统称为添加剂。

（1）稳定剂

稳定剂是一种为了延缓或抑制塑料过早老化，延长塑料使用寿命的添加剂。按所发挥的作用，稳定剂可分为热稳定剂、光稳定剂及抗氧剂等。常用稳定剂有多种铅盐、硬脂酸盐、炭黑和环氧化物等。

（2）增塑剂

增塑剂是指能降低塑料熔融黏度和熔融温度，增加可塑性和流动性，以利于加工成型，并使制品具有柔韧性，减少脆性的添加剂。增塑剂一般是相对分子量较小，难挥发的液态和熔点低的固态有机物。对增塑剂的要求是与树脂的相容性要好，增塑效率高，增塑效果持久，挥发性低，而且对光和热比较稳定，无色、无味、无毒，不燃，电绝缘性和抗化学腐蚀性好。常用的增塑剂有邻苯二甲酸酯类、磷酸酯类等。

（3）润滑剂

润滑剂是为了改进塑料熔体的流动性，防止塑料在挤出、压延、注射等加工过程中对设备发生黏附现象，改进制品的表面光洁程度，降低界面黏附为目的而加入的添加剂，是塑料中重要的添加剂之一，对成型加工和对制品质量有着重要的影响，尤其对聚氯乙烯塑料在加工过程中是不可缺少的添加剂。常用的润滑剂有液体石蜡、硬脂酸、硬脂酸盐等。

（4）填充剂

在塑料中加入填充剂的目的一方面是降低产品的成本，另一方面是改善产品的某些性能，如增加制品的硬度、提高尺寸稳定性等。根据填料化学组成不同，可分为有机和无机填料两类。

根据填料的形状可分为粉状、纤维状和片状等。常用的有机填料有木粉、棉布和纸屑等；常用的无机填料有滑石粉、石墨粉、石棉、云母及玻璃纤维等。填料应满足以下要求：易被树脂润湿，和树脂的黏附性好，本身性质稳定，价廉，来源广。

（5）着色剂

着色剂是使塑料制品具有绚丽多彩性的一种添加剂。着色剂除满足色彩要求外，还具有附着力强、分散性好、在加工和使用过程中保持色泽不变、不与塑料组成成分发生化学反应等特性。常用的着色剂是一些有机或无机染料或颜料。

（6）其他添加剂

为使塑料适用于各种使用要求和具有各种特殊性能，常加入一些其他添加剂，如掺加阻燃剂可阻止塑料的燃烧，并使之具有自熄性；掺入发泡剂可制得泡沫塑料等。

9.1.2　塑料的主要特性

（1）密度小，塑料的密度一般为 $1000kg/m^3 \sim 2000kg/m^3$，约为天然石材密度的 $1/3 \sim 1/2$，约为混凝土密度的 $1/2 \sim 2/3$，仅为钢材密度的 $1/8 \sim 1/4$。

（2）比强度高，塑料及制品的比强度高（材料强度与密度的比值）。玻璃钢的比强度超过钢材和木材。

（3）导热性低，密实塑料的导热率一般为 $0.12W/（m \cdot K）\sim 0.80W/（m \cdot K）$。泡沫塑料的导热系数接近于空气，是良好的隔热、保温材料。

（4）耐腐蚀性好，大多数塑料对酸、碱、盐等腐蚀性物质的作用具有较高的稳定性。热塑性塑料可被某些有机溶剂溶解；热固性塑料则不能被溶解，仅可能出现一定的溶胀。

（5）电绝缘性好，塑料的导电性低，又因热导率低，是良好的电绝缘材料。

（6）装饰性，塑料具有良好的装饰性能，能制成线条清晰、色彩鲜艳、光泽动人的塑料制品。

9.1.3　建筑中常用塑料

塑料的种类虽然很多，但在建筑上广泛应用的仅有十多种，并均加工成一定形状和规格的制品。

1. 聚氯乙烯（PVC）

聚氯乙烯是建筑中应用最大的一种塑料，它是一种多功能的材料，通过改变配方，可制成硬质的也可制成软质的。聚氯乙烯含氯量为 56.8%。由于含有氯，聚氯乙烯具有自熄性，这对于其用作建材是十分有利的。

2. 聚乙烯（PE）

聚乙烯是一种结晶性高聚物，结晶度与密度有关，一般密度越高，结晶度也越高。聚乙烯按密度大小可分为两大类：即高密度聚乙烯（HDPE）和低密度聚乙烯（LDPE）。

3. 聚丙烯（PP）

聚丙烯的密度是通用塑料中最小的。聚丙烯的燃烧性与聚乙烯接近，易燃而且会滴落，引起火焰蔓延。它的耐热性比较好，在 100℃时还能保持常温时抗拉强度的一半。聚丙烯也是结晶性高聚物，其抗拉强度高于聚乙烯、聚苯乙烯。另外，聚丙烯的耐化学性也与聚乙烯接近，常温下它没有溶剂。

4. 聚苯乙烯（PS）

聚苯乙烯为无色透明类似玻璃的塑料，透光度可达 88%～92%。聚苯乙烯的机械强度较高，但抗冲击性较差，即有脆性，敲击时会有金属的清脆声音。燃烧时聚苯乙烯会冒出大量的黑烟炭束，火焰呈黄橙色，离火源继续燃烧，发出特殊的苯乙烯气味。聚苯乙烯的耐溶剂性较差，能溶于苯、甲苯、乙苯等芳香族溶剂。

5. 丙烯腈-丁二烯-苯乙烯（ABS）塑料

丙烯腈-丁二烯-苯乙烯塑料是由丙烯腈、丁二烯和苯乙烯三种单体共聚而成的，三个组分各显其能。如丁二烯使丙烯腈-丁二烯-苯乙烯塑料坚韧，苯乙烯使它具有良好的加工性能。其性能取决于这三种单体在丙烯腈-丁二烯-苯乙烯塑料中的比例。

9.2
塑料门窗

塑料门窗是一种新型门窗，以聚氯乙烯树脂为主要原料，配以一定比例的稳定剂、改性剂、着色剂、填充剂、紫外线吸收剂等助剂经挤出成型为 PVC 中空异型材，然后通过切割、熔接等方式制成门窗框扇，配装上橡胶密封条、毛条、五金件等附件组装而成。

9.2.1　塑料门窗分类

1. 按开启形式分

固定门、平开门、推拉门、固定窗、平开窗、推拉窗、旋转窗；其中平开窗包括内开窗、外开窗、滑轴平开窗；推拉窗包括左右推拉窗、上下推拉窗；旋转窗包括上悬窗、下悬窗、平开下悬窗、中悬窗和立转窗。

2. 按材料不同分

塑料门窗分为全塑门窗和复合塑料门窗。复合塑料门窗是在门窗框内部嵌入金属型材以增强塑料门窗的刚性，提高门窗的抗风压能力。增强用的金属型材主要为铝合金型材和钢型材。

9.2.2　塑料门窗的特点

1.　优点

（1）保温性能好。通常具有冷暖空调的建筑物中，其室内能源的损失经由门窗传导泄漏的占 35%～40%，而门窗框材质和玻璃是影响传导的主要因素。塑料型材为多腔室中空结构，聚氯乙烯是热的不良导体，其传热系数仅为钢材的 1/357，铝材的 1/1250，具有无与伦比的保温性能。

（2）密封性能好。塑料门窗加工尺寸精度高，框扇结合处设计精巧，采用搭接和嵌接结构，接合处装有弹性密封胶条，防雨水渗漏，防尘防空气渗透都较为理想。

（3）隔声性能以及耐腐蚀性能优良。钢铝窗的隔声约 19dB，塑窗的隔声约 30dB。在日本，等量降噪，钢铝窗建筑物与交通干道须距 50m，而塑窗建筑物则可缩短到 16m。塑料门窗型材因优异的配方有极好的化学稳定性和耐腐蚀性，不受任何酸碱药品盐雾和雨水的侵蚀，也不会因潮湿或雨水的浸泡而溶胀变形。

（4）水密性高。塑料型材具有独特的多腔式结构，有特有的排水腔，无论是框还是扇的积水都能有效排出。塑料平开窗的水密性又远高于推拉窗。

（5）产品尺寸精度高。塑料型材材质细腻光滑、质量内外一致，无需进行表面特殊处理。易加工、易切割，焊接加工后，成品的长、宽及对角线公差均能控制在 2mm 以内，加工精度高，焊接强度大，同时焊接经清角去除焊瘤，保证型材表面光滑。

2.　缺点

（1）塑料门窗的断面普遍较大。由于塑料的弹性模量较低，只有钢铁的 1/80 左右，为了达到窗户抗风压所要求的材料钢度，必须通过增大材料截面，并在适当空腔加入钢衬，由此造成门窗挡光面积增大，致使整窗平方面积比钢窗小 5%～11%，比铝小 4%～9%。

（2）成本较高。由于门窗断面增大，其相应的材料线重也增加了，致使其窗户成本较高，装单玻时比钢窗贵 30%～50%，但有些寒冷地区，装单档双层玻璃的塑料门窗与装双档单玻铝合金窗相比，费用比后者低，但塑料门窗保温、采光等比双档铝合金窗好得多。这也正是塑料门窗在我国寒冷地区推广最成功的原因之一。

9.2.3　塑料门窗的性能

建筑门窗应对抗风压性能、气密性、水密性能指标进行复验，门窗的性能应根据建筑物所在的地理、气候和周围环境以及建筑物的高度、体型等选定。根据塑料门窗产品标准的要求，塑料门窗性能必须满足表 9-1 和表 9-2 要求。对于建筑外窗，通常还得满足气密性、水密性、抗风压性能等，见表 9-3。

表 9-1　　　　　　　　　　　塑料门窗物理性能要求

项　　目	要　　求
抗风压性能	$P_3 \geqslant 1.0\text{kPa}$ 并且满足工程设计要求

续表

项　目		要　求
气密性能 [m^3/（m·h）]	平开窗	$q_0 \leq 2.0 m^3$/（m·h）
	推拉窗	$q_0 \leq 2.5 m^3$/（m·h）
	塑料门	$q_0 \leq 2.5 m^3$/（m·h）
雨水渗透性能		$\Delta P \geq 100Pa$ 并满足工程设计要求

表 9-2　　　　　　　　塑料门窗力学性能及技术要求

项　目	技术要求	
	塑料窗	塑料门
开关力	平开窗：平页铰链不大于 80 N 推拉窗：小于 100 N 旋转窗：圆心铰链平铰链不大于 80 N	平开门不小于 80 N 推拉门不小于 100 N
开关疲劳	经不少于一万次的开关，试件及五金配件不损坏，其固定处及玻璃压条不松脱，仍保持使用功能	
锁紧器（执手）开关力（平开窗、旋转窗）	不大于 100 N	—
悬端吊重（平开窗、旋转窗、平开门）	在 500 N 力作用下，残余变形不大于 2mm，试件不损坏	
翘曲（平开窗、旋转窗、平开门）	在 300 N 力作用下，允许有不影响使用的残余变形，试件不损坏	
大力关闭（平开窗、上悬窗、立转窗、平开门）	经模拟 7 级风开关 10 次，试件不损坏，仍保持使用功能	
窗撑试验（平开窗、旋转窗）	在 200 N 力作用下，不允许位移，连接处型材不破裂	—
开关限位器（制动器）（下悬窗、平开下旋窗）	10 N 力、10 次开启，试件不破坏	—
弯曲（推拉窗、推拉门）	在 300 N 力作用下，试件有不影响使用的残余变形	
扭曲（推拉窗、推拉门）	在 200 N 力作用下，试件不损坏，允许有不影响使用的残余变形	
对角线变形（推拉窗、推拉门）		
软物冲击	—	无破损，开关功能正常
硬物冲击	—	无破损

表 9-3　　　　　　　　建筑外窗气密性能分级

（GB/T 7106—2008）

分级代号	1	2	3	4	5	6	7	8
单位缝长 分级指标值 q_1 （m^3/m·h）	$4.0 \geq q_1 > 3.5$	$3.5 \geq q_1 > 3.0$	$3.0 \geq q_1 > 2.5$	$2.5 \geq q_1 > 2.0$	$2.0 \geq q_1 > 1.5$	$1.5 \geq q_1 > 1.0$	$1.0 \geq q_1 > 0.5$	$q_1 \leq 0.5$
单位面积 分级指标值 q_2 （m^3/m^2·h）	$12 \geq q_2 > 10.5$	$10.5 \geq q_2 > 9.0$	$9.0 \geq q_2 > 7.5$	$7.5 \geq q_2 > 6.0$	$6.0 \geq q_2 > 4.5$	$4.5 \geq q_2 > 3.0$	$3.0 \geq q_2 > 1.5$	$q_2 \leq 1.5$

9.3 | 塑料管（含管材与管件）

塑料管是合成树脂加添加剂经熔融成型加工而成的制品。常用塑料管有：硬聚氯乙烯管（PVC—U），高密度聚乙烯管（HDPE），交联聚乙烯管（PE—X），无规共聚聚丙烯管（PP—R），聚丁烯管（PB），工程塑料丙烯腈-丁二烯-苯乙烯共聚物（ABS）等。

9.3.1 塑料管材的特点

1. 优点

（1）化学稳定性好，不受环境因素和管道内介质组分的影响，耐腐蚀性好。

（2）导热系数小，热导率低，绝热保温，节能效果好。

（3）水力性能好，管道内壁光滑，阻力系数小，不易积垢，管内流通面积不随时间发生变化，管道阻塞几率小。

（4）相对于金属管材，密度小、材质轻、运输、安装方便、灵活、简捷、维修容易。

（5）可自然弯曲或具有冷弯性能，可采用盘管供货方式，减少管接头数量。

2. 缺点

（1）力学性能差，抗冲击性不佳，刚性差，平直性也差，因而管卡及吊架设置密度高。

（2）阻燃性差，大多数塑料制品可燃，且燃烧时热分解，会释放出有毒气体和烟雾。

（3）热膨胀系数大。

9.3.2 塑料管的应用

（1）硬聚氯乙烯（PVC—U）、聚丙烯（PP）、ABS 塑料、铝塑复合（PAP）等管等力学性能相对较高，被视为"刚性管"，明装较好。反之，聚乙烯（PE）、交联聚乙烯（PE—X）、聚丁烯（PB）管材作为"柔性管"适合暗敷。

（2）塑料管的使用温度及耐热性能决定了硬聚氯乙烯、聚乙烯、ABS 塑料、铝塑复合等管材仅能用于冷水管，而交联聚乙烯、聚丙烯、聚丁烯、交联铝塑复合（XPAP）则可作为热水管。

（3）塑料管因热膨胀系数大，在塑料管路中尤其是作为热水管，采用柔性接口，伸缩节或各种弯位等热补偿措施较多。其中以聚乙烯、聚丙烯烃类为最。施工安装时如果对此没有足够重视，并采取相应技术措施，极易发生接口处因伸缩节而拉脱的问题。

（4）由于导热系数低，塑料管的绝热保温性能优良进而可减少保温层的厚度甚至无需保温。当不同塑料管之间绝热性的比较除导热系数外，还同它们各自的管壁厚度有关。

9.3.3 给排水管的技术要求

1. 给水用硬聚氯乙烯管

建筑给水用硬聚氯乙烯管材，是以聚氯乙烯树脂为主要原料，加入必需的添加剂，经挤出成型工艺制成的管材。生产管材的原料为硬聚氯乙烯混配料，混配料应以聚氯乙烯树脂为主，其质量百分含量不宜低于 80 %，加入的添加剂应分散均匀。

塑料管件又称管配件，是指把管材与管材、管材与仪表、设备、阀门等相连接的管配件。建筑给排水用硬聚氯乙烯管件，是以聚氯乙烯树脂为主要原料，加入必需的添加剂，经注塑成型制成的。生产管件的原料为硬聚氯乙烯混配料，混配料应以聚氯乙烯树脂为主，其质量百分含量不宜低于 85 %，加入的添加剂应分散均匀。建筑用聚氯乙烯管件类型有：黏结承口、弯头、三通及四通、异径管和管箍、伸缩节、存水弯、立管检查口、清扫口、通气帽、排水栓、大小便器连接件、地漏等。

给水管材是建筑工程中广泛使用的材料。给水管有多种形式，主要分金属类如不锈钢管、铜管，塑料类如三型聚丙烯（PP—R）管、聚乙烯管、氯乙烯管，复合类如钢塑复合管。其中塑料类由于材料轻、运输方便、连接方便、价格低等优势，得到广泛应用。管材常见的概念如下：

公称外径 d_n：规定的外径，单位为 mm。

公称壁厚 e_n：管材或管件壁厚的规定值，单位为 mm。

最小壁厚：管材或管件圆周上任一点壁厚的最小值。

公称压力 PN：管材在 20℃ 使用时允许的最大工作压力，单位为 MPa。

表 9-4、表 9-5 列出了给水用硬聚氯乙烯管材、管件技术要求。

表 9-4　　　　　给水用硬聚氯乙烯管材（PVC—U）技术要求

项　目					指　标
PVC—U	外观颜色				管材内外壁应光滑，无明显的划痕、凹陷、可见杂质和其他影响达到本部分要求的表面缺陷。管材断面应切割平整并与轴线垂直。颜色由供需双方协商确定，色泽应均匀一致
	不透光性				不透光
	管材尺寸				长度、弯曲度、平均外径及偏差和不圆度、壁厚、承口、插口
	密度（kg/m³）				1350～1460
	维卡软化温度（℃）				≥80
	纵向回缩率（%）				≤5%
	二氯甲烷浸渍试验				表面没有变化或轻微变化
	落锤冲击试验（0℃，TIR）				TIR≤5%
	液压试验	温度（℃）	环应力（MPa）	时间（h）	公称外径（mm）	无破裂、无渗漏
		20	36	1	<40	
		20	38	1	≥40	
		20	30	100	所有	
		60	10	1000	所有	
	系统适用性试验				无破裂、无渗漏

表 9-5 给水用硬聚氯乙烯管件技术要求

项 目					指 标
PVC—U	外观				内外表面应光滑，不允许有明显脱层、气泡
	注射成型管件尺寸				壁厚、插口平均外径、承口中部平均内径
	管材弯制成型管件				弯制成型管件承口尺寸应符合《给水用硬聚氯乙烯（PVC—U）管材》（GB/T10002.1）
	维卡软化温度（℃）				≥74
	烘箱试验				符合《注射成型硬质聚氯乙烯（PVC—U）、氯化聚氯乙烯（PVC—C）、丙烯腈-丁二烯-苯乙烯三元共聚物（ABS）和丙烯腈-苯乙烯-丙烯酸盐三元共聚物（ASA）管件热烘箱试验方法》（GB/T 8803—2001）
	坠落试验				无破裂
	液压试验	温度（℃）	试验压力（MPa）	时间（h）	公称外径（mm）	
		20	4.2 × PN	1	≤90	无破裂、无渗漏
		20	3.2 × PN	1000		
		20	3.36 × PN	1	>90	
		60	2.56 × PN	1000		
	卫生性能				卫生性能和氯乙烯单体含量要求
	系统适用性试验				无破裂、无渗漏

2. 排水用硬聚氯乙烯管材

建筑排水用管以塑料管为主，其品种主要有建筑排水用硬聚氯乙烯管材（PVC—U）及管件；硬聚氯乙烯内螺旋管材及管件等。用于正常排放水温不大于 40℃、瞬时水温不大于 80℃的建筑物内生活污水。表 9-6、表 9-7 为排水用硬聚氯乙烯管材、管件的技术要求。

表 9-6 排水用硬聚氯乙烯管材技术要求

项 目		指 标
颜色		管材一般为灰色，其他颜色可供需双方协商确定
外观		管材内外壁应光滑、平整，不允许有气泡、裂口和明显的裂痕、凹陷、色泽不均匀及分解变色线。管材两端面应切割平整并与轴线垂直
规格尺寸	平均外径、壁厚	公称外径 32mm 至 315mm 共 11 种规格，平均外径和壁厚应符合《建筑排水用硬聚氯乙烯（PVC—U）管材》（GB/T 5836.1—2006）表 1 的规定
	长度	一般为 4 m 或 6 m，管材长度不允许有负偏差
	不圆度	应不大于 0.024 dn，不圆度测定应在出厂前进行
	弯曲度	应不大于 0.50%
	承口尺寸	应符合《建筑排水用硬聚氯乙烯（PVC—U）管材》（GB/T 5836.1—2006）表 2、表 3 的规定

续表

项　目		指　标
物理力学性能	抗拉屈服强度（MPa）	≥40
	维卡软化温度（℃）	≥79
	纵向回缩率（%）	≤5%
	二氧甲烷浸渍试验	表面变化不劣于 4L
	落锤冲击试验（TIR）	TIR≤10%
	密度（kg／m³）	1350～1550
系统适用性	水密性	无渗漏
	气密性	无渗漏

　　建筑排水用硬聚氯乙烯管材、管件适用于建筑物内排水。在考虑到材料耐化学性和耐热性的条件下，也可用于工业排水。按连接形式不同可分为胶黏剂连接型和弹性密封圈连接型两种。

表 9-7　　　　　　　　　　　　　排水用硬聚氯乙烯管件技术要求

项　目		指　标
颜色		管材一般为灰色，其他颜色可供需双方协商确定
外观		管材内外壁应光滑、平整，不允许有气泡、裂口和明显的裂痕、凹陷、色泽不均匀及分解变色线。管件应完整无缺损，浇口及溢边应修除平整
规格尺寸	壁厚	符合标准《建筑排水用硬聚氯乙烯》（GB/T 5836.2—2006）中 6.3.1 有关规定
	承插口直径和长度	符合标准《建筑排水用硬聚氯乙烯》（GB/T 5836.2—2006）中 6.3.2 有关规定
	基本类型和安装长度	符合标准《建筑排水用硬聚氯乙烯》（GB/T 5836.2—2006）中附录 A 有关规定
物理力学性能	维卡软化温度（℃）	≥74
	烘箱试验	符合 GB/T 8803—2001
	坠落试验	无破裂
	密度（kg／m³）	1350～1550
系统适用性	水密性	无渗漏
	气密性	无渗漏

9.4 建筑塑料制品的质量检测

9.4.1　塑料门窗的质量检测

　　塑料门窗检验分为出厂检验和型式检验，产品经检验合格后应有合格证。

1. 出厂检验

出厂检验应在型式检验合格后的有效期内进行出厂检验，否则检验结果无效，出厂检验的项目有角强度、增强型钢、五金件安装、窗扇开关力、紧锁器开关力、外形高宽尺寸、对角线尺寸、相邻构件装配间隙、相邻构件同一平面度、窗框窗扇配合间隙、窗框窗扇搭接量、密封条安装质量、外观。产品出厂前，应按每一批次、品种、规格随机抽样，抽样量不得少于 3s，某项不合格时，应加倍抽检，对不合格的项目进行复验，如该项仍不合格，则判定该批产品为不合格品；经检验，若全部检验项目符合标准规定的合格指标，则判定该批产品为合格产品。

2. 型式检验

型式检验项目除出厂检验项目外还包括开关疲劳、抗风压性能、水密性能、气密性能，根据客户要求还可以进行保温性能、隔声性能等。抽样方法为：批量生产时，每两年在合格产品中随机抽取进行形式检验。产品检验不符合产品标准要求，应另外加倍复验，产品仍不符合要求的，则判定为不合格产品。

不管材料和开启方法如何不同，外窗物理性能的试验方法是一致的。外窗物理性能主要有气密性、水密性、抗风压性、保温性、隔热性、隔声性。根据《建筑装饰装修工程质量验收规范》（GB 50210—2001） "5.1.3 对金属窗、塑料窗的抗风压性、气密性、水密性进行复验" 规定，目前建筑外窗的物理性能一般特指上述的三种性能。随着国家建设节约性社会和对节能建材的推广，保温和隔热性能将会越来越重要，而门窗的型材、门窗玻璃的使用直接影响门窗的物理性能。门窗使用的型材、玻璃检测引起了关注。

3. 气密性检测

（1）检验顺序
按气密性、水密性、抗风压性进行，先做正压，后做负压。
（2）试件要求
试件应为按提供图样生产的合格品，不得有附加的零配件和特殊组装工艺或改善措施，不得在开启部位打密封胶。
（3）试件安装
调整镶嵌框尺寸，并保证有足够的刚度。用完好的塑料布覆盖试件的外侧面。试件的外侧面朝向箱体，如需要，选用合适的垫木垫在静压箱底座上，垫木的厚度应使试件排水顺畅，高度应保证排水顺畅，安装好的试件要求垂直，下框要求水平，夹具应均匀分布，避免出现变形，建议安装附框，安装完毕后，应将试件开启部分开关 5 次，最后夹紧。
（4）基本参数记录
测量并记录试件品种，外形长、宽和厚，开启缝长、开启密封材料，受力杆长，玻璃品种、规格、最大尺寸、镶嵌方法、镶嵌材料，气压，环境温度，五金配件配制。
（5）设备检查
（6）检测方法
① 预备加压：在正负压检测前分别施加三个压力脉冲。压力绝对值为 500Pa，加载速度约为

100Pa/s，压力稳定作用时间 3s，泄压时间不少于 1s。待压力差回零后，将试件上所有开启部分开关 5 次，最后关紧。

② 附加渗透量的测定：附加空气渗透量指除通过试件本身的空气渗透量以外的通过设备和镶嵌框，以及部件之间连接缝等部位的空气渗透量。在试件开启部位密封的情况下选择程序记录 10、50、100、150、100、50、10 压力等级下的空气渗透量。

③ 总渗透量的测定：用刀片划开密封部位的塑料布，选择总渗透量的测定，程序同上。

④ 分级与计算：监控系统根据记录下的正、负各压力级总渗透量和附加渗透量计算出每一试件在 100 Pa 时的空气渗透量的测定值 $\pm q_t$；换算成标准状态下的空气渗透量 $\pm q'$；除以开启缝长度得出单位开启缝长的空气渗透量 $\pm q_1'$；除以试件面积得出单位面积的空气渗透量 $\pm q_2'$；换算成 10 Pa 检测压力下的相应值 $\pm q_1$ 和 $\pm q_2$ 的计算公式分别见式（9-1）和式（9-2）：

$$\pm q_1 = (\pm q_t \times 293 \times p) / (4.65 \times 101.3 \times T \times L) \tag{9-1}$$

$$\pm q_2 = (\pm q_t \times 293 \times p) / (4.65 \times 101.3 \times T \times A) \tag{9-2}$$

式中：p——试验室气压值 kPa；

L——开启缝的总长度 m；

A——窗户试件的面积 m^2。

作为分级指标值，对照按缝长和按面积各自所属级别，最后取两者中的不利级。

实例：

表 9-8 是一樘窗的正压数据，确定其气密性。产品规格型号：TSC80—1515；外型尺寸：1500mm × 1500mm × 80mm；试件面积：2.25m^2 开启缝长：7.090m；气压：101.1kPa；环境温度：299K。

表 9-8　　　　　　　　　　　一樘窗的正压数据

检测类型		检测压力（Pa）			
		10	50	100	150
总渗透量 q_z（m^3/h）	升压	9.26	22.23	41.21	58.95
	降压	9.15	23.72	42.46	—
附加渗透量 q_f（m^3/h）	升压	0.00	0.35	1.26	2.24
	降压	0.00	0.36	1.11	—

案例分析：

按照以上检测方法进行数据计算

（1）求总渗透量的平均值

$$\overline{q_z} = \frac{41.21 + 42.46}{2} = 41.835 \ (\text{m}^3/\text{h})$$

（2）求附加渗透量的平均值

$$\overline{q_f} = \frac{1.26 + 1.11}{2} = 1.185 \ (\text{m}^3/\text{h})$$

（3）求空气渗透量的测定值

$$\pm q_t = \overline{q_z} - \overline{q_f} = 41.835 - 1.185 = 40.65 \ (\text{m}^3/\text{h})$$

（4）由公式（9-1）：$\pm q_1 = (\pm q_t \times 293 \times p) / (4.65 \times 101.3 \times T \times L)$

得：$\pm q_1 = \dfrac{40.65 \times 293 \times 101.1}{4.65 \times 101.3 \times 299 \times 7.090} = 1.21 \text{ m}^3 / (\text{m} \cdot \text{h})$

（5）由公式（9-2）：$\pm q_2 = (\pm q_t \times 293 \times p) / (4.65 \times 101.3 \times T \times A)$

得：$\pm q_2 = \dfrac{40.65 \times 293 \times 101.1}{4.65 \times 101.3 \times 299 \times 2.25} = 3.8 \text{ m}^3 / (\text{m}^2 \cdot \text{h})$

（6）由以上得知 $\pm q_1 = 1.21$；$\pm q_2 = 3.8$

对照表 9-3 可以判定这一樘塑料窗可以达到气密性 6 级水平。

9.4.2 塑料管的质量检测

1. 给水用硬聚氯乙烯（PVC–U）管材检测

（1）检验批确定。用相同原料、配方和工艺生产的同一规格的管材作为一批。当 $d_n \leqslant 63\text{mm}$ 时，每批数量不超过 50t，当 $d_n > 63\text{mm}$ 时，每批数量不超过 100t。

（2）检验项目。出厂检验项目为外观、颜色、不透光性、管材尺寸、纵向回缩率、落锤冲击试验和 20℃、1h 的液压试验。

（3）结果评定：项目外观、颜色、不透光性、管材尺寸检测项目中任意一条不符合规定时，则判该批为不合格。物理力学性能中有一项达不到要求，则在该批中随机抽取双倍样进行该项复验。如仍不合格，则判该批为不合格批。卫生指标有一项不合格判为不合格批。

2. 给水用聚氯乙烯管件检测

（1）检验批确定。用相同原料、配方和工艺生产的同一规格的管件作为一批。当 $d_n \leqslant 32\text{mm}$ 时，每批数量不超过 2 万个，当 $d_n > 32\text{mm}$ 时，每批数量不超过 5000 个。一次交付可由一批或多批组成，交付时应注明批号，同一交付批号产品为一个交付检验批。

（2）检验项目。出厂检验项目为外观、注塑成型管件尺寸、管材弯制成型管件、烘箱、坠落试验。

（3）结果评定：外观、注塑成型管件尺寸、管材弯制成型管件中任一条不符合规定时，则判该批为不合格。物理力学性能中有一项达不到要求，则在该批中随机抽取双倍样进行该项复验。如仍不合格，则判该批为不合格批。卫生指标有一项不合格判为不合格批。

3. 排水用硬聚氯乙烯（PVC–U）管材检测

（1）检验批确定：建筑排水用硬聚氯乙烯（PVC–U）管材以同一原料配方、同一工艺和同一规格连续生产的管材为一批，每批数量不超过 50 t，如生产 7 天尚不足 50 t，则以 7 天产量为一批。

（2）检验目的。出厂检验项目为颜色、外观、规格尺寸、纵向回缩率、落锤冲击试验。颜色、外观、规格尺寸为计数检验项目，按表 9-9 抽样，在抽样合格的产品中，随机抽取足够样品，进行纵向回缩率和落锤冲击试验。形式检验是在出厂计数检验项目抽样合格的产品中随机抽取足够的样品，对力学性能和系统适用性所有项目进行检测。

表 9-9 管材、管件计数检验项目样本大小与判定

批量范围 N	样本大小 n	合格判定数 Ac	不合格判定数 Re
≤150	8	1	2
151～280	13	2	3
281～500	20	3	4
501～1200	32	5	6
1201～3200	50	7	8
3201～10000	80	10	11

（3）结果评定：颜色、外观、规格尺寸分别依据表 9-6 技术要求进行判定。物理力学性能中有一项达不到表 9-6 给出的规定指标时，则在该批中随机抽取双倍样品进行该项的复验，如仍不合格，则判该批产品为不合格批。

4. 建筑排水用硬聚氯乙烯（PVC-U）管件检测

（1）检测批确定：以同一原料、配方和工艺生产的同一规格管件为一批，当 d_n（公称外径）小于 75 mm 时，每批数量不超过 10000 件，当 d_n（公称外径）大于等于 75 mm 时，每批数量不超过 5000 件。如果生产 7 d 仍不足一批，则以 7 d 产量为一批。

（2）检测项目：出厂检验项目为颜色、外观、规格尺寸及烘箱试验、坠落试验。颜色、外观、规格尺寸为计数检验项目，按表 9-9 抽样，在抽样合格的产品中，随机抽足够的样品，进行烘箱试验、坠落试验。型式检验是在出厂计数检验项目抽样合格的产品中随机抽取足够的样品，对物理力学性能和系统适用性所有项目进行检测。建筑排水用硬聚氯乙烯（PVC-U）管材和管件样品数量见表 9-10。

表 9-10 建筑排水用硬聚氯乙烯（PVC-U）管材和管件样品数量

项　目	样　品　数　量
外观、颜色、规格尺寸	计数检验
密度	1 件
二氯甲烷浸渍试验	1 件
拉伸屈服强度	$d_n<75mm$；样条数 3 个；$75mm≤d_n<450$；样条数 5 个
纵向回缩率	3 个
维卡软化温度	2 个
落锤冲击试验	视管径和试样破坏情况定
坠落试验	5 个
烘箱试验	3 个
水密性	管材和／或管件连接包含至少一个弹性密封圈连接型接头的系统
气密性	

（3）结果评定。颜色、外观、规格尺寸分别依据表 9-6 技术要求进行判定。物理力学性能中有一项达不到表 9-6 给出的规定指标时，则在该批中随机抽取双倍样品进行该项的复验，如仍不合格，则判该批产品为不合格批。

实例：

批量 $N=100$、规格 $110mm \times 3.2mm$、长为 4 m 的建筑排水用硬聚氯乙烯（PVC-U）管材进行颜色、外观、拉伸强度检验，样本大小 $n=8$（见表 9-11），判定是否符合标准要求。

表 9-11　　　　　　　　　　　　　　管材测试数据

序　号	最小厚度（mm）	宽度（mm）	拉力（N）	强度（MPa）单个值	强度（MPa）平均值
1	3.36	6.20	850	40.8	
2	3.41	6.16	830	39.5	
3	3.45	6.12	855	40.5	40.3
4	3.39	6.24	870	41.1	
5	3.33	6.28	825	39.5	

依据表 9-6 建筑排水用硬聚氯乙烯管材技术要求进行判定。

（1）颜色：目测，8 根管材均为灰色，不合格数为 0（合格判定数 Ac=1，符合规范要求。

（2）外观：目测，8 根管材中有 1 根色泽不均，不合格数为 1，合格判定数 Ac=1，符合规范要求。

（3）拉伸屈服强度

① 计算每个试样的拉伸屈服强度，以试样 1 为例，

$850N / (3.36mm \times 6.20mm) = 40.8MPa$

② 拉伸屈服强度平均值（40.8+39.5+40.5+41.1+39.5）／ 5 ＝40.3MPa。

拉伸屈服强度的平均值为 40.3MPa＞40MPa，符合标准规定要求。

（4）根据以上结果，该批建筑排水用硬聚氯乙烯（PVC-U）管材符合 GB/T5836.1—2006 标准规定要求。

习　题

一、填空题

1. 塑料是由_____和_____两类物质组成。

2. 树脂的品种，按合成时化学反应不同，将树脂分为_____和_____；按受热时性能变化的不同，又分为_____和_____。

3. 写出下列聚合物的英文名称缩写：聚氯乙烯塑料_____、聚乙烯塑料_____、酚醛树脂塑料_____、不饱和聚酯树脂塑料_____、环氧树脂塑料_____。

4. 写出五种塑料常用的添加剂_____、_____、_____、_____、_____。

5. 《建筑外门窗气密、水密、抗风压性能分级及检测方法》（GB/T 7106—2008）主要检测建筑外门窗的物理性能包括_____性能、_____性能、_____性能。

二、选择题（不定项选择）

1. 下列属于热塑性塑料的是（　　　）。

A. 聚乙烯塑料　　　　B. 酚醛塑料　　　　　　C. 聚苯乙烯塑料　　　　D. 有机硅塑料

2. 添加剂在塑料中的主要作用是（　　　）。

A. 提高强度　　　　　B. 提高硬度　　　　　　C. 提高成本　　　　　　D. 易于成型

3. 根据塑料管的温度和耐热性，下列不可作为热水管的是（　　　）。

A. PE　　　　　　　　B. PE-X　　　　　　　　C. PB　　　　　　　　　D. XPAP

4. 对于塑料窗产品标准 GB/T3018—94 上规定在检测前对于 PVC 塑料窗试件应在 18 ℃～28℃的条件下状态调节（　　　）h 以上。

A. 16　　　　　　　　B. 20　　　　　　　　　C. 24　　　　　　　　　D. 32

5. 建筑外窗气密性检测过程中，在正负压检测前分别施加三个压力脉冲。压力绝对值为（　　　）。

A. 200Pa　　　　　　B. 300Pa　　　　　　　C. 400Pa　　　　　　　D. 500Pa

三、名词解释

塑料；塑料门窗；塑料管；附加空气渗透量

四、问答题

1. 塑料门窗有哪些特点？
2. 建筑外窗的气密性能是如何分级的？
3. 塑料管有哪些优缺点？
4. 用硬聚氯乙烯管材有哪些技术要求？

第10章

建筑装饰材料的性能与检测

建筑装饰材料起到装饰和美化环境的作用，建筑装饰工程的总体效果及功能都是通过装饰材料的运用，将其形体、质感、图案、色彩、功能等完美体现出来。建筑装饰材料的品种繁多，不同的装饰部位对材料的要求也不同。本章介绍了玻璃、陶瓷、石材、涂料、木材等装饰材料的性能、特点、质量要求及应用等。

【学习目标】

1. 掌握玻璃的基本性质、分类，掌握平板玻璃、安全玻璃、装饰玻璃的性能特点和应用，合理选用玻璃制品；

2. 了解陶瓷的基本知识，掌握常见建筑陶瓷制品的性能和应用，合理选择建筑陶瓷制品；

3. 了解石材的基本知识，了解花岗岩、大理石的基本知识和性能，了解人造石材的分类和特点；

4. 了解涂料的基本组成，掌握内墙涂料、外墙涂料、地面涂料的种类、性能和特点；

5. 了解木材的基本知识，了解木材的特点和质量要求。

10.1 建筑玻璃

玻璃是现代建筑上广泛采用的材料之一，更是现代室内装饰的主要材料。随着现代建筑发展的需要和玻璃制作技术上的飞跃进步，玻璃正在向多品种多功能方面发展。其制品由过去单纯作为采光和装饰功能，逐渐向着控制光线、调节热量、节约能源、控制噪声、降低建筑自重、改善建筑环境、提高建筑艺术等多种功能综合发展，为现代建筑设计和建筑装饰工程提供了更加宽广的选择性。

10.1.1　玻璃的基本知识

1．玻璃的概念和化学组成

玻璃以石英砂、纯碱、石灰石、长石等为主要原料，经 1550℃～1600℃高温熔融、成型、冷却并裁割而得到的有透光性的固体材料。它具有无规则结构的非晶态固体，没有固定的熔点，在物理和力学性能上表现为均质的各向同性。其主要成分为二氧化硅、氧化钠、氧化钙及少量的三氧化二铝、氧化镁等。

2．玻璃的基本性质

（1）密度。玻璃属于致密材料，内部几乎没有孔隙，其密度与化学组成密切相关。不同的玻璃密度相差较大，如含大量氧化铅的玻璃可达 6500kg/m^3，普通玻璃的密度为 2500kg/m^3～2600kg/m^3。

（2）光学性能。光线照射到玻璃表面可以产生透射，反射和吸收三种情况。

① 光线透过玻璃的现象称为透射，透射光能与投射光能之比称为透射系数（透光率）。透射系数是玻璃的重要性能，清洁的玻璃透射系数达 85%～90%。

② 光线被玻璃阻挡，按一定角度反射回来称为反射，用反射系数（反射率）来表示，即玻璃反射光能与投射光能之比称为反射系数。反射系数的大小决定于反射面的光滑程度、折射率、投射光线入射角的大小、玻璃表面是否镀膜及膜层的种类等因素。

③ 光线通过玻璃后，一部分光能量损失在玻璃内部称为吸收，用吸收系数（吸收率）来表示，即玻璃吸收光能与投射光能之比称为吸收系数。

反射系数、透射系数和吸收系数之和为 100%。许多具有特殊功能的新型玻璃（如吸热玻璃、热反射玻璃等），都是利用玻璃的这些特殊光学性质而研制出来的。试验证明，由于玻璃光学性能的差异，必须在建筑中选用不同性能的玻璃以满足实际需求。如用于采光、照明的玻璃，要求透射系数高，普通 3mm 厚的窗玻璃在太阳光垂直投射的情况下，透射系数约为 87%，5mm玻璃的可见光透射系数约为 84%。用于遮光和隔热的热反射玻璃，要求反射系数高。而用于隔热、防眩作用的吸热玻璃，要求既能吸收大量的红外线辐射能，同时又能保持良好的透光性。

（3）玻璃的热工性质。

玻璃的热工性质主要指其导热性、热膨胀性以及热稳定性。

① 导热性。玻璃是不良的热导体，它的导热性很小，常温时大体上与陶瓷制品相当，而远远低于各种金属材料，但随着温度的升高而增大。导热性还受玻璃的颜色和化学成分的影响。

② 热膨胀性。玻璃的热膨胀性能比较明显。热膨胀系数的大小取决于组成玻璃的化学成分及其纯度，玻璃的纯度越高热膨胀系数越小，不同玻璃的热膨胀性差别较大。

③ 热稳定性。玻璃的热稳定性是指抵抗温度变化而不破坏的能力。由于玻璃的导热性能差，当玻璃温度急变时，热量不能及时传到整块玻璃上，使得沿玻璃的厚度温度不同，故膨胀量不同而产生内应力，当内应力超过玻璃极限强度时，就会造成碎裂。

受急热时玻璃表面产生压应力，而受急冷时玻璃表面产生的是拉应力，玻璃的抗压强度远高于抗拉强度。因此玻璃抗急热的破坏能力比抗急冷破坏的能力强。

（4）玻璃的力学性质。玻璃的力学性质化学组成、制品形状、表面性质和加工方法等有很大关系。除此之外如果玻璃中含有未熔杂物、结瘤或具有微细裂纹的制品，都会造成应力集中的现象，降低其强度。

玻璃的抗压强度较高，超过一般的金属和天然石材。需要注意的是玻璃每次承受荷载之后，在其表面可能发生微小的裂痕，裂痕会随着荷载次数和作用时间地增加而加深，从而破坏玻璃，因此需要注意用氢氟酸对其表面进行处理，消除裂纹，恢复玻璃强度。玻璃的抗拉强度较小，故玻璃在冲击力作用下极易破碎，是典型的脆性材料。

常温下玻璃具有较好的弹性，和较高的硬度，一般玻璃的莫氏硬度为 4～7，接近长石的硬度。

（5）化学稳定性。建筑玻璃具有较好的化学稳定性，通常情况下，能对酸、碱、盐以及化学试剂或气体等有很强的抵抗能力，能抵抗氢氟酸以外的各种酸类的侵蚀。但如若长期遭受侵蚀性介质的腐蚀，也能导致变质破坏，使其外观质量和透光能力降低。

3. 玻璃的分类

（1）按化学组成进行分类，可分为钠玻璃、钾玻璃、铝镁玻璃、铅玻璃、硼硅玻璃、石英玻璃等。

（2）按生产工艺分类，可分为平板玻璃和特种玻璃。

平板玻璃分为引上法平板玻璃、平拉法平板玻璃和浮法玻璃。浮法玻璃是玻璃制造方式的主流。

特种玻璃主要有钢化玻璃、磨砂玻璃、喷砂玻璃、压花玻璃、夹丝玻璃、中空玻璃、夹层玻璃、防弹玻璃、玻璃砖等。

（3）按照性能和用途可分为建筑玻璃（装饰玻璃、玻璃幕墙、空心玻璃砖等）、安全玻璃、多孔玻璃、导电玻璃、微晶玻璃、中空玻璃、光学玻璃、玻璃纤维等。

本节重点介绍平板玻璃、安全玻璃、装饰玻璃、玻璃马赛克和玻璃砖、玻璃幕墙。

10.1.2 平板玻璃

1. 平板玻璃的基本概念

平板玻璃是指未经其他加工的平板状玻璃制品，是玻璃中生产量最大、使用最多的一种，更是玻璃深加工的基础材料，因此也称为白片玻璃或净片玻璃。平板玻璃属钠玻璃类，具有一定的强度，但质地较脆。主要用于装配门窗，起采光（透光率为 85%～90%）、围护、保温、隔声等作用。平板玻璃可直接用于高级建筑、交通车辆、制镜和各种深加工玻璃原片。

2. 平板玻璃的技术质量要求

① 按照《平板玻璃》（GB 11614—2009）中规定的技术质量标准。平板玻璃按颜色属性分为无色透明平板玻璃和本体着色平板玻璃。

② 按外观质量分为合格品、一等品和优等品。

按公称厚度分为 2mm、3mm、4mm、5mm、6mm、8mm、10mm、12mm、15mm、19mm、22mm、25mm。

③ 平板玻璃的尺寸偏差、外观质量、光学特征等技术指标应符合《平板玻璃》（GB 11614—2009）的要求。

3. 平板玻璃的应用

平板玻璃透光度高、易切割，其主要用途有两个方面：一是它可作为钢化、夹层、镀膜、中空等深加工玻璃的原片。二是 3 mm～5 mm 的平板玻璃一般直接用于门窗的采光，8 mm～12 mm 的平板玻璃可用于隔断、橱窗、柜台、展台、玻璃搁架等。

使其迅速均匀地冷却至室温。当钢化玻璃破损时，破损成无数小块，这些小块没有尖锐棱角，不会伤人。因此钢化玻璃是一种安全玻璃。

10.1.3 安全玻璃

普通平板玻璃抗冲击性差、质地脆的原因，除了脆性材料本身化学组成等自身的特点外，还由于其在冷却过程中，内部产生了不均匀的内应力所致。随着科技的进步，人们开始设法对普通玻璃进行改性。安全玻璃即是改性后的产物，它与普通玻璃相比，强度高、抗冲击性好、击碎时的碎片不会伤人，有些还具有防火防盗等特点。比较常见的安全玻璃包括：钢化玻璃、夹丝玻璃、夹层玻璃和钛化玻璃。

1. 钢化玻璃

（1）钢化玻璃又称强化玻璃，是安全玻璃中最具有代表性的一种，它是普通平板玻璃通过物理钢化（淬火）和化学钢化处理的方法，增加玻璃强度的。

① 物理钢化玻璃。物理钢化又称淬火钢化。是将普通平板玻璃在加热炉中加热到接近软化点附近时（600℃），通过自身的形变来消除内部应力，然后移出加热炉，立即用高压冷空气吹向玻璃两面喷吹冷空气，使其迅速均匀地冷却至室温。当钢化玻璃破损时，破损成无数小块，这些小块没有尖锐棱角，不会伤人。因此钢化玻璃是一种安全玻璃。

② 化学钢化玻璃。化学钢化玻璃是通过离子交换改变玻璃表面的化学组成来达到钢化目的的。具体方法是将含碱金属离子钠（Na^+）或钾（K^+）的硅酸盐玻璃，浸入熔融状态的锂（Li^+）盐中，使 Na^+ 或 K^+ 与 Li^+ 发生离子交换，在表面层形成锂离子的交换层。由于锂离子的膨胀系数小于钠、钾离子，从而在冷却过程中造成外层收缩小而内层收缩较大。当玻璃冷却至常温后，便处于内层受拉应力而外层受压应力的状态，其效果类似于物理钢化，因此也就提高了玻璃的强度。化学钢化玻璃法虽可提高玻璃强度，但如若破碎，会形成较尖锐的碎片，在使用过程中应注意。

（2）钢化玻璃的特性

① 机械强度高。钢化玻璃的抗折强度约为普通玻璃的 4 倍。

② 弹性好。普通平板玻璃弯曲变形只能有几毫米，而同规格的钢化玻璃的弹性则大得多，一块 1200mm×350mm×6mm 的钢化玻璃，受力后可发生达 100mm 的弯曲挠度，当外力撤销后，仍能恢复原状。

③ 热稳定性好。钢化玻璃的最大安全温度约为 288℃，可承受 204℃的温差变化。其热稳定性高于普通玻璃，在急冷急热作用时，玻璃不易发生炸裂。这是因为其表面的预应力可抵销一部分因急冷急热产生的拉应力的缘故。

④ 安全性好。经过物理钢化的玻璃，安全性能优良，当玻璃表面受到破坏时，则内外拉压应力平衡状态被瞬间破坏，玻璃将破裂成很多小碎块，且这些小碎块没有尖锐棱角，不会对人身安全造成伤害。

⑤ 钢化玻璃的自爆。钢化玻璃内应力很高，若偶然因素作用打破了内应力的平衡状态，会产生瞬间失衡而自动破坏，这一现象称为钢化玻璃的自爆。

（3）钢化玻璃的应用。钢化玻璃制品具有优良的机械性能和耐热性能，因此它在建筑领域、交通领域以及其他工业上都得到广泛的应用。钢化玻璃制品种多样，有平面钢化玻璃、曲面钢化玻璃、半钢化玻璃、吸热钢化玻璃、压花钢化玻璃、钢化釉面玻璃等。在适用范围上，也有较大不同，如：平面钢化玻璃主要用于建筑物的门窗、幕墙、橱窗、家具、桌面等；曲面钢化玻璃主要用于汽车车窗；半钢化玻璃主要用于暖房、温室玻璃窗。

使用钢化玻璃时，应注意钢化玻璃不能在施工现场切割、磨削、也不能挤碰，需要厂家定做，还要根据其使用环境，控制其钢化程度，避免自爆。

2. 夹丝玻璃

（1）夹丝玻璃的概念和生产原理。夹丝玻璃又名钢丝玻璃，即是在玻璃加热到红热软化状态时，把经过预热处理过的钢丝（网）压入到玻璃中间再退火、切割而制成。夹丝玻璃品种主要有压花夹丝玻璃、磨光夹丝玻璃，在颜色上主要包括彩色的和无色透明的。

（2）夹丝玻璃的特性

① 安全性：夹丝玻璃具有良好的耐冲击性和耐热性。钢丝网起了骨架的作用，如遇外力冲击或温度骤变，即使玻璃无法抵抗而开裂，但由于钢丝网与玻璃黏结成一体，碎片仍附着在钢丝网上，不致四处飞散伤人，因此夹丝玻璃属于安全玻璃。

② 防火性：当遇到火势蔓延时，夹丝玻璃受热开裂，但由于金属网的作用夹丝玻璃能继续保持其形态，有效地隔绝火焰，为灭火争取时间。

③ 机械强度较低。在夹丝玻璃中含有很多金属丝，破坏了玻璃的均匀性，降低了玻璃的机械强度。

④ 耐急冷急热性能差。金属丝网与玻璃的热膨胀系数和热导率上有很大差异，因此若把夹丝玻璃使用在双侧温度差异较大，冷热交替频繁的部位则容易开裂和破损。

⑤ 切口易锈蚀。夹丝玻璃可以切割，但是切割后往往会造成金属丝网边缘外露容易锈蚀，锈蚀还后会沿着丝网逐渐向内部，从而破坏玻璃。因此在切割工序后要注意断面防水处理。

（3）夹丝玻璃的应用。夹丝玻璃主要用于建筑物的天窗、采光屋顶、仓库门窗、防火门窗及其他要求防盗、防火功能要求的建筑部位。还可用于室内隔断、居室门窗因其金属丝的点缀，彰显高贵优雅。

夹丝玻璃可切割，但应注意切割后，玻璃中间的金属丝仍然相连，在折弯金属丝时应防止玻璃切割边缘挤压。一般可采用玻璃刀相距 8mm 左右平行刻划，将两刻痕间玻璃小心敲碎，然后用剪刀剪断金属丝，并作防水处理。

3. 夹层玻璃

（1）夹层玻璃的概念和生产原理。夹层玻璃是在两片或多片平板玻璃之间嵌夹透明塑料薄片，经加热、加压、黏合而成的平面或曲面的复合玻璃制品。如图 10-1 所示。夹层玻璃也是一种安全玻璃。生产夹层玻璃的原片可以是普通平板玻璃、钢化玻璃、吸热玻璃或热反射玻璃等，其中嵌夹的中间层薄片常用的是聚乙烯醇缩丁醛（PVB）、乙烯-聚醋酸乙烯（EVA）。夹层玻璃的层数有 2 层、3 层、5 层、7 层、9 层，建筑上常用两层夹层夹层玻璃，原片的厚度通常为 2mm+3mm、3mm+3mm、3mm+5mm 等。

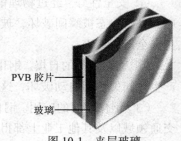

图 10-1　夹层玻璃

夹层玻璃的品种很多，常见的有减薄夹层玻璃、防紫外线夹层玻璃、防弹夹层玻璃、玻璃纤维增强玻璃、报警夹层玻璃、电热夹层玻璃等。

（2）夹层玻璃的特性

① 抗冲击能力强，相对于同等规格的普通平板玻璃，夹层玻璃的抗冲击能力要高出好几倍。多层钢化玻璃复合起来可制成防弹玻璃。

② 安全性高，耐用。夹层玻璃的安全性特别出众，当玻璃破碎时，由于中间有塑料衬片产生的黏合作用，夹层玻璃仅会产生辐射状的裂纹和少量的玻璃碎屑，玻璃的基本外观形态发生改变，且不会伤人。此外夹层玻璃还具有良好的耐热、耐寒、耐湿、隔声、保温等性能，长期使用不变色和老化。

③ 使用范围广。夹层玻璃的透明度好，若使用不同的塑料夹层还可制成颜色多样的彩色夹层玻璃，另外也是由于塑料夹层的作用夹层玻璃往往还还具有隔音、节能等辅助功能。

（3）夹层玻璃的应用。夹层玻璃安全性能极佳，因此主要用于有抗冲击作用要求的商店、银行橱窗、隔断及水下工程，或其他有防弹、防盗等特殊安全要求的建筑门窗、天窗、楼梯栏板等处。除此之外，还可作为汽车、飞机的挡风玻璃，用于交通工程。夹层玻璃一般不可切割。

4. 钛化玻璃

钛化玻璃又名永不碎铁甲箔膜玻璃。它是将钛金箔膜紧贴在任意一种玻璃基材之上，而形成的新型玻璃。所谓钛金箔膜是一种由季戊四醇和钛复合而成的箔膜，这种箔膜和玻璃结为一体后增加了玻璃的抗冲击性，使玻璃具有防碎性，抗热破裂性。钛化玻璃的强度是一般玻璃的四倍，阳光透过率可达 97%，防紫外线能力可达 99%，不会自爆，也没有碎片伤害性且加工方便，因此是钛化玻璃公认的最安全的玻璃。钛化玻璃常见的颜色有无色透明、茶色、茶色反光、铜色反光等。

5. 节能装饰玻璃

节能装饰型玻璃具有令人心旷神怡的色彩，还具有特殊的对光和热的吸收、透射和反射能力，当其用于建筑物的外墙窗玻璃幕墙时，可显著降低建筑能耗，现已被广泛地应用于各种高级建筑物之上。建筑上常用的节能装饰玻璃有吸热玻璃、热反射玻璃、低辐射膜玻璃、中空玻璃等。

（1）吸热玻璃

吸热玻璃因其通常带有一定的颜色，所以又名着色玻璃。它是一种既能保持较高的可见光透过率，又能显著吸收阳光中大量红外辐射的玻璃。

生产吸热玻璃的方法有两种：一是在普通玻璃中加入着色氧化物，如氧化铁、氧化镍、氧化钴及硒等，使玻璃具有强烈吸收阳光中红外辐射的能力；另一种是在平板玻璃表面喷涂一层或多层具有吸热和着色能力的氧化锡、氧化锑薄膜而制成。吸热玻璃按颜色分为灰色、茶色、绿色、古铜色、金色、棕色和蓝色等。其中蓝色、茶色吸热玻璃最为常见。

吸热玻璃的特性主要有：

① 吸收太阳辐射热。吸热玻璃主要是屏蔽辐射热，根据其颜色和厚度不同，对太阳辐射热的吸收程度也不同，普通的吸热玻璃大约可吸收 60% 的太阳能辐射热。

如图 10-2 所示，可以看出当太阳光全部辐射能的 84% 进入了室内，这些热量在室内聚集使室内温度升高，造成了"暖房效应"。而吸热玻璃仅为太阳光全部辐射能的 60%，即产生了"冷房效应"，节约了空调能耗。

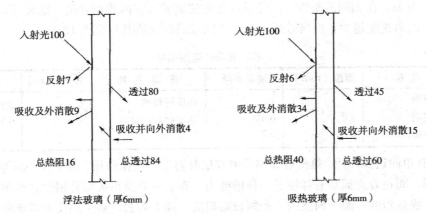

图 10-2　玻璃辐射能热对比

同时吸热玻璃还可吸收太阳紫外线，保护了室内家具、电器、书籍等日常用品褪色或变质，起到防晒作用。

② 吸收太阳可见光。吸热玻璃吸收可见光的能力相当强，6mm 的古铜色吸热玻璃吸收太阳可见光是同规格普遍玻璃的三倍。因此它可减弱太阳光的强度，使之变得柔和。图 10-3 为 6mm 厚浮法玻璃与着色玻璃光透过率的曲线比较。

③ 具有一定的透明度。可透过吸热玻璃观察景物。

④ 耐久性好，色泽经久不变。

凡既需采光又须隔热之处均可采用吸热玻璃。吸热玻璃装饰效果优良，若使用不同颜色的吸热玻璃还能合理利用太阳光，调节室内温度，节省空调能耗。目前普通吸热玻璃已广泛

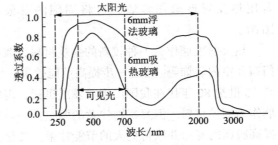

图 10-3　6mm 厚浮法玻璃与着色玻璃光透过率的曲线比较

应用于高档建筑物的门窗或玻璃幕墙以及车、船等的挡风玻璃等部位。

（2）热反射玻璃

热反射玻璃的概念和生产原理。热反射玻璃又名镀膜玻璃。它是在无色透明的平板玻璃上，镀一层金属（如金、银、铜、铝、镍、铬、铁等）或金属氧化物薄膜或有机物薄膜，使其具有较高的热反射性，又保持良好的透光性能。生产镀膜玻璃的方法有热分解法、喷涂法、浸涂法、金属离子迁移法、真空镀膜、真空磁控溅射法、化学浸渍法等。常见的颜色有灰色、青铜色、茶色、金色、浅蓝色和古铜色等。

热反射玻璃的特性：

① 隔热性能好。热反射玻璃因其良好的隔热性能，它对可见光的透过率可在 20%～65% 的范围内，对阳光中热作用强的红外线和近红外线的反射率则可高达 30% 以上，而普通玻璃只有 7%～8%。这种玻璃可在日晒较为强烈时仍可有效地屏蔽进入室内的太阳辐射能，并保持室内光线柔和。若把热反射玻璃作为温、热带地区的建筑物的门窗玻璃，则可以改变普通玻璃窗造成的"暖房效应"，从而节约了空调的能源消耗。

热反射玻璃的隔热性能可用遮蔽系数表示。遮蔽系数是指阳光通过 3mm 厚透明玻璃射入室内的能量为 1s，在相同的条件下阳光通过各种玻璃射入室内的相对量。遮蔽系数越小，通过玻璃射入室内的光能越少，冷房效果越好。不同玻璃的遮蔽系数见表 10-1。

表 10-1　　　　　　　　　　　　　　　不同玻璃的遮蔽系数

玻 璃 名 称	厚度（mm）	遮蔽系数	玻 璃 名 称	厚度（mm）	遮蔽系数
普通平板玻璃	3	1	热反射玻璃	8	0.6～0.75
透明浮法玻璃	8	0.93	热反射双层玻璃	8	0.24～0.49
茶色吸热玻璃	8	0.77			

② 具有单向透像作用。热反射玻璃的镀膜层具有单向透像作用，即在背光面可以像普通玻璃一样透视，而在着光面却有像镜子一样的能力。在装有热反射玻璃幕墙的建筑里，白天人们从室外（光线强烈的一面）向室内（光线较暗弱的一面）看去，由于热反射玻璃的镜面反射特性，看到的是街道上流动看的车辆和行人组成的街景，而看不到室内的人和物，但从室内可以清晰地看到室外的景色。夜晚正好相反，室内有灯光照明，就看不到玻璃幕墙外的事物，给人以不受干扰的舒适感。但从外面看室内，里面的情况则一清二楚，如果房间需要隐蔽，可借助窗帘或活动百叶等加以遮蔽。

③ 镜面效应。热反射玻璃具有镜面效应，所以有时也把热反射玻璃称为镜面玻璃。若用热反射玻璃作幕墙，可将周围的景象、云彩影射在幕墙上，构成一幅美丽的自然图画。

热反射玻璃作为一种较新的建筑材料，兼具装饰和节能的作用，主要用于玻璃幕墙、内外门窗及室内装饰等。为进一步提高节能效果，人们还常把热反射玻璃加工成高性能的中空玻璃。自 20 世纪 80 年代在我国出现后发展迅猛，现阶段很多城市的写字楼、办公楼都使用热反射玻璃作为围护材料。但要特别注意的两点：一是在安装单面镀膜玻璃时，又需将膜面向室内，以提高膜面的寿命并取得更大的节能效果。二是热反射玻璃若使用不恰当或使用面积过大会造成光污染和建筑物周围温度升高，影响环境的和谐。

（3）低辐射膜玻璃

低辐射膜玻璃又名低辐射玻璃、"Low-E"玻璃。是镀膜玻璃的一种，它对波长范围 4.5μm～25μm 的远红外线有较高反射比，可使 70% 以上的太阳可见光和近红外光透过，有利于自然采光，节省照明费用。这种玻璃的镀膜具有很低的热辐射性，室内被阳光加热的物体所辐射的远红外光很难通过这种玻璃辐射出去，可以保持 90% 的室内热量，因而具有良好的保温效果。此外，低辐射膜玻璃还具有较强的阻止紫外线透射的功能，可以有效地防止室内陈设物品、家具等受紫外线照射产生老化、褪色等现象。

低辐射膜玻璃的主要规格有 1500mm×900mm、1500mm×1200mm、1800mm×750mm、1800mm×1200mm、1800mm×1600mm 和 2200mm×1250mm 等。

低辐射膜玻璃一般不单独使用，常与普通平板玻璃、浮法玻璃、钢化玻璃等配合，制成高性能的中空玻璃。

（4）中空玻璃

中空玻璃是由两层或多层片状玻璃用边框支撑并均匀隔开，中间充以干燥的空气或惰性气体，四周边缘部分用胶粘接密封而达到保温隔热效果的节能玻璃制品。中空玻璃按玻璃层数，有双层和多层之分，一般多为双层结构。其中制作中空玻璃的片状玻璃基材可以是普通玻璃、钢化玻璃、夹丝玻璃、着色玻璃和热反射玻璃，也可以是低辐射膜玻璃、压花玻璃、彩色玻璃等。基材的厚度通常是 3mm、4mm、5mm 和 6mm。

中空玻璃中的"空"是指在两层片状玻璃之间充有的空气（或惰性气体），空气层厚度通常有 6mm、9mm～10mm、12mm～20mm 三种尺寸。正是由于这"空"的存在，才让中空玻璃有了绝佳的保温隔热性能。中空玻璃中的颜色有无色、绿色、茶色、蓝色、紫色、灰色、金色、棕色等。另外，高性能中空玻璃的外侧玻璃原片应为低辐射玻璃。

中空玻璃构造如图 10-4 所示。

中空玻璃的性能特点：

① 光学性能。中空玻璃的光学性能主要取决于所选用玻璃原片基材，不同的原片制成的中空玻璃其可见光透过率、太阳能反射串、吸收率及色彩变化很大。中空玻璃的可见光透视范围 10%～80%，光反射率 25%～80%，总透过率 25%～50%。

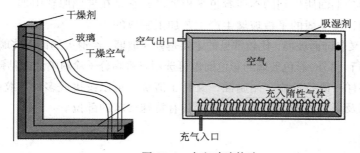

图 10-4 中空玻璃构造

② 隔声性能。璃有较好的隔音性能。一般可以降低噪声 30 dB～40 dB，能将街道汽车噪声降到学校教室的安静程度。

③ 热工性能。中空玻璃隔热性能良好。厚度 3mm～12mm 的无色透明玻璃，其传热系数为 6.5W/（m²·K）～5.9W/（m²·K），而以 6mm 厚玻璃为原片，玻璃间隔（即空气层厚度）为 6mm 和 9mm 的普通中空玻璃，其传热系数分别为 3.4W/（m²·K）和 3.1W/（m²·K），大体相当于 100mm 厚普通混凝土的保温效果。由双层热反射玻璃或低辐射玻璃制成的高性能中空玻璃，隔热保温性能更好。尤其适用于寒冷地区和需要保温隔热、降低采吸能耗的建筑物。

④ 抗结露功能。在室内一定的湿度环境下，物体表面温度降到某一温度时，湿空气使其表面结露、直至结露（表面温度在 0℃以下）。这个结露时的温度叫做露点。玻璃窗在结露之后严重影响玻璃的光学性能（如透视、采光性等）。普通的单片玻璃窗容易产生结露现象。

中空玻璃的抗结露功能比较强。通常情况下，中空玻璃内层接触湿度较高的室内空气，但玻璃表面温度也较高。而外层玻璃的表面温度较低，但接触室外环境的湿度也低，所以不易于结露。由此可见，中空玻璃的传热系数和夹层内部空气的干燥度是检验中空玻璃性能的重要指标。

⑤ 装饰性能好。制造中空玻璃可使用不同的原片玻璃，所以中空玻璃品种较多，装饰效果多样。

中空玻璃先前主要用于需要采暖、空调、隔声、抵抗结露等建筑物上。现阶段随着社会的进步，已广泛应用于住宅、饭店、宾馆、办公楼、学校、医院、商店等场合。特殊的中空玻璃，一般根据设计环境要求而使用。如热反射中空玻璃多用在温热带地区建筑物上，低辐射中空玻璃多用在寒冷地区太阳能利用方面；而钢化、夹丝、夹层等中空玻璃多以安全为主要目的，用于幕墙、采光天棚等处。

另外，在选用中空玻璃时要注意：第一，中空玻璃是在工厂按尺寸生产的，现场不能切割加工，所以使用前必须先选好尺寸。第二，由于长期使用温湿度的不断变化会导致间隔层内露点上升、中空玻璃出现细小裂纹失去密闭性等原因，玻璃的保温功能容易失效。

10.1.4　装饰玻璃

1. 彩色玻璃

彩色玻璃又称为有色玻璃或饰面玻璃，可分为透明和不透明两种。

透明彩色玻璃即是上面所提到的本体着色平板玻璃，它是在玻璃原料中加入一定量的起着色作用的金属氧化物，按一般的平板玻璃生产工艺加工制成的。

不透明彩色玻璃又名饰面玻璃，比较常见的主要是釉面玻璃，经退火的饰面玻璃可以切割，但经过钢化处理的则不行。另外，彩色玻璃的彩色面也可选用有机高分子涂料喷涂或粘贴有机膜制得。

彩色玻璃颜色多样，既抗冲刷，耐腐蚀，又易于清洗，可以镶拼成多种环纹图案，可用于建筑屋外墙、门窗以及居室内的墙面装饰或对光线有特殊要求的部位。

2. 釉面玻璃

釉面玻璃是不透明彩色玻璃的一种，它是将已切割裁好的一定尺寸的玻璃表面涂敷一层彩色易熔性色釉，再经焙烧、退火或者钢化等热处理工序，使色釉与玻璃表面牢固地黏结在一起，制成的玻璃，具有美丽的图案。

釉面玻璃基片可以平板玻璃为基材，也可以钢化玻璃、磨光玻璃等为基材。其特点为：耐酸、耐碱、图案精美，不易退色掉色，还可按用户的要求设计制作图案。其有良好的化学稳定性和装饰性，可用室内饰面层，也可用于门大厅、楼道等饰面层或建筑物的外墙饰面，在一些易腐蚀、易污染的建筑部位也可使用。

3. 花纹玻璃

花纹玻璃是将玻璃按一定的图案和花纹，对其表面进行雕刻、印刻或部分喷砂而制的一种装饰玻璃。依照加工方法的不同，花纹玻璃一般可分为压花玻璃、喷花玻璃和刻花玻璃等几种。

（1）压花玻璃。压花玻璃又名滚花玻璃，是在熔融玻璃冷却硬化前，用刻有花纹的辊轴对辊压延，在玻璃单面或双面压出深浅不同的花纹图案而制成的。它的透光率一般为 60%～70%，厚度为 3～5mm，规格一般在 900～1600mm。

压花玻璃花纹样式丰富，造型优美，由于压花玻璃表面凹凸不平，因此射到其表面的光线会产生不规则的漫反射、折射现象，更具有透光不透视的特点，起到视线干扰的作用，保护了个人隐私，主要用于门窗（花纹面朝室内）、办公室内间隔（花纹面朝室内）、卫生间（花纹面朝外）等处。另外如在压花玻璃有花纹的一面进行喷涂气溶胶或真空镀膜处理后更可以增加立体感，增强装饰效果，并增加玻璃的使用强度的 50%～70%。

（2）喷花玻璃。喷花玻璃又名胶花玻璃，是在平板玻璃表面贴上花纹图案，抹以保护层，并经喷砂处理，可形成透光不透视的效果，其厚度一般为 6mm，最大加工尺寸为1000mm×2200mm。因其美观高雅，所以可用于家居、办公隔断，卫生间隔断，或有特殊光线要求的建筑物门窗。

（3）刻花玻璃。刻花玻璃是平板玻璃经涂漆、雕刻、围腊、酸蚀、研磨等工序制作而成。常使用的酸蚀液体是氢氟酸。刻花玻璃立体感强，特别是在是室内光线照射时更是如浮雕一般，所以除可用于居室门窗、吊顶之外还可用作室内隔断、屏风。通常情况下，刻花玻璃是按客户定做要求加工的。

4. 磨（喷）砂玻璃

磨（喷）砂玻璃又名毛玻璃。是将普通平板玻璃表面研磨、喷砂或用氢氟酸溶蚀等方法加工，形成均匀粗糙毛面。磨砂玻璃使用硅砂、金刚砂等作为研磨材料，加水研磨玻璃表面制成的，而喷砂玻璃是用压缩空气把细砂喷到玻璃表面制成的。

磨（喷）玻璃的特点也是透光而不透视，可使透过它的光线产生漫反射，可使室内光线柔和。可广泛应用于办公室、住宅、会议室等的门、窗，以及卫生间、浴室等部位，还可用作黑板。在安装使用时要注意如做办公室、住宅门窗使用时将毛面朝向室内一侧，如做浴室门窗应将毛面朝外，以免沾水后透明。磨（喷）玻璃也可现场加工。

5. 镜面玻璃

镜面玻璃又名涂层玻璃或镀膜玻璃。它是在玻璃上表面镀一层金属及金属氧化物或有机物薄膜（常见的有利用真空镀铝、银镜反应等），用来控制玻璃的透光率，提高玻璃对光线的控制能力。

镜面玻璃的涂层色彩有多种，常用的有金色、银色、茶色、灰色等。在镀镜之前还可对玻璃基材雕刻、磨砂、彩绘等加工，提高美观度，以提高其美观度。

镜面玻璃的特点是反射能力强，是平板玻璃的 5 倍以上，且反射的物像不失真，并可调节室内的明亮程度，使光线柔和舒适、有一定的节能效果。

10.1.5 玻璃马赛克和空心玻璃砖

1. 玻璃锦砖（玻璃马赛克）

玻璃锦砖又名玻璃马赛克或玻璃纸皮砖，是一种小规格的彩色饰面玻璃。它是以玻璃为基础材料并含有未熔化的微小晶体（主要是石英砂）的乳浊制品，其内部为含有大量的玻璃相、少量的结晶相和部分气泡的非均匀质结构。每一单小块玻璃马赛克的规格一般为 20mm～60mm 见方、厚度 4mm～6mm，四周侧面呈斜面，正面光滑，背面带有槽纹，以利于铺贴和砂浆的黏结。

玻璃马赛克样式多、美观，性能稳定，耐久性好，施工方便、价格合理。

玻璃马赛克主要用于建筑物外墙饰面的保护和装饰，还可以利用其小巧、颜色丰富的特点能镶嵌出各种文化艺术图案和壁画等，也可在浴室、厨房的等部位装饰使用。在使用时，一般将单块的玻璃马赛克按设计要求的图案及尺寸，以胶黏剂粘贴到牛皮纸上成为一联（正面贴纸）。铺贴时，将水泥砂浆抹入一联马赛克的非贴纸面，使之填满块与块之间的缝隙及每块的沟槽，成联铺于墙面上，然后将贴面纸洒水润湿，将牛皮纸撕下。

2. 空心玻璃砖

空心玻璃砖是由两个凹型玻璃砖坯（如同玻璃烟灰缸）熔接而成的玻璃制品。周边密封，空腔内有干燥空气并存在微负压，玻璃壁一般厚 8mm～10mm，在玻璃砖的内侧压有花纹，所以其采光性能独特，另外它还具有比较好的隔热隔音性能和控制光线性能，能比较好的防范结露现象和减少灰尘透过，是一种高贵典雅的建筑装饰材料。空心玻璃砖可分为单腔和双腔两种。双腔空心玻璃砖即是在两个凹型砖坯之间再夹一层玻璃纤维网膜，从而形成两个空腔，因此它具有更高的热绝缘性能。

空心玻璃砖外观尺寸一般为：厚度 80mm～100mm 长、宽边长为 115mm、190mm、240mm、300mm 等规格。

空心玻璃砖的透光率与中空玻璃相近，用其作为墙体材料也可达到透光不透视的效果，使室内光线柔和。由于其内部的空心结构使得空心玻璃砖具有较好的隔热隔声性能，其传热系数可达 2.9W/（m²·K）～3.2W/（m²·K），隔音量为 45dB～50dB。另外，空心玻璃砖的防火性能和抗压强度也较普通玻璃优越许多。空心玻璃砖主要用于非承重墙有透光要求的墙体，如体育馆，医院等，另外还可用作办公楼、写字楼、住宅等内部非承重墙的隔断、柱子等。

10.1.6　玻璃幕墙

玻璃幕墙是指由支承结构体系与玻璃组成的、可相对主体结构有一定位移能力、不分担主体结构所受作用的建筑外围护结构或装饰结构。墙体有单层和双层玻璃两种。玻璃幕墙是一种美观新颖的建筑墙体装饰方法，是现代主义高层建筑时代的显著特征。

1. 幕墙的功能

现代化高层建筑的玻璃幕墙采用了由镜面玻璃与普通玻璃组合，隔层充入干燥空气或惰性气体的中空玻璃。

中空玻璃有两层和三层之分，两层中空玻璃由两层玻璃加密封框架，形成一个夹层空间；三层玻璃则是由三层玻璃构成两个夹层空间。使用中空玻璃幕墙的房间可以做到冬暖夏凉，极大地改善了生活环境。

2. 幕墙分类

（1）斜玻璃幕墙：与水平面夹角大于 75°且小于 90°的玻璃幕墙。

（2）框支承玻璃幕墙：玻璃面板周边由金属框架支承的玻璃幕墙。主要包括：明框玻璃幕墙、隐框玻璃幕墙、半隐框玻璃幕墙、单元式玻璃幕墙、构件式玻璃幕墙、全玻幕墙、点支承玻璃幕墙。

3. 玻璃幕墙的性能特点

玻璃幕墙是当代的一种新型墙体，它赋予建筑的最大特点是将建筑美学、建筑功能、建筑节能和建筑结构等因素有机地统一起来，建筑物从不同角度呈现出不同的色调，随阳光、月色、灯光的变化给人以动态的美。

玻璃幕墙也存在着一些局限性，例如光污染、能耗较大等问题。但这些问题随着新材料、新技术的不断出现，正逐步纳入建筑造型、建筑材料、建筑节能的综合研究体系中，作为一个整体的设计问题得以深入地探讨。

10.2 陶瓷制品

陶瓷制品在我国历史悠久，是我国古代劳动人民智慧的结晶，其具有坚固耐用、色彩鲜艳、防火、抗水、耐磨、耐腐蚀和维修费用低等优点。现已广泛地用于建筑装饰装修工程。

10.2.1 陶瓷制品基本知识

1. 陶瓷的基本概念

以黏土为主要原料，经配料、制坯、干燥、焙烧而制成的成品，统称陶瓷制品，也称"普通陶瓷"，例如日用陶瓷制品、建筑陶瓷制品、电瓷制品等。用于建筑物饰面或作为建筑构件的陶瓷制品，称建筑陶瓷制品。建筑陶瓷制品具有强度高、性能稳定、耐腐蚀性好、耐磨、防水、防火、易清洗和装饰性好等特点。建筑陶瓷制品的发展非常迅猛，新产品不断涌现。随着人们生活水平的不断提高，建筑陶瓷制品具有的良好特性逐渐被人们所认识，在建筑工程及建筑装饰工程中的应用将更广泛。

2. 陶瓷制品的分类

（1）按原材料及坯体的致密程度可以分为土器、陶器、炻器、半瓷器、瓷器。

（2）按用途分为日用陶瓷、建筑陶瓷、卫生陶瓷、美术陶瓷、园林陶瓷、工业陶瓷等。

日用陶瓷包括有细炻餐具、陶质砂锅。产品热稳定性好，基本没有铅、镉溶出，具有多种款式及规格，主要作餐饮、烹饪用具。

建筑陶瓷包括有瓷质砖、锦砖（马赛克）、细炻砖、仿石砖、彩釉砖、劈离砖和釉面砖等。产品具有良好的耐久性和抗腐蚀性，其花色品种及规格繁多，主要用作建筑物内、外墙和室内、外地面的装饰。

卫生陶瓷及卫浴包括有洗面器、便器、淋浴器、洗涤器、水槽等。该类产品的耐污性、热稳定性和抗腐蚀性良好，具有多种形状、颜色及规格，且配套齐全，主要用作卫生间、厨房、试验室等处的卫生设施。除此之外，还有搪瓷浴缸、压克力浴缸、浴室等卫浴产品。

美术陶瓷包括有陶塑人物、陶塑动物、微塑、器皿等。产品造型生动、传神，具有较高的艺术价值，款式及规格繁多。主要用作室内艺术陈设及装饰，并为许多收藏家所珍藏。

园林陶瓷包括有中式、西式琉璃制品及花盆等。产品具有良好的耐久性和艺术性，并有多种形状、颜色及规格，特别是中式琉璃的瓦件、脊件、饰件配套齐全，用作园林式建筑的装饰。

工业陶瓷，其特点是高硬度、高耐磨性、高弹性模量、高抗压强度、高熔点、高化学稳定性、耐高温、耐腐蚀，但抗拉强度低，脆性大。大多数工业陶瓷可作绝缘材料，有的可作半导体材料、压电材料、热电和磁性材料，故其在工业上的应用日益广泛。

10.2.2　常见的建筑装饰陶瓷制品

1. 釉面内墙砖

釉面内墙砖也称瓷砖、瓷片，简称"釉面砖"，其正面挂釉，背面有深度不小于 0.2mm 的凹槽纹，属于精陶制品。釉面砖是以难熔黏土为主要原料，加入一定量非可塑性掺和料和助熔剂，共同研磨成浆体，经榨泥、烘干成为含有一定水分的坯料之后，通过模具压制成薄片坯体，再经烘干、素烧、施釉、釉烧，或采用注浆法成型等工序制成。由于它的表面挂釉可获得各种色彩，且颜色稳定，经久不变。因此主要用于建筑物内墙饰面，也称为内墙面砖。

釉面内墙砖的性能特点及应用。釉面内墙砖具有许多优良性能，它强度高，耐水性、耐蚀性、抗冻性好，抗急冷急热，不易沾污、易清洗。表面细腻，色彩和图案丰富，极富装饰性。釉面内墙砖广泛地被用于厨房、浴室、卫生间、实验室、精密仪器车间及医院等室内装饰、在选用釉面内墙砖时，应注意其表面质量和装饰效果，还应重视其抗折、抗冲击性能，只有较好的力学性能，在使用过程中砖面的抗裂性和贴牢度才有保障。

釉面内墙砖不宜用于室外，因釉面内墙砖是多孔的精陶坯体，在长期与空气接触过程中，特别是在潮湿的环境中使用，会吸收大量水分而产生吸湿膨胀现象。由于釉的吸湿膨胀非常小，当坯体吸湿膨胀的程度增长到使釉面处于张应力状态，应力超过釉的抗张强度时，釉面发生开裂。如果用于室外，经长期冻融，更易出现剥落掉皮现象。所以在地下走廊、运输巷道、建筑墙柱脚等特殊部位和空间，最好选用吸水率低于 5%的釉面砖。另外，釉面砖铺贴前，必须浸水 2h 以上，然后取出晒干至表面无明水，才可进行粘贴施工。施工时用水泥浆或水泥砂浆中掺入一定量的 107 胶，不仅可改善灰浆的和易性，延缓水泥凝结时间，以保证铺贴时有足够的时间对所贴活进行接缝调整，也有利于提高铺贴质量，还可提高工效。

2. 陶瓷墙地砖

陶瓷墙地砖为陶瓷外墙面砖和室内、室外陶瓷铺地砖的统称。陶瓷墙地砖质地较密实、强度高，吸水率小，热稳定性、耐磨性及抗冻性均较好。墙地砖包括炻质砖和细炻砖，有施釉和不施釉两种，墙地砖背面有凹凸的沟槽，并有一定的吸水性，用以和基层墙面黏结。

外墙砖由于受风吹日晒、冷热冻融等自然因素的作用较严重，因而要求其不仅具有装饰性能，更要满足一定的抗冻性、抗风化能力和耐污染性能。而地砖要求具有较强的抗冲击性和耐磨性。

墙地砖的表面质感有多种多样，通过配料和改变制作工艺，可制成平面、麻面、毛面、磨光面、抛光面、纹点面、仿花岗石面、压花浮雕表面、无光釉面、有光釉面、金属光泽面、防滑面、耐磨面等不同制品。

几种常见的墙地砖：陶瓷劈离砖、玻化墙地砖、彩胎砖、陶瓷艺术砖、渗花砖、金属光泽釉面砖。

3. 陶瓷锦砖

10.1.6 中已介绍过，陶瓷锦砖又称为陶瓷马赛克，是一种将边长不大于 50mm 片状瓷片铺贴在牛皮纸上形成色彩丰富、图案多样的装饰砖，所以又称为"纸皮砖"。这种产品出厂时，已将带有花色图案的锦砖根据设计要求反贴在牛皮纸上，称作一联，联的边长有 284mm、295mm、305mm、325mm 四种，其中最常见的是 305mm。

陶瓷锦砖采用优质瓷土烧制而成，具有质地坚硬、吸水率极小（小于 0.2%）、耐酸碱、耐火、耐磨、不渗水、易清洗、抗急冷及急热、防滑性好，颜色丰富，图案多样等特点。

陶瓷锦砖适用范围很广，不仅适于洁净车间、门厅、餐厅、卫生间、化验室等处的地面和墙面饰面，还可用于室内外游泳区、海洋馆的池底、池边沿及地面的铺设。而当其用作内外墙饰面时，又可镶拼成各种壁画，形成别具风格的锦砖壁画艺术。

4. 琉璃制品

琉璃制品是以难熔优质黏土作为原料，经配料，成型，干燥，素烧，表面涂以琉璃釉料后，再经烧制而成的制品。琉璃制品质地细腻坚实，耐久性强，不易褪色，色泽丰富多彩，有黄色、绿、黑、紫等多种颜色。

琉璃制品品种多样，主要有琉璃瓦、琉璃砖、琉璃兽以及花窗、花格、栏杆等，还有陈设用的各种工艺品，如琉璃桌、绣墩、花盆、花瓶等。其中常见的琉璃瓦是我国古建筑中一种高级屋面材料，它的品种繁多，主要有筒瓦、板瓦、沟脊以及各种兽形琉璃饰件，如用作檐头和屋脊的装饰物飞禽走兽、双龙戏珠等形象。用琉璃制品装饰的建筑物富丽堂皇，雄伟壮观，富有我国传统的民族特色。

5. 卫生陶瓷

卫生陶瓷是用作卫生设施的有釉陶瓷制品的总称，是以磨细的石英粉、长石粉及黏土等为主要原料，经细加工注浆成型，一次烧制而成的表面有釉的陶瓷制品。卫生洁具是现代建筑中室内配套不可缺少的组成部分，主要有洗面器、浴缸、大便器小便器等。卫生陶瓷具有结构致密、气孔率小、强度较高、吸水率小、便于清洗、耐化学侵蚀、热稳定性好等特点。同时，现代卫生陶瓷正向造型美观、色调大方、噪声低、用水少、冲刷功能好，使用方便的高、中档配套卫生洁具和整套卫生间的方向发展。

10.3
建筑装饰石材

具有一定物理、化学性能，可用作建筑材料的岩石统称为建筑石材。在此基础上，如建筑石材又具有一定的装饰性能，加工后可供建筑装饰使用，称之为建筑装饰石材。

石材按照开采制造过程可分为天然石材和人造石材。其中天然石材强度高、装饰性能好、耐久性高、来源广泛，是人类自古以来广泛采用的装饰材料。而随着科学技术的发展，人造石材作为一种新型的饰面材料，也正在被广泛地应用于建筑室内外装饰。

10.3.1 岩石的基本知识

1. 岩石的结构和构造

岩石的结构是指岩石的原子、分子、离子层次的微观构成形式，即矿物的结晶程度、结晶大小、形态及相互排列关系，如玻璃状、细晶状、粗晶状、斑状、纤维状等。岩石的构造是指用放大镜或肉眼宏观可分辨的岩石构成形式，即矿物在岩石中的排列及相互配置关系，如致密状（大理石）、层状（浮石）、片状（片麻岩）、砾状（花岗石）、流纹状等。

2. 岩石的分类

天然岩石按地质成因可分为火成岩、沉积岩、变质岩三大类。它们具有显著不同的结构、构造和性质。

（1）火成岩火成岩也称岩浆岩，是由地壳深处熔融岩浆上升冷却而成的。它是地壳中的主要岩石，约占地壳总质量的89%。火成岩根据岩浆冷却条件的不同，又分为深成岩、喷出岩和火山岩三种。

深成岩其特点是结晶完全、晶粒明显可辨、构造致密、表观密度大、抗压强度高、吸水率小、抗冻及耐久性好。建筑上常用的深成岩有花岗岩、正长岩和橄榄岩等。

喷出岩是岩浆在喷出地表时，经受了急剧降低的压力和快速冷却而形成的。建筑中用到地喷出岩有玄武岩、辉绿岩、安山岩等。

火山岩多呈玻璃质结构，有较高的化学活性。火山岩在装饰工程直接使用的不多，可以作为配制轻质混凝土和砂浆的天然集料使用。

（2）沉积岩

沉积岩也称水成岩，是露出地表的各种岩石（火成岩、变质岩及早期形成的沉积岩），在外力作用下，经风化、搬运、沉积、再造成岩四个阶段，在地表及地下不太深的地方形成的岩石。其主要特征是呈层状构造，外观多层理，且各层的颜色成分均不相同，各向异性，且含有动植物化石，相对于火成岩，沉积岩的孔隙率和吸水率较大，表观密度较小，强度和耐久性较火成岩低。沉积岩中的所含矿产极为丰富，有煤、石油、锰、铁、铝、磷、石灰石和盐岩等。虽然沉积岩仅占地壳质量的 5%，但其分布极广，约占地壳表面积的 75%，加之其容易加工，所以在建筑上应用十分广泛，是一种重要的岩石。沉积岩按照生成条件分为三类：机械沉积岩、生物沉积岩、化学沉积岩。

机械沉积岩是岩石风化破碎以后又经风雨、河流等搬运、沉积、重新压实或胶结作用，在地表或距地表不太深处形成的岩石，主要有砂岩、砾岩、角砾岩和页岩等。

生物沉积岩是有机体死亡后的残骸，经分解、分选、沉积而成的岩石。如石灰岩、硅藻土等。

化学沉积岩是岩石中的矿物溶于水后，经富集、沉积而成的岩石，如石膏、白云岩、菱镁矿等。

（3）变质岩

变质岩是地壳中原有的岩石（包括火成岩、沉积岩和早先生成的变质岩），由于岩浆活动和构造运动的影响，原岩变质（再结晶，使矿物成分、结构等发生改变）而形成的新岩石。沉积岩变质后，性能变好，结构变得致密，坚实耐久，如石灰岩（沉积岩）变质为大理石，这种岩石称为称副变质岩；而火成岩经变质后，性质反而变差，如花岗岩（深成岩）变质成的片麻岩，易产生分层利落，使耐久性变差，这种岩石称为正变质岩。常用的变质岩主要有如下几种：

大理岩也称大理石，是由石灰岩、白云岩经变质而成的具有细晶结构的致密岩石。

石英岩是由硅质砂岩受地质动力变化变质而成的一种酸性变质岩，它们质地均匀致密，抗压强度高达 250MPa～400MPa，莫氏硬度为 7，耐酸性好，加工困难，但耐久性强，使用年限可达千年。石英岩板材可用作重要建筑的饰面材料或地面、踏步、耐酸衬板等。

片麻岩是由花岗岩等火成岩经过高压地质作用重新结晶变质而成。其矿物成分与花岗石相近，具有片麻状构造。垂直于片理方向抗压强度为 120MPa～200MPa，沿片理方向易于开采加工。吸水性高，抗冻性差，通常加工成毛石或碎石，用于不重要的工程。

10.3.2　建筑石材的技术要求

1. 表观密度

天然石材按其表观密度大小分为重石和轻石两类。表观密度大于 1800kg/m³ 的为重石，主要用于建筑的基础、贴而、地面、路面、房屋外墙、挡土墙、桥梁以及水工构筑物等。表现密度小于 1800kg/m³ 的为轻石，主要用作墙体材料，如采暖房屋外墙等。

2. 强度等级

石材的强度等级是根据三个边长为 70mm 的立方体时间的抗压强度的平均值表示根据《砌体结构设计规范》（GB 50003—2011）的规定，按石材的抗压强度分为 7 个强度等级：MU100、MU80、MU60、MU50、MU40、MU30、MU20。

3. 吸水性

天然石材的吸水率一般较小，但因其形成的条件、密实程度等情况的不同，石材的吸水率波动较大，其大小主要与石材的化学成分、孔隙率大小、孔隙特征等因素有关。花岗岩的吸水率通常小于 0.5%，而贝类石灰岩吸水率可达 15%。岩石吸水后强度降低，抗冻性、耐久性均下降。

4. 耐水性

石材的耐水性用软化系数 K 表示，按 K 值的大小，石材的耐水性可分为高、中、低三等，K > 0.90 的石材为高耐水性石材，中耐水性石材 K = 0.75～0.90，低耐水性石材 K = 0.60～0.75。一般 K < 0.80 的石材不允许用于重要建筑。

5. 抗冻性

石材的抗冻性用冻融循环次数表示，在规定的冻融循环次数内，无贯穿裂纹（穿过试件两棱角）、重量损失不超过 5%、强度降低不大于 25%，则为抗陈性合格。石材的抗冻性主要决定丁其矿物成分、晶粒大小和分布均匀性、天然胶结物的胶结性质、孔隙率及吸水性等性质。石材应根据使用条件选择相应的抗冻性指标。一般室外工程饰面石材的抗冻次数应大于 25 次。

6. 硬度

石材的硬度反映其加工的难易性和耐磨性。石材的硬度通常用莫氏硬度表示，它是一种矿物相对刻画硬度，分为十级。各莫氏硬度级标准矿物如表 10-2 所示。

表 10-2   莫氏硬度标准矿物

硬度	1	2	3	4	5	6	7	8	9	10
矿物	滑石	石膏	方解石	萤石	磷灰石	长石	石英	黄玉	刚玉	金刚石

如在某种石材的平滑面上，用长石刻滑不能留下痕迹，用石英刻滑可以留下痕迹那么这种石材的莫氏硬度即为 6。

7. 其他性能

除以上几种性质以外石材的技术性能还包括耐热性、导热性、耐磨性、冲击韧性等。

10.3.3   天然建筑装饰石材的选用

天然建筑装饰石材品种不同，性能差别很大。加之其密度大、强度高的石材成本高，所以在建筑装饰工程中选用天然石材时既要发挥天然石材的性能，体现设计风格，又要经济合理。一般来说，天然石材的选用要从以下几点考虑：

1. 石材的多变性

同一类岩石，品种不同、产地不同。石材的物理力学性能（强度、耐水性、抗冻性等）和石材的装饰性（色调、光泽、质感）往往相差很大，所以选择石材时，同一装饰工程部位上应尽可能选用同一矿山的同一种岩石，不然所用的产品会出现色差、纹理的变化，影响装饰效果，严重的还会影响工程整体质量，造成极大损失。

2. 石材的装饰适用性

不同部位要求装饰石材的性能和装饰效果不同。应用于地面的石材，主要应考虑其耐磨性，同时还要照顾其防滑性；而用于室外的饰面石材，主要应考虑其抗风化性、耐酸碱性及抗冻性等；用于室内的饰面石材，主要应考虑其光泽、花纹和色调等美观性。除此之外单块石材的效果与整个饰面的效果会有差异，因此不能简单地根据单块样品的色泽花纹确定选用计划，而应想到若大面积铺贴后的整体效果。

3. 石材的经济性

石材密度大、重量大，所以应尽量就近、就地取材，以减少运输距离，降低成本。虽然一般来讲，等级越高的石材其效果越好，但其价格也会越高。所以在选择时应根据自己的实际情况选购自己所需的等级，即既能体现装饰风格，又与工程投资相适宜的品种，不要一味追求高价格，造成浪费。

4. 石材的工艺性能

石材的工艺性能是指石材便于开采、加工、施工安装的性质，包括加工性、磨光性、抗钻性。购买的石材应该具有良好的工艺性能，便于加工，磨光等。

5. 石材的安全性

天然石材中含有放射性的物质，会对人的身体造成伤害，近年来引起人们的高度重视。石材中放射性的物质是指镭-226、钍-232、钾-40 等放射性元素，在衰变中会产生对人体有害的物质。

《室内装饰装修材料建筑材料放射性核素限量》（GB 6566—2010）标准中规定了建筑材料中天然放射性核素镭-226、钍-232、钾-40 放射性比活度的限量和试验方法，适用于建造各类建筑物所使用的无机非金属类建筑材料。它把花岗石、水泥及水泥制品等装修材料放射性水平大小划分为以下三类：

A 类装修材料：装修材料中天然放射性核素镭-226、钍-232、钾-40 的放射性比活度同时满足 $I_{Ra}\leqslant 1.0$ 和 $I_\gamma\leqslant 1.3$ 要求的为 A 类装修材料。A 类装修材料产销与使用范围不受限制。

B 类装修材料：不满足 A 类装修材料要求但同时满足 $I_{Ra}\leqslant 1.3$ 和 $I_\gamma\leqslant 1.9$ 要求的为 B 类装修材料。B 类装修材料不可用于 7 类民用建筑的内饰面，但可用于 Ⅱ 类民用建筑的外饰面及其他一切建筑物的内、外饰面。

C 类装修材料：不满足 A、B 类装修材料要求但满足 $I_\gamma\leqslant 2.8$ 要求的为 C 类装修材料。C 类装修材料只可用于建筑物的外饰面及室外其他用途。

该标准中内照射指数 I_{Ra} 是指:建筑材料中天然放射性核素镭-226 的放射性比活度，除以该标准规定的限量而得的商。本标准中外照射指数 I_γ 是指:建筑材料中天然放射性核素镭-226，钍-232 和钾-40 的放射性比活度分别除以其各自单独存在时该标准规定限量而得的商之和。

10.3.4 天然建筑装饰石材

1. 天然花岗岩

（1）花岗岩的组成和化学成分。

花岗岩俗称花岗石，它属于深成岩，分布十分广泛。花岗岩以石英、长石和云母为主要成分。其中长石含量为 40%～60%，石英含量为 20%～40%。花岗岩为全结晶结构的岩石，通常分为粗粒、中粒、细粒和斑状等多种构造。其颜色决定于所含成分的种类和数量，常呈灰色、白色、黄色、蔷薇色和红色等，以深色花岗岩比较名贵。优质花岗岩晶粒细而均匀、构造紧密、石英含量多、云母含量少、长石光泽明亮、不含黄铁矿等杂质，没有风化现象，纹理呈斑点状，构成该类石材的独特效果。花岗岩主要化学成分见表 10-3。

表 10-3 　　　　　　　　　　　　　花岗岩主要化学成分

成分	SiO$_2$	Al$_2$O$_3$	CaO	MgO	Fe$_2$O$_3$
含量（%）	67～76	12～17	0.1～2.7	0.5～1.6	0.2～0.9

花岗岩的二氧化硅含量较高 67%～76%，属于酸性岩石。某些花岗岩含有微量放射性元素，这类花岗岩应避免用于室内。花岗岩结构致密、质地坚硬、耐酸碱、耐气候性好，可以在室外长期使用。

（2）花岗岩的性能和特点

① 花岗岩性能指标（见表 10-4）：

表 10-4 　　　　　　　　　　　　　花岗岩性能指标

项　目	指　标
表观密度（kg/m^3）	2500～2800
抗压强度（MPa）	120～300
抗折强度（MPa）	8.5～15
吸水率（%）	0.1～0.7
莫氏硬度	6～7
耐用年限（年）	75～200

② 花岗岩优缺点对照（见表 10-5）：

表 10-5 　　　　　　　　　　　　　花岗岩优缺点对照

优　点	缺　点
结构致密，抗压强度高	自重大
孔隙率小，吸水率极低，抗冻性强	硬度大，不易开采加工
材质坚硬，耐磨性高	质脆，耐火性差（温度达到 800℃以上晶型转变膨胀爆裂）
装饰性能优秀，质感斑润，华丽高贵，花纹细腻	
化学稳定性好，耐久性高	

（3）天然花岗岩的分类、规格、等级和标记

天然花岗岩板材的分类。按板材形状可以分为三类：毛光板（MG）、普型板（PX）、圆弧板（HM）、异形板（YX）；按板材表面加工的平整程度也可分为三类：细面板（YG）、镜面板（JM）、粗面板（CM）；

按用途分为：一般用途（用于一般性装饰用途），功能用途（用于结构性承载用途或特殊功能要求）。

天然花岗岩板材规格。天然花岗岩板材规格种类繁多。其定型产品板材规格见表10-6，非定型产品（圆弧板、异形板和特殊要求的普型板规格尺寸）板材规格由设计单位或施工部门与生产厂商联系商定。

表 10-6　　　　　　　　　　　　　　　花岗岩产品规格

边长系列	300*、305*、400、500、600*、800、900、1000、1200、1500、1800
厚度系列	10*、12、15、18、20*、25、80、35、40、50

注　*为常用规格

天然花岗岩板材等级：毛光板按厚度偏差、平面度公差、外观质量等将板材分为优等品（A）、一等品（B）、合格品（C）三个等级；普型板按规格尺寸偏差、平面度公差、角度公差、外观质量等将板材分为优等品（A）、一等品（B）、合格品（C）三个等级；圆弧板按规格尺寸偏差，直线度公差，线轮廓度公差，外观质量等将板材分为优等品（A）、一等品（B）、合格品（C）三个等级。

天然花岗岩的命名与标记：国家标准《天然花岗石建筑板材》（GB/T 18601—2009）对天然花岗岩板材的命名和标记方法做出了如下规定：

命名顺序：荒料产地地名，花纹色彩特征描述，花岗石。

标记顺序：名称、类型、规格尺寸、等级、标准编号。

示例：用山东济南青花岗石荒料加工的600mm×600mm×20mm、普型、镜面、优等品板材表示如下：

命名：济南青花岗石

标记：济南青花岗石（G3701）PX JM 600×600×20 A GB/T 18601—2009

（4）贮存与应用

花岗岩板材质地坚硬、耐腐蚀，但在贮存运输时也应该注意保护板面，严禁搬运时滚碾、碰撞；尽可能在室内贮存；如果室外贮存则应加遮盖。板材应按品种、规格、等级或工程料部位分别码放。板材直立码放时，应光面相对，倾斜度不大于15°，层间加垫，垛高不得超过1.5m，板材平放时，地面必须平整，垛高不得超过1.2m。包装箱码放高度不得超过2m。

花岗岩是一种优良的建筑石材，不易风化，外观色泽可保持百年以上，它常用于基础、桥墩、台阶、路面，也可用于砌筑房屋、围墙，在我国各大城市的大型建筑中，曾广泛采用花岗岩作为建筑物立面的材料。也可用于室内地面和立柱装饰，耐磨性要求高的台面和台阶踏步等，特别适宜做大型公共建筑大厅的地面。但由于其坚硬的特点，在开采加工过程中也比较困难，加之由于修琢和铺贴费工，因此花岗岩板材是一种价格较高的装饰材料。在工业上，花岗岩常用作一种耐酸材料。

2. 天然大理石

（1）大理石的组成和化学成分

大理石常呈层状结构，有明显的结晶和纹理，主要矿物为方解石和白云石，它属于中硬石材，具有致密的隐晶结构。纯大理石为白色，又称汉白玉，如在变质过程中混进其他杂质，就会出现不同的颜色与花纹、斑点。如含碳呈黑色；含氧化铁呈玫瑰色、橘红色；含氧化亚铁、铜、镍呈绿色；含锰呈紫色等。大理石主要化学成分，见表10-7。

表 10-7   大理石主要化学成分

化学成分	CaO	MgO	SiO_2	Al_2O_3	Fe_2O_3	SO_3	其他 （Mn、K、Na）
含量（%）	28～54	3～22	0.5～23	0.1～2.5	0～3	0～3	微量

大理石的化学成分有氧化钙、氧化镁二氧化硅的等，其中氧化钙和氧化镁占总量的 50%以上，空气和雨中所含酸性物质及盐类对它有腐蚀作用。

（2）大理石的性能和特点

大理石性能指标见表 10-8。

表 10-8   大理石性能指标

项 目	指 标
表观密度（kg/m^3）	2500～2700
抗压强度（MPa）	70.0～110.0
抗折强度（MPa）	6.0～15
吸水率（%）	＜1
莫氏硬度	3～4
耐用年限（年）	40～100

大理石优缺点见表 10-9。

表 10-9   大理石优缺点

优 点	缺 点
结构致密，抗压强度高，加工性好，不变形	硬度相对较低
装饰性好，纯色柔润，浅色庄雅，深色高贵	抗风化能力差（注）
吸水率小、耐腐蚀、耐久性好	

（3）天然大理石的分类、规格、等级和标记

① 分类。按形状分成如下类别：普型板（PX）；圆弧板（HM）即装饰面轮廓线的曲率半径处相同的饰面板材。

② 板材规格：厚板（国际和国内板材的通用厚度为 20mm，此类板材可钻孔锯切，湿法作业，干挂法作业均可）；薄板（厚度为 10mm、8mm、7mm 等，此类板材可用多种胶黏剂直接粘贴，利用率较高）。

③ 等级和标记

a. 等级按加工质量和外观质量分为：

普型板按规格尺寸偏差、平面度公差、角度公差及外观质量将板材分为优等品（A）、一等品（B）、合格品（C）三个等级。

圆弧板按规格尺寸偏差、直线度公差、线轮廓度公差及外观质量将板材分为优等品（A）、一等品（B）、合格品（C）三个等级。

b. 命名与标记。国家标准《天然大理石建筑板材》（GB/T 19766—2005）对天然大理石板材的标记方法和顺序做出了如下规定：

标记顺序：荒料产地地名、花纹色调特征描述、大理石：编号《天然石材统一编号》（按 GB/T 17670—2008 的规定）、类别、规格尺寸、等级、标准号。

示例：用房山汉白玉大理石荒料加工的 600mm×600mm×20mm、普型、优等品板材示例如下：

房山汉白玉大理石：M1101 PX600×600×20 A GB/T 19766—2005

（4）储存与应用

天然大理石板材表面光亮，易污染，在储存运输时应尽量室内储存，其注意事项和码放方式参照天然花岗岩。

10.3.5　人造装饰石材

所谓人造石材是指采用胶凝材料作为黏结剂，以砂、石、石粉、工业废渣等为粗、细骨料，经成型、固化、表面处理而成的一种人造材料。特别地，人造石材主要以人造大理石和人造花岗石为主，其中以人造大理石的应用较为广泛。

1．人造石材的分类

人造石材按照使用的原材料分为四类：水泥型人造石材、聚酯型人造石材、复合型人造石材、烧结型人造石材和微晶石类人造石材。

2．人造石材的特点

（1）质量轻、强度高：某些人造石材的表观密度仅为天然石材的一半，其厚一般仅为天然石材的 40%，但抗压强度却仍然可以达到近百兆帕，从而可大幅度降低建筑物重量，方便了运输与施工。

（2）耐酸、耐腐蚀、耐污染：天然大理石一般不耐酸，而人造大理石可广泛用于酸性介质场所，特别像聚酯型人造石材对酸碱都有较强的抵抗力。

（3）装饰性能好、工艺相对简单、价格便宜：人造石材生产工艺简单，制作成本较低，色调与花纹可按需要设计，可加工性好，光泽度高，花纹品种多。

（4）某些人造石材表面耐刻画能力较差或使用中意发生翘曲变形。

10.4 ┃ 建筑涂料

建筑涂料是指能涂于建筑表面，并能形成连续性涂膜，对建筑物起到保护、装饰等作用或使建筑物具有某些特殊功能的材料。

10.4.1　涂料基本知识

1．建筑涂料的基本组成

（1）基料（主要成膜物质）

基料是决定涂料性质的物质，其在涂料中的作用是将涂料中的其他组分黏结在一起，并能牢固地附着在基层表面，形成连续均匀、坚韧的保护膜。

建筑涂料中常用的基料有无机基料（如水玻璃、硅溶胶）和有机基料（如聚乙烯醇、聚乙烯醇缩甲醛、丙烯酸树脂、环氧树脂、醋酸乙烯—丙烯酸酯共聚物、聚苯乙烯—丙烯酸酯共聚物、聚氨酯树脂）两类。

（2）填料与颜料（次要成膜物质）

① 填料（体质颜料）。填料是主要起到改善涂膜机械性能，增加涂膜厚度，减少涂膜收缩，降低涂料成本等作用的物质。填料分粉料和粒料两类，常用的填料有重晶石粉、轻质碳酸钙、重质碳酸钙、高岭土及各种彩色砂粒等。

② 颜料。颜料是使涂料具有所需颜色，并使涂膜具有一定遮盖能力的物质。颜料还应具有良好的耐碱性、耐候性。建筑涂料中使用的颜料有无机矿物颜料、有机颜料和金属颜料，由于有机颜料的耐久性较差，故较少使用。建筑涂料中常用的颜料有氧化铁红、氧化铁黄、氧化铁绿、氧化铁棕、氧化铬绿、钛白、锌钡白、群青蓝、铝粉、铜粉等。

（3）分散介质（辅助成膜物质）

分散介质是主要是指涂料中的溶剂，又称稀释剂，起溶解或分散基料、改善涂料施工性能、增加涂料渗透能力等作用。由于分散介质对保证涂膜质量有较大的影响，因此，要求其应具有较强的溶解能力，适宜的挥发率。同时，应注意克服无机溶剂易燃及毒性在应用中的不利影响。

涂料按分散介质及其对成膜物质作用的不同分为溶剂型涂料、水溶性涂料及乳液型涂料三种，其中水溶性涂料和乳液性涂料属于水性的绿色涂料。

（4）助剂

助剂是指为进一步改善或增加涂料的某些性能，在配制涂料时加入的物质，其掺量较少，一般只占涂料总量的百分之几到万分之几，但效果显著。常用的助剂有如下几类：

① 硬化剂、干燥剂、催化剂等。

② 增塑剂、增白剂、紫外线吸收剂、抗氧化剂等。

③ 防污剂、防霉剂、阻燃剂、杀虫剂等。

此外还有分散剂、增稠剂、防冻剂、防锈剂、芳香剂等。

2. 建筑涂料的分类

（1）按基料化学成分分类：

① 有机类：可分为溶剂型、水溶性与乳胶型三种涂料。

② 无机类涂料：无机涂料是以水玻璃、硅溶胶、水泥等为基料，加入颜料、填料、助剂等，经研磨、分散而成的涂料。

③ 无机—有机复合型涂料：无机—有机复合涂料是即使用无机基料，又使用有机基料的涂料。

（2）按建筑物使用部位分类：可分为外墙建筑涂料，内墙建筑涂料，地面建筑涂料，顶棚、屋面防水涂料等。

（3）按使用功能分类：可分为防水涂料、保温涂料、吸音涂料、防霉涂料等。

（4）按涂层质感不同分类：可分为薄质涂料，厚质涂料，复层建筑涂料等。

10.4.2　常见的几种建筑涂料

1. 内墙涂料

（1）聚醋酸乙烯乳液内墙涂料（聚醋酸乙烯乳胶漆）。聚醋酸乙烯乳液内墙涂料是由聚醋酸乙烯乳液为主要成膜物质，加入适量的填料，颜料及各种助剂，经研磨或分散处理而制成的一种乳液涂料。

其具有无毒，不易燃烧，涂膜细腻、平滑、色彩鲜艳，价格适中，施工方便等优点，但它的耐水性、耐酸碱性及耐候性不及其他共聚乳液，故仅适宜涂刷内墙，属于中档内墙涂料。

（2）醋酸乙烯—丙烯酸酯有光乳液涂料（乙—丙有光乳液涂料）。它是以聚醋酸乙烯与丙烯酸酯共聚乳液为主要成膜物质，掺入适量的颜料、填料及助剂，经过研磨或分散后配制而成的半光或有光内墙涂料。

其耐水性、耐候性、耐碱性优于聚醋酸乙烯乳液内墙涂料，并具有光泽，是一种中高档内墙涂料。主要用于住宅、办公室、会议室等内墙及顶棚。

（3）苯—丙乳胶漆内墙涂料。苯丙乳胶漆内墙涂料是由苯乙烯、甲基丙烯酸等三元共聚乳液为主要成膜物质，掺入适量的填料、少量的颜料和助剂，经研磨、分散后配制而成的一种各色无光的内墙涂料。

用于内墙装饰，其耐碱、耐水、耐久性及耐擦性都优于其他内墙涂料，是一种高档内墙装饰涂料，同时也是外墙涂料中较好的一种。

（4）多彩内墙涂料。多彩内墙涂料是以合成树脂及颜料等为分散相，以含乳化剂和稳定剂的水为分散介质制成的，经一次喷涂即可获得具有多种色彩立体图膜的乳液型内墙涂料。多彩内墙涂料按其介质可分为水包油型、油包水型、油包油型和水包水型四种。适用于建筑物内墙和顶棚水泥、混凝土、砂浆、石膏板、木材、钢、铝等多种基面的装饰。其色彩图案多样，具有良好的耐水性、耐碱性、耐油性、耐腐蚀性和透气性，主要用于住宅、办公室、会议室、商店等建筑的内墙及顶棚，是目前国内外较流行的高档内墙涂料之一。

（5）壁纸漆。壁纸漆是一种通过专用的模具，用于墙面印花的特种水性涂料。图案逼真、细腻、无缝连接，不起皮、不开裂，色彩自由搭配，图案可个性定制。在不同的光源下可产生不同的折光效果，立体感强，有一种高雅华贵的感觉。该涂料适合住宅、酒店、办公楼、医院、学校等大型建筑物内墙的墙面、天花、石膏板及木间隔的装饰。

2. 外墙涂料

（1）丙烯酸酯系外墙涂料。丙烯酸酯系外墙涂料是以热塑性丙烯酸酯树脂为基料加入溶剂、颜料、填料、助剂等而制成的外墙涂料，分溶剂型和乳液型两种。

丙烯酸酯系外墙涂料，性能优良，无刺激性气味，耐候性好，不易变色、粉化或脱落，耐碱性好，且对墙面有较好的渗透作用，涂膜坚韧，附着力强，施工方便，可刷、滚、喷，也可根据工程需要配制成各种颜色。使用寿命可达 10 年以上，属高档涂料，是目前国内外主要使用的外墙涂料之一。丙烯酸酯系外墙涂料主要适用于民用、工业、高层建筑及高级宾馆等内外装饰。

（2）聚氨酯系外墙涂料。聚氨酯系外墙涂料，是以聚氨酯树脂或聚氨酯树脂与其他树脂的混合物为基料制成的溶剂型外墙涂料。聚氨酯系外墙涂料具有一定的弹性和抗伸缩疲劳性，对基层的裂缝有很好的适应性，其表面光泽度高、呈瓷质感，还具有优良的黏聚性、耐水性、耐酸碱腐蚀性、耐高低温性、耐洗刷性（耐洗刷次数可达 2000 次以上），使用寿命可达 15 年以上，属高档外墙涂料。主要适用于高级住宅、商业楼群、宾馆等的外墙装饰。

（3）合成树脂乳液砂壁状建筑涂料（彩砂涂料）。合成树脂乳液砂壁状建筑涂料称彩砂涂料，是以合成树脂乳液和着色骨料为主体，外加增稠剂及各种助剂配制而成。彩砂涂料的主要成膜物质有醋酸乙烯—丙烯酸酯共聚乳液、苯乙烯—丙烯酸酯共聚乳液、纯丙烯酸酯共聚乳液等。其一般采用喷涂法施工，涂层具有丰富的色彩与质感，且保色性、耐水性、耐候性良好，涂膜坚实，骨料不易脱落，使用寿命可达10年以上。合成树脂乳液砂壁状建筑涂料主要用于办公楼、商店等公共建筑的外墙。

（4）复层涂料。复层涂料也称凹凸花纹涂料或浮雕涂料、喷塑涂料，它是由两种以上涂层组成的复合涂料。复层涂料是由底层涂料、主层涂料和罩面涂料三部分组成。按主层涂料主要成膜物质的不同，可分为聚合物水泥系复层涂料（CE）、硅酸盐系复层涂料（Si）、合成树脂乳液系复层涂料（E）、反应固化型合成树脂乳液系复层涂料（RE）四大类。

（5）无机外墙涂料。无机外墙涂料是以碱金属硅酸盐或硅溶胶为主要成膜物质，加入填料、颜料、助剂等配制而成的建筑外墙涂料。按其主要成膜物质的不同可分为两类：一类是以碱金属硅酸盐；另一类是以硅溶胶为主要成膜物质。无机外墙涂料广泛用于住宅、办公楼、商店、宾馆等的外墙装饰，也可用于内墙和顶棚等的装饰。

（6）氟碳涂料。氟碳涂料是使用了含氟树脂为基料的新型涂料，其树脂结构中的F-C键是键长最短、键能最大的化学键，因此化学性能非常稳定。理论上，氟碳涂料有着极优异性能，如耐碱、抗腐蚀、耐候性。由于氟碳涂料的表面张力很低，因此具有非常出色的耐沾污和自洁功能。氟碳涂料是今后高档建筑的首选涂料。

3. 地面涂料

（1）聚氨酯厚质弹性地面涂料。聚氨酯厚质弹性地面涂料是以聚氨酯为基料的双组分溶剂型涂料。聚氨酯厚质弹性地面涂料耐水性、耐油性、耐酸碱性、耐磨性好，还具有一定的弹性，脚感舒适，但同时具有价格相对较高，原材料有毒等缺点，其主要用于高级住宅、会议室、手术室、影剧院等建筑的地面。

（2）环氧树脂厚质地面涂料。环氧树脂厚质地面涂料是以环氧树脂为基料制成的双组分溶剂型涂料，它具有良好的耐化学腐蚀性、耐水性、耐油性、耐久性，且涂膜与基层材料的黏结力强，坚硬、耐磨，有一定的韧性，色彩多样，装饰性好，但其也具有价格高，原材料有毒等缺点。主要用于高级住宅、手术室、实验室及工厂车间等建筑的地面。

10.5
木材

10.5.1 木材的分类

1. 按照树木种类分类

按照树木种类，木材分为针叶树和阔叶树两大类。其中针叶树是主要建筑与装饰材料，广泛用于承重部位和门窗等装饰部件，常用的树种有松、杉、柏等。而阔叶树在装饰工程中常用来制作尺寸较小的构件，有一些阔叶树还可制作家具和胶合板等。

2. 按照加工程度和用途分类

木材按照加工程度和用途可分为原条、原木、板方材和人造板材等几类。

10.5.2 木材的宏观与微观构造

1. 木材的宏观构造

所谓宏观构造是指人们可以用眼睛或放大镜就能看到的木材组织。树木是由无数不同形态和大小的植物细胞组成的，按其生长部位可以分为根部、树干、树枝、叶子几部分。我们建筑装饰工程中对根部、树干、树枝都可以加工使用，树根可以加工为根雕作为室内装饰品，树枝可以加工成人造板材，而应用最广的就是树干了。将树干从切成三个不同方向的切面即：横切面、径切面和弦切面。横切面是垂直于树轴的切面，径切面是通过树轴的纵切面，弦切面是平行于树轴的纵切面。在宏观下，又可把树干可分为树皮、木质部和髓心三个部分，如图 10-5 所示。

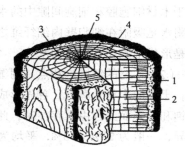

图 10-5　木材的宏观构造
1—树皮；2—木质部；3—年轮；
4—髓线；5—髓心

树皮是储藏和运输养料的通道，主要起保护树木的作用，一般而言，对于建筑工程，树皮没有太大的使用价值，但几种特殊的树种除外，例如香樟树含有樟脑，栓皮、栎树皮可以采制栓皮而制成软木等绝缘材料。

髓心位于树干的中心，被木质部包围，是一种柔软的薄壁细胞组织，多呈深褐色。髓心强度低、质地软、易开裂、腐朽，但人们可根据髓心的形态分辨识别木材。

木质部是髓心和树皮之间的部分，是木材最主要的部分。一般把靠近树皮的颜色较浅的部分叫"边材"，靠近髓心颜色较深的部分叫"心材"。在横切面上可以看出木质部上深浅相间的同心圆，我们称之为年轮。年轮一般由颜色较浅的早材（春材）和颜色较深的晚材（夏材）两部分组成，早材是在树木生长季节早期生长形成，细胞大，材质疏；晚材是在树木生长季节晚期生长形成，细胞小，材质密。年轮的花纹优美，是木制装饰材料良好装饰效果的代表性特点。

2. 木材的微观构造

所谓木材的微观构造即是指在显微镜下看到的木材组织。我们发现木材是由无数管状细胞紧密结合而成。细胞横断面呈四角略圆的正方形。每个细胞分为细胞壁和细胞腔两个部分，细胞壁由若干层纤维组成。细胞壁越厚，细胞腔越小，木材越密实，其表观密度、强度、胀缩变形能力也越大。另外，细胞之间纵向联结比横向联结牢固，细胞纵向强度高，横向强度低。细胞之间有极小的空隙，所以木材能吸附和渗透水分。

10.5.3　木材的基本性质

1．木材的密度和表观密度

各种不同树种的木材，密度相差不大，平均约为 1.55kg/m³。

木材的表观密度因树种不同而各异。多数木材在 400kg/m³～600kg/m³，一般称表观密度小于 400kg/m³的木材为轻材，500kg/m³～800kg/m³的为中等材，大于 800kg/m³的为重材。

2．含水率

（1）木材中的水分。木材中的水分可分为三种，即自由水、吸附水和化合水。自由水是存在于木材细胞腔和细胞间隙中的水分，它的变化主要影响木材的表现密度、干燥性及可燃性等。吸附水是吸附在细胞壁内细纤维之间的水分，其含量的变化影响着木材强度和胀缩变形。化合水是形成细胞化学成分的水分，常温下由于其含量基本固定，因此对木材性能无影响。

（2）木材的纤维饱和点。潮湿的木材在干燥时，首先失去自由水，然后才失去吸附水。反之，干燥的木材受潮时，首先形成吸附水，吸附水饱和后，多余的水成为自由水。当吸附水处于饱和状态而无自由水存在时，此时对应的含水率称为木材的纤维饱和点。纤维饱和点随树种而异，一般为 23%～33%，平均为 30%。木材的纤维饱和点是木材物理、力学性质的转折点。

（3）平衡含水率。木材的含水率是随着环境温度和湿度的变化而改变的。如果木材长时间处于一定温度和湿度下，干燥的木材能从空气中吸收水分，潮湿的木材能向周围释放水分，直到木材表面的蒸汽压与周围空气的压力达到平衡，此时，含水率趋于一个定值。我们将与周围空气的相对湿度达到平衡时木材的含水率称为平衡含水率。我国北方木材这一数值一般在 10%～13%之间，南方可达 18%。

3．木材的吸湿性与木材的湿胀和干缩

吸湿性是木材从空气中吸收水蒸气和其他液体蒸汽的性能。木材的吸湿性主要表现在木材的湿胀和干缩变形。当木材的含水率在纤维饱和点以下时，随着含水率的增大木材细胞壁内的吸附水增多，体积膨胀；随着含水率的减小，木材体积收缩。而当木材含水率在纤维饱和点以上，只有自由水增减变化，木材的体积不发生变化。纤维饱和点是木材湿胀和干缩变相的转折点。

由于木材构造的不均匀性，在不同的方向干缩值不同。顺纹方向（纤维方向）干缩值最小，平均为 0.1%～0.35%；径向较大，平均为 3%～6%；弦向最大，平均为 6%～12%。一般来讲，表观密度大、夏材含量多的木材，湿胀变形较大。另外，板材距髓心越远，其干燥时收缩越大，会产生反翘变形（见图 10-6）。

吸湿性会使木材的物理力学性质随着平衡含水率

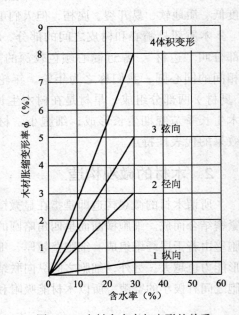

图 10-6　木材含水率与变形的关系

的变化而变化。因此，在使用过程中，我们需要将木材制品干燥到与所在使用地区空气温度、湿度相应的木材平衡含水率。这样，就可以在一定程度上避免木材制品因使用地区温度、温度的变化而引起木材制品的胀缩、翘曲、开裂现象。

4. 木材的强度及耐磨性

（1）木材的强度

按受力状态，木材的强度分为抗拉、抗压、抗弯和抗剪四种强度。木材是各向异性的材料，每一类强度又可根据施力方向不同分为顺纹受力和横纹受力。顺纹受力是指作用力方向平行于纤维方向。横纹受力是指作用力的方向垂直于纤维方向。两者的差别很大。以木材受剪切作用为例，由于作用力对于木材纤维方向的不同，可分为顺纹剪切、横纹剪切，如图 10-7 所示。

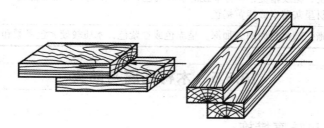

（a）顺纹剪切　　　　　　（b）横纹剪切

图 10-7　木材受剪切作用示意图

木材各强度之间关系如表 10-10 所示。

表 10-10　　　　　　　　　木材各强度之间关系（单位 MPa）

抗压		抗拉		抗弯		抗剪
顺纹	横纹	顺纹	横纹	顺纹	横纹	顺纹
100	10～30	200～300	5～30	150～200	50～100	15～30

从表 10-10 中可以看出，在顺纹方向，木材的抗拉和抗压强度都比横纹方向高得多，因此工程上充分利用木材的顺纹强度，而避免使其横向承受拉力或压力。另外，木材还有较高的顺纹抗弯强度。

（2）木材的耐磨性

木材的耐磨性指木材抵抗磨损的能力。木材磨损是其表面受摩擦、挤压、冲击等几种因素综合作用时产生的一种表而变化过程，是木材用于制作木地板时必须考虑的性能。树种不同，木材的耐磨性也不同。作本地板的国产阔叶材树种中荔枝叶红豆耐磨性最大，南方的泡桐树耐磨性为最小。

10.5.4　装饰工程中常见木材的性能特点（见表 10-11）

表 10-11　　　　　　　　　部分常见木材特征

名　称	特　　点	用　途
桦木	材质较重，木质细腻，强度高，纤维抗剪力差，加工性能好	面板
椴木	材质略轻软，结构略细，有丝绢光泽，不易开裂，加工性好，不耐腐、干燥时稍有翘曲	面板

名　称	特　点	用　途
水曲柳	树质略硬、纹理直、花纹美丽、结构粗、耐腐、耐水性较好，易加工、韧性大，胶接和着色性好，干燥性能一般	面板
松木	材质轻软，有弹性，强度一般，结构均匀，加工、涂饰、着色、胶结性好，干燥性良好，耐水、耐腐	板材、龙骨材料
杉木	材质轻软，易干燥，收缩小，不翘裂，耐久性能好、易加工，切面较粗、强度中强、易劈裂，胶接性能好	家具、面板
柏木	有香味、质地细腻、耐水，有节疤，耐腐性能好	面板、家具
泡桐	材质十分轻软，结构粗，削切面不光滑，干燥性好，不翘裂	制作木线条
黄花梨	结构坚实，花纹精美，心材呈红褐紫红褐色，深浅不匀，常带有黑褐色条纹，边材呈灰黄褐或浅黄褐色	家具、面板
花梨木	纹理清晰，颜色自内向外加深，呈赤色或红紫色，木质较硬，色泽柔和	面板

10.5.5　木材防腐与防火

1．木材腐蚀与防腐措施

（1）木材腐蚀

真菌的存在和繁殖是对木材最严重的威胁。真菌分霉菌、变色菌和腐朽菌三种，前两种真菌对木材质量影响较小，腐朽菌的影响最大。腐朽菌能把木材的纤维分解成自身养料，使木材强度降低。菌类的成活必须具备三个条件，即适当的水分、足够的空气和适宜的温度：当木材的含水率在35%～50%，温度在25℃～35℃并存在足够的空气时，木材最易腐蚀。

此外，木材还易受到白蚁、天牛等昆虫的蛀蚀，使木材形成很多孔眼或沟道，甚至蚁穴，破坏木质结构的完整性而使强度严重降低。

（2）木材的防腐措施

木材的防腐可以从外部以及内部两处着手。

① 外部防腐法。主要是通过表面处理来阻隔木材与氧气、水份或者其他一些因素（生物等）的接触。具体做法是在结构和施工中，使木结构不受潮湿，要有良好的通风条件；在木材与其他材料之间用防潮垫；不将支点或其他任何木结构封闭在墙内；木地板下设通风洞；木屋架设老虎窗等。

② 内部防腐法。这种方法是通过涂刷或真空（高压）浸渍水溶性防腐剂（如氯化钠、氧化锌、氟化钠、硫酸铜）、油溶性防腐剂（如林丹五氯酚合剂）、乳剂防腐剂（如氟化钠、沥青膏）等，使木材成为有毒物质。其中，真空（高压）浸渍水溶性防腐剂的方法是在高温下继续使防腐剂尽量均匀渗透到木材内部，并继续完成防腐剂有效成分与木材中淀粉、纤维素及糖分的化学反应过程，进一步破坏造成木材腐烂的细菌及虫类的生存环境。

2．木材可燃性与阻燃机理

（1）木材的阻燃机理

① 抑制木材在高温下的热分解。利用含磷化合物能降低木材的热稳定性，使木材在较低温

度下即发生分解，抑制可燃气体燃烧。

② 阻止热传递。利用某些盐类，如含结晶水的硼化物、氢氧化钙、含水氧化铝和氢氧化镁等，遇热后放出蒸汽，减少了热传递。磷酸盐遇热还可缩聚成强酸，使木材迅速脱水炭化，炭化层的导热系数仅为木材的 1/3～1/2，当炭化层达到足够的厚度并保持完整时，即成为绝热层，从而取得阻燃效果。

③ 隔离氧气。利用磷酸盐和硼化物等物质在高温下形成玻璃状覆盖层的特点，可以隔离氧气，阻止了木材的固相燃烧。还可用卤化物遇热分解生成的卤化氢能稀释可燃气体，阻断燃烧链，减小气相燃烧。

（2）阻燃方法

① 化学阻燃方法：一是用阻燃浸注剂（溶液浸注法）注入木材。阻燃浸注剂可分为无机盐类和有机两大类。无机盐类阻燃剂（包括单剂和复剂）主要有磷酸氢二铵、磷酸二氢铵、氯化铵、硫酸铵、磷酸、氯化锌、硼砂、硼酸、硼酸铵以及液体聚磷酸铵等。有机阻燃剂（包括聚合物和树脂型）主要有用甲醛、三聚氰胺、双氰胺、磷酸等成分制得的 MDP 阻燃剂，用尿素、双氰胺、甲醛、磷酸等成分制得的 UDFP 氨基树脂型阻燃剂等。二是阻燃涂料喷涂木材表面（表面涂敷法）。阻燃涂料也分为无机和有机两类：无机阻燃涂料主要有硅酸盐类和非硅酸盐类。有机阻燃涂料主要可分为膨胀型和非膨胀型。前者如四氯苯酐醇酸树脂防火漆及丙烯酸乳胶防火涂料等；后者如过氯乙烯及氯苯酐醇酸树脂等。

② 物理阻燃方法：即是改善木材物理结构从而达到阻燃目的。例如增大构件断面尺寸以提高其耐燃性；加强隔热措施，使木材不直接暴露于高温或火焰下，具体做法有用不燃性材料包覆木材，用围护构件，设置防火墙，加设挡火隔板等以阻止或延缓木材温度的升高。

习　题

一、填空题

1. 平板玻璃分为_____、_____、_____；其中_____是玻璃制造方式的主流。

2. 常用的安全玻璃有_____、_____、_____。

3. 节能型装饰玻璃_____、_____、_____、_____。

4. 陶瓷按功能分为_____、_____、_____、_____。

5. 岩石按地质成因分为_____、_____、_____三类，其中花岗岩属于_____，页岩、石灰岩属于_____，大理石属于_____。

6. 建筑涂料是由_____、_____、_____、_____组成。

7. 木材在使用时应注意_____和_____。

二、选择题

1. 下列属于装饰比例的是（　　）。

A. 釉面玻璃　　　　B. 钢化玻璃　　　　　　C. 夹层玻璃　　　　　　D. 吸热玻璃

2. 木材在使用前应使其含水率达到（　　　）。

A. 纤维饱和点　　B. 平衡含水率　　　　C. 饱和含水率　　　　D. 绝干状态含水率

3. 以下（　　　）不属于陶瓷制品。

A. 瓷砖　　　　　B. 陶瓷洁具　　　　　C. 黏土砖　　　　　　D. 釉面玻璃

4. 以下（　　）是对乳胶漆的不正确描述。

A. 是一种水溶性的涂料，施工工具可用水洗

B. 涂膜具有透气性，可在潮湿基础上施工

C. 成本较低不易发生火灾

D. 对施工现场温度没有要求

5. 当木材的含水率大于纤维饱和点时，随着含水率的增加，木材的（　　　）。

A. 强度降低，体积膨胀　　　　　　　B. 强度降低，体积不变

C. 强度降低，体积收缩　　　　　　　D. 强度不变，体积不变

三、判断题

1. 作为浴室、卫生间的门窗时的压花玻璃，要将其压花面朝外。（　　　）

2. 玻璃琉璃制品是一种带釉面的玻璃，颜色艳丽，在我国历史悠久。（　　　）

3. 釉面砖在铺贴不能保持湿润，一定要充分干燥，才可使用。（　　　）

4. 复合实木地板性能出众，但其价格也往往比实木地板高些。（　　　）

三、名词解释

压花玻璃；热反射玻璃；玻璃幕墙；陶瓷制品；建筑涂料

四、简答题

1. 玻璃在建筑上有哪些用途，普通玻璃具有哪些特性？

2. 安全玻璃主要包括哪几种，各自的特点是什么？

3. 釉面砖为什么不能用于室外？

4. 为什么除了少数几种大理石之外，一般的都不能用于室外？

5. 乳液型涂料的性能特点？

6. 简述木材的阻燃机理及防火处理方法。

第11章
建筑工程质量检测

百年大计，质量第一。建筑工程质量不仅影响到国民经济建设的运行，而且还关系到人民生命财产的安全，甚至影响到社会的安定。建筑工程质量检测是一项技术性很强的工作，根据工程实际所用的结构材料、工期及工程实际发生的问题来制定检测方案、进行准确的技术检测，并出具有价值的质量检测报告，确保工程质量。本章主要介绍回弹法和钻心法检测混凝土强度的方法。

【学习目标】

1. 了解建筑工程质量检测的目的和意义；
2. 掌握回弹法检测混凝土强度的方法；
3. 掌握钻芯法检测混凝土强度的方法。

11.1 工程质量检测

11.1.1 概念

工程质量检测是依据国家标准、规范及设计文件对工程的具体部位采用相应的检测手段进行检测、试验、计算的过程。

11.1.2 检测程序

接受委托→相关情况调查→制定检测方案→现场检测→试件检验→计算分析和结果评定→出具检测报告。

1．接受委托

在工程的建设和使用过程中，可能由于各种原因影响了工程的质量，出现了质量问题。为了对该工程的质量问题进行准确分析，建设或使用单位等有关部门需委托具有相应资质的检测单位对工程质量进行质量检测。具有相应资质的检测单位接受委托后在做了以下调查工作后，将对工程进行检测。

2．相关情况调查

（1）收集被检测建筑结构的设计图纸、设计变更、施工记录、施工验收和工程地质勘察等资料；

（2）调查被检测建筑结构现状缺陷、环境条件、试用期间的加固与维修情况和用途与荷载等变更情况；

（3）向有关人员进行调查；

（4）进一步明确委托方的检测目的和具体要求，并了解是否进行过检测。

3．制定检测方案

（1）建筑结构检测首先应该制定完备的检测方案，检测方案应依据工程的实际情况（确认仪器、设备），征求委托方的意见并与有关单位的技术人员共同审定。方案包括以下内容：工程概况、主要结构类型、建筑面积、总层数、设计、施工及监理单位、建造年代等；

（2）确定检测依据，主要包括检测所依据的标准及有关的技术资料等；

（3）确定检测项目，根据相关标准确定检测的数量；

（4）确定检测人员，应确保所使用的仪器设备在检定或校准周期内，并处于正常状态。仪器设备的精度应满足检测项目的要求；

（5）确定检测工作进度计划；

（6）确保检测中的安全措施及环保措施。

4．现场检测

在工程的建设或使用过程中，由于各种原因导致工程出现了质量问题，为了给该工程的质量问题以准确的分析，由具备相应资质的检测单位对出现问题的相应部位采用相应的检测手段在工程现场进行采样、试验、数据分析计算，出具工程质量检测报告。现场检测应注意以下方面的问题：

（1）现场检测时检测的原始数据应记录在专用记录纸上，数据准确、字迹清晰、信息完整、不得追记、涂改，如有笔误应进行杠改，当采用自动记录时，应符合有关要求，原始记录必须由检测及记录人员签字。

（2）现场取样的试件或试样应予以标识并妥善保存。

5．试件检验

在取得现场的检测数据后，将数据进行整理、计算，在此过程中可能会发现检测数据不足或数据出现异常，当发现检测数据不足或数据出现异常情况，此时应进行补充检测。补充检测结束后应及时修补因检测造成的结构或构件局部的损伤。修补后的结构构件的强度应满足承载力的要求。

6. 计算分析和结果评定

依据现场检测数据、试验室出具的试验数据及国家相应的标准、规范、设计文件等进行计算、分析整理后进行综合评定。

7. 出具检测报告

检测及试验结束后，及时出具含有计算结果及评定结论的检测报告。

11.1.3 工程检测常用的检测方法（见表11-1）

表 11-1　　　　　　　　　　　工程检测常用的检测方法

检测内容		使用方法	检测参数
结构构件 材料强度检测	混凝土材料	回弹法	回弹值、碳化深度
		钻取芯样法	芯样试件的抗压强度
		超声回弹综合法	声速值、回弹值及碳化深度
	砌体材料	回弹法	回弹值
		点荷法	点荷载值
		射钉法（贯入法）	钢钉的贯入深度
		原位单剪法	
结构构件的 损伤检测	混凝土内部缺陷	超声法	
		雷达波反射法	雷达反射波
	裂缝深度	超声法	声时、波形
混凝土构件中钢筋配置检测 （钢筋位置、钢筋保护层厚度等）		电磁感应法	电磁场强度变化
		雷达波法	雷达反射波
钢筋锈蚀程度检测		电化学法	钢筋的半电池电位
		电测法	混凝土的内部电阻率

上述各种检测方法主要是无损检测方法或半（微）破损检测方法。

11.1.4 混凝土无损检测技术

1. 定义

混凝土无损检测技术是在不破坏结构构件（不影响结构或构件受力性能或其他使用功能）的情况下，直接从结构物上测试或局部钻取芯样来推定混凝土强度及判定缺陷的一门技术。

2. 应用范围

它既适用于工程施工过程中混凝土质量的检测、工程竣工验收的检测，也适于建筑物使用期间的质量鉴定。

3．特点

（1）对混凝土结构构件不破坏（或微破损），可以获得人们最需要的混凝土物理量信息；

（2）测试操作简单，测试费用低；

（3）不受结构物的形状与尺寸限制，可以进行多次重复试验；

（4）可对重要结构部位（核电站、水闸等）长期监测。

4．分类与方法

（1）分类：混凝土测强技术（检测混凝土强度）；混凝土测缺技术（检测混凝土蜂窝、麻面、疏松、空洞等）。

（2）方法：回弹法检测混凝土强度；超声回弹综合法检测混凝土强度；钻芯法检测混凝土强度；超声法检测混凝土内部缺陷。

5．混凝土无损检测技术规程

《回弹法检测混凝土抗压强度技术规程》（JGJ/T 23—2011）

《钻芯法检测混凝土强度技术规程》（CECS 03：2007）

11.2

回弹法（表面硬度法）检测混凝土强度技术

11.2.1　定义

用回弹仪检测普通混凝土抗压强度的方法叫回弹法。回弹法是目前使用最为普遍的用检测混凝土表面硬度来推定其强度的检测方法。

11.2.2　工作原理

使用专用的检测仪器——回弹仪，令回弹仪内的金属撞击杆以一定的动能撞击混凝土表面，使局部混凝土发生变形，吸收一部分能量；另一部分能量则以动能的形式回馈于金属撞击杆，其回弹能量用作衡量混凝土抗压强度的参数，即回弹能量越多，回弹值越高，混凝土表面硬度越大，反映出被检测混凝土的抗压强度越高。

由于混凝土抗压强度与表面硬度之间存在着一定的相关关系，因此混凝土抗压强度测定法也属于表面硬度力学法的一种。因回弹法所用的仪器构造简单、操作方便、测试费用低等特点，是目前建筑行业使用最为普遍的一种混凝土强度无损检测方法。

11.2.3　采用的标准

《回弹法检测混凝土抗压强度技术规程》（JGJ/T 23—2011）

11.2.4　仪器

1．概述

混凝土回弹仪是用一弹簧驱动弹击锤并通过弹击杆弹击混凝土表面所产生的瞬时弹性变形的恢复力，使弹击锤带动指针弹回并指示出弹回的距离。以回弹值（弹回的距离与冲击前弹击锤与弹击杆的距离之比，按百分比计算）作为混凝土结构或构件混凝土抗压强度的一种仪器。

由于回弹仪轻便、灵活、价廉、不需电源、易掌握，非常适合现场建筑工地使用，加之相应的回弹仪检定规程及回弹法检测混凝土抗压强度技术规程的制定、实施，保证了它的检测精度，目前已在我国各行业得到了广泛应用。目前生产的 ZC3-A 型回弹仪系标准能量为 2.207 J，示值系统为指针直读式的中型回弹仪，它的技术性能及主要参数均符合国家计量检定规程《混凝土回弹仪》（JJG 817—2011）的规定。

2．回弹仪的结构（见图 11−1）

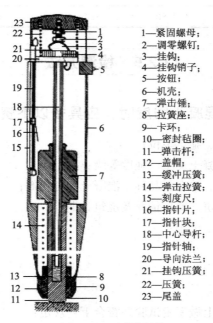

1—紧固螺母；
2—调零螺钉；
3—挂钩；
4—挂钩销子；
5—按钮；
6—机壳；
7—弹击锤；
8—拉簧座；
9—卡环；
10—密封毡圈；
11—弹击杆；
12—盖帽；
13—缓冲压簧；
14—弹击拉簧；
15—刻度尺；
16—指针片；
17—指针块；
18—中心导杆；
19—指针轴；
20—导向法兰；
21—挂钩压簧；
22—压簧；
23—尾盖

图 11-1　回弹仪结构

3．混凝土回弹仪的技术要求

在回弹仪明显的位置上，应有下列标志：名称、型号、制造厂名（或商标）、出厂编号、出厂日期和计量器具许可证证号及 CMC 标志等；仪器外壳不允许有碰撞和摔落的明显损伤；各运动部件活动自如、可靠、不得有松动、卡滞和影响操作的现象，指针滑块示值刻度尺上的刻度线应清晰、均匀；弹击杆外露球面应光滑，无裂纹、缺陷和锈蚀等。

标准状态的仪器水平弹击的冲击能量应为 2.207 J ± 0.1 J，其主要技术要求见表 11-2。

表 11-2　　　　　　　　　混凝土回弹仪标准状态的主要技术要求

序 号	项　　目	技 术 要 求	允 许 误 差
1	机壳刻度槽"100"刻度位置	与回弹仪检定器中盖板定位缺口侧面重合	在刻度线宽度范围内（刻线宽度 0.4mm）
2	指针长度（mm）	20.0	± 0.2
3	指针摩擦力（N）	0.65	± 0.15
4	弹击杆尾部外观	无环带及缺陷	—
5	弹击杆端部球面半径（mm）	25.0	± 1.0
6	弹击拉簧外观	直	—
7	弹击拉簧刚度（N/m）	785.0	± 40.0
8	弹击锤脱钩位置	刻度尺"100"刻线处	在刻线宽度范围内范围内（刻线宽 0.4mm）
9	弹击拉簧工作长度（mm）	61.5	± 0.3
10	弹击锤冲击长度（mm）	75.0	± 0.3
11	弹击锤起跳位置	刻度尺"0"处	± 1
12	钢砧上的率定值	80	± 2

11.2.5　检测方法

1. 采用回弹法检测混凝土强度时，应具备以下资料

（1）工程名称、设计单位、施工单位；

（2）构件名称、数量及混凝土类型、强度等级；

（3）水泥安定性、外加剂、掺合料品种、混凝土配合比等；

（4）施工模板、混凝土浇筑、养护情况及浇筑日期等；

（5）必要的设计图纸和施工记录；

（6）检测原因。

2. 回弹仪的率定

回弹仪在使用前应在刚砧上做率定试验并符合下列规定：

（1）水平弹击时，弹击锤脱钩瞬间，回弹仪的标称能量为 2.207 J；

（2）弹击锤与弹击杆碰撞的瞬间，弹击拉簧处于自由状态，此时弹击锤起跳点相应于指针指示刻度尺上"0处"；

（3）在洛氏硬度 HRC 为 60 ± 2 的钢砧上，回弹仪的率定值应为 80 ± 2；

（4）数字式回弹仪应带有指针直读示值系统，数字显示的回弹值与指针直读示值相差不应

超过 1；

（5）回弹仪使用时的环境温度应为-4℃～40℃。

3．检测批量

混凝土强度可按单个构件或按批量进行检测，对于混凝土生产工艺、强度等级相同，原材料、配合比、养护条件基本一致且龄期相近的一批同类构件的检测应采用批量检测。按批量进行检测时，应随机抽取构件，抽取数量不宜少于同批构件总数的 30%且不宜少于 10 件。当检测批构件数量大于 30 个时，抽样构件数量可适当调整，并不得少于国家现行有关标准规定的最少抽样数量。

4．构件的测区要求

测区是检测混凝土强度时的一个检测单元；测点是测区的一个回弹检测点，对测区的要求如下：

（1）对于一般构件（单个构件），测区数不宜少于 10 个。当受检构件数量大于 30 个且不需提供单个构件推定强度或受检构件某一方向尺寸不大于 4.5 m 且另一方向尺寸不大于 0.3 m 时，每个构件的测区数量可适当减少，但不应少于 5 个。

（2）相邻两测区的间距不应大于 2 m，测区离构件端部或施工缝边缘的距离不宜大于 0.5 m 时，且不宜小于 0.2 m。

（3）测区宜选在能使回弹仪处于水平方向的混凝土浇筑侧面，当不能满足要求时，可选使回弹仪处于非水平方向的混凝土浇筑表面或底面。

（4）测区宜布置在构件的两个对称的可测面上，当不能布置在对称的可测面上时，也可布置在同一可测面上，且应均匀分布。在构件的重要部位及薄弱部位应布置测区，并应避开预埋件。

（5）检测泵送混凝土强度时，测区应选在混凝土浇筑侧面。

（6）测区的面积不宜大于 0.04 m^2。

（7）测区表面应为混凝土原浆面，并应清洁、平整，不应有疏松层、浮浆、油垢、涂层以及蜂窝、麻面。

（8）对于弹击时产生颤动的薄壁、小型构件应进行固定。

（9）测区应标有清晰的编号，并在记录纸上描述测区布置示意图和外观质量情况。

5．回弹值的测量

（1）测量回弹值时，回弹仪的轴线应始终垂直于混凝土检测面，缓慢施压，准确读数，快速复位。

（2）每一测区应读取 16 个回弹值，每一测点的回弹值读数应精确至 1，测点宜在测区范围内均匀分布，相邻两测点的净距离不宜小于 20mm，测点距外露钢筋、预埋件的距离不宜小于 30mm，测点不应在气孔或外露石子上，同一测点应只弹击一次。

6．碳化深度值的测量

（1）回弹值测量完毕后，应在有代表性的测区位置上测量碳化深度值，测点不应少于构件测区数的 30%，应取其平均值作为该构件每个测区的碳化深度值。当碳化深度值极差大于 2mm

时，应在每一测区分别测量碳化深度值。

（2）碳化深度值的测量应符合下列规定：

① 可采用工具在测区表面形成直径约 15mm 的空洞，其深度应大于混凝土的碳化深度；

② 应清除空洞的粉末和碎屑，不得用水擦洗；

③ 应采用浓度为 1%～2% 的酚酞酒精溶液滴在空洞内壁的边缘处，当已碳化与未碳化界限清晰时，应采用碳化深度测量仪测量已碳化与未碳化混凝土交界面到混凝土表面的垂直距离，并应测量 3 次，每次读数精确至 0.25mm；

④ 应取三次测量的平均值作为检测结果，精确至 0.5mm。

7. 回弹值的计算

（1）计算每个测区的平均回弹值，在 16 个回弹值中剔除 3 个最大值和 3 个最小值，计算出剩余 10 个回弹值的平均值，按下式计算：

$$R_m = \frac{1}{10}\sum_{i=1}^{10} R_i \qquad (11\text{-}1)$$

式中：R_m——测区平均回弹值，精确至 0.1；

R_i——第 i 个测点的回弹值。

（2）非水平方向检测混凝土浇筑侧面时，测区的平均回弹值应按下式修正：

$$R_m = R_{m\alpha} + R_{a\alpha} \qquad (11\text{-}2)$$

式中：$R_{m\alpha}$——非水平方向检测时测区的平均回弹值，精确至 0.1；

$R_{a\alpha}$——非水平方向检测时回弹值的修正值，应按附录 C 取值。

（3）水平方向检测混凝土浇筑表面或底面时，测区的平均回弹值应按下式修正：

$$R_m = R_m^t + R_a^t \qquad (11\text{-}3)$$

$$R_m = R_m^b + R_a^b \qquad (11\text{-}4)$$

式中：R_m^t、R_m^b——水平方向检测混凝土浇筑表面、底面时，测区的平均回弹值，精确至 0.1；

R_a^t、R_a^b——混凝土浇筑表面、底面回弹值的修正值，应按附录 D 取值。

（4）当回弹仪为非水平方向且测试面为混凝土的非浇筑侧面时，应先对回弹值进行角度修正，然后对修正后的值进行浇筑面进行修正。

11.2.6　混凝土强度计算

1. 构件第 i 个测区混凝土强度换算值，可按式（11-1）中求得的平均回弹值（R_m）及平均碳化深度值（d_m）由附录 A、附录 B 查表或计算得出。当有地区或专用测强曲线时，混凝土强度的换算值应按地区测强曲线或专用测强曲线计算或查表得出。

2. 构件的测区混凝土强度平均值应根据各测区的混凝土强度换算值计算。当测区数为 10 个及以上时，还应计算强度标准差。平均值及标准差应按下式计算：

$$m_{f_{cu}^c} = \frac{\sum\limits_{i=1}^{n} f_{cu,i}^c}{n} \qquad (11\text{-}5)$$

$$s_{f_{cu}^c} = \sqrt{\frac{\sum_{i=1}^{n}\left(f_{cu,i}^c\right)^2 - n\left(m_{f_{cu}^c}\right)^2}{n-1}} \quad (i=1, \cdots, n) \tag{11-6}$$

式中：$m_{f_{cu}^c}$——构件测区混凝土强度换算值的平均值（MPa），精确至 0.1MPa；

n——对于单个检测的构件，取一个构件的测区数；对于批量检测的构件，取被检测构件的测区数之和；

$s_{f_{cu}^c}$——结构或构件测区混凝土强度换算值的标准差（MPa），精确至 0.1MPa。

3. 构件的现龄期混凝土强度推定值（$f_{cu,e}$）应按下列公式计算：

（1）当构件测区数小于 10 个时，应按下式计算：

$$f_{cu,e} = f_{cu,min}^c \tag{11-7}$$

式中：$f_{cu,min}^c$——构件中最小的测区混凝土强度换算值。

（2）当构件的测区强度值中出现小于 10.0MPa 时，应按下式确定：

$$f_{cu,e} < 10.0\text{MPa} \tag{11-8}$$

（3）当构件测区数不少于 10 个或按批量检测时，应按下式计算：

$$f_{cu,e} = m_{f_{cu}^c} - 1.645 s_{f_{cu}^c} \tag{11-9}$$

（4）当按批量检测时，应按下式计算

$$f_{cu,e} = m_{f_{cu}^c} - k s_{f_{cu}^c} \quad (i=1, \cdots, n) \tag{11-10}$$

式中：$f_{cu,e}$——混凝土强度推定值（MPa），精确至 0.1MPa；

k——推定系数，宜取 1.645。当需要进行推定区间时可按国家现行有关标准的规定取值。

注：构件的混凝土强度推定值是指相应于强度换算值总体分布中保证率不低于 95%的构件中混凝土抗压强度值。

4. 对于按批量检测的构件，当该批构件混凝土强度标准差出现下列情况之一时，则该批构件应全部按单个构件检测：

（1）当该批批构件混凝土强度平均值小于 25MPa 时，$s_{f_{cu}^c} \geqslant 4.5$MPa；

（2）当该批批构件混凝土强度平均值不小于 25MPa 时且不大于 60MPa 时，$s_{f_{cu}^c} \geqslant 5.5$MPa。

11.2.7 强度修正

当检测条件与附录 A、附录 B 要求的相差较大时，可采用在构件上钻取芯样或同条件试块对测区混凝土强度换算值进行修正。对同一强度等级混凝土修正时，芯样数量不应少于 6 个，公称直径宜为 100mm，高径比应为 1。芯样应在测区内钻取，每个芯样应只加工一个试件。同条件试块修正时，试块不应少于 6 个，试块边长应为 150mm。计算时，测区混凝土修正量及测区混凝土强度换算值的修正应符合下列规定：

1. 修正量应按下列公式计算：

$$\Delta_{tot} = f_{cor,m} - f_{cu,mo}^c \tag{11-11}$$

$$\Delta_{tot} = f_{cu,m} - f_{cu,mo}^c \tag{11-12}$$

$$f_{cor,m} = \frac{1}{n}\sum_{i=1}^{n} f_{cor,i} \tag{11-13}$$

$$f_{cu,m} = \frac{1}{n}\sum_{i=1}^{n} f_{cu,i} \tag{11-14}$$

$$f_{cu,mo}^{c} = \frac{1}{n}\sum_{i=1}^{n} f_{cu,i}^{c} \tag{11-15}$$

式中：Δ_{tot}——测区混凝土强度修正量（MPa），精确到 0.1MPa；

   $f_{cor,m}$——芯样试件混凝土强度平均值（MPa），精确到 0.1MPa；

   $f_{cu,m}$——150mm 同条件立方体试块混凝土强度平均值（MPa），精确到 0.1MPa；

   $f_{cu,mo}^{c}$——对应于钻芯部位或同条件立方体试块回弹测区混凝土强度换算值的平均值（MPa），精确到 0.1MPa；

   $f_{cor,i}$——第 i 个混凝土芯样试件的抗压强度；

   $f_{cu,i}$——第 i 个立方体试块的抗压强度；

   $f_{cu,i}^{c}$——对应于第 i 个芯样部位或同条件立方体试块测区回弹值和碳化深度值的混凝土强度换算值，可按附录 A、B 取值；

   n——芯样或试块数量。

2. 测区混凝土强度换算值的修正应按下列公式计算：

$$f_{cu,i1}^{c} = f_{cu,i0}^{c} + \Delta_{tot} \tag{11-16}$$

式中：$f_{cu,i0}^{c}$——第 i 个测区修正前的混凝土强度换算值（MPa），精确到 0.1MPa；

   $f_{cu,i1}^{c}$——第 i 个测区修正后的混凝土强度换算值（MPa），精确到 0.1MPa。

实例：

如某工程针对某一框架梁的混凝土强度产生怀疑，甲方提供了该工程的相关资料，该混凝土为泵送混凝土，强度等级为 C30，并确定用回弹法对该框架梁的混凝土强度进行检测，检测单位制定了检测方案并派检测人员到现场进行检测。在梁的两个浇筑侧面分别布置 5 个测区，展开示意图（见图 11-2）。根据检测数据计算混凝土强度推定值。

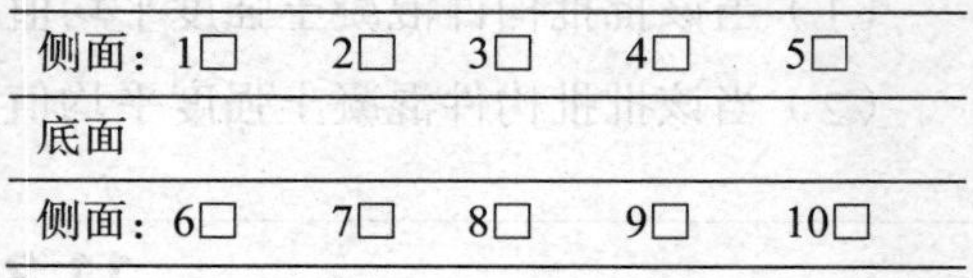

侧面：	1□	2□	3□	4□	5□
底面					
侧面：	6□	7□	8□	9□	10□

图 11-2　两个侧面的 5 个测区

【解】：

1. 根据公式（11-1）计算各测区的平均回弹值（R_m）；
2. 计算平均碳化深度值 $d_m = 1.0$mm；
3. 根据平均回弹值和平均碳化深度值，由附录 B 查表得出测区混凝土换算值；
4. 根据各测区混凝土换算值，按公式（11-5）、式（11-6）计算测区混凝土抗压强度换算值的平均值和标准差；
5. 测区混凝土换算值的最小值为 28.6MPa；
6. 根据公式（11-9）计算构件现龄期的混凝土强度推定值为 28.4MPa；

根据以上计算结果，现龄期的混凝土强度推定值为 28.4MPa，达到设计强度的 94.7%。

实测回弹值、碳化深度及计算结果表

测区	回弹值 R								碳化深度值 d (mm)	平均碳化深度 d_m (mm)	平均回弹值 R_m	测区混凝土换算值 (MPa)	测区混凝土换算值平均值 (MPa)
1	38	36	35	32	30	31	31	34	1.0		33.2	29.6	
	33	35	32	35	34	30	34	32					
2	34	33	30	28	34	37	35	36			34.2	31.4	
	34	32	35	36	38	32	32	35					
3	34	35	36	32	35	34	36	37	1.0		34.8	32.4	
	38	35	36	34	32	33	35	34					
4	37	38	36	33	35	32	34	33			33.4	30.0	
	35	34	32	33	30	29	32	33					
5	33	35	32	36	32	34	38	31		1.0	33.6	30.3	30.2
	35	36	35	36	32	31	29	32					
6	32	33	30	35	36	34	33	35	0.5		33.4	30.0	
	32	38	33	34	33	32	33	34					
7	35	37	35	32	31	30	28	34			32.8	28.9	
	30	34	32	36	33	37	32	30					
8	35	36	32	34	32	30	30	28			32.6	28.6	
	37	36	32	35	32	31	27	33					
9	30	31	35	36	37	34	33	31	1.0		33.8	30.7	
	36	35	32	35	32	34	33						
10	35	36	32	34	37	38	35	36			33.4	30.0	
	34	35	32	33	35	35	30	29					
测区混凝土抗压强度换算值的标准差、最小值、该构件现龄期的混凝土强度推定值。									标准差：1.12，最小值：28.6MPa，推定值：28.3MPa。				

11.3

钻芯法检测混凝土强度

11.3.1 钻芯法的概念

钻芯法就是用专用钻机和人造金刚石空心薄壁钻头在结构或构件上钻取圆柱状试样，经加工取得符合规定的芯样，经过抗压试验，检测出结构或构件的强度、检查混凝土内部缺陷等指标的方法。这种检测方法可直接得到混凝土的抗压强度值且可直观地发现混凝土的内部缺陷。行业人员和检测人员普遍认为钻芯法是一种更直观、可靠的方法，是在检测混凝土强度的各种方法中较为准确的一种。一般情况下，在检测较长龄期的混凝土强度时用此法对回弹结果进行修正，这样既可以减少对结构的损坏、又可提高检测速度和检测结果的有效性。对于混凝土强度低于 C10 的结构不宜采用钻芯法检测。

11.3.2　钻芯法的主要仪器设备

钻芯法所需的仪器设备包括钻芯机、芯样切割机、磨平机和芯样补平器、人造金刚石空心薄壁钻头、钢筋位置扫描仪、电锤和水冷却系统设备等。芯样切割机：芯样切割机主要对用于现场钻取的混凝土芯样进行端面的切割，使芯样成为标准尺寸的抗压试件，一般情况下芯样切割机即安装金刚石圆锯片的岩石切割机。

11.3.3　仪器设备的技术要求

1. 钻取芯样及芯样加工的主要设备、仪器均应具有产品合格证。计量器具应有检定证书并在有效使用期内。

2. 钻芯机应具有足够的刚度、操作灵活、固定和移动方便，并应有水冷却系统，如图 11-3 所示。

3. 钻取芯样时宜采用人造金刚石薄壁钻头。钻头胎体不得有肉眼可见的裂缝、缺边、少角、倾斜及喇叭口变形。

4. 锯切芯样时使用的锯切机和磨平芯样的磨平机,应具有冷却系统和牢固夹紧芯样的装置,配套使用的人造金刚石锯片应有足够的刚度。

5. 芯样宜采用补平装置（或研磨机）进行芯样端面加工。补平装置除应保证芯样的端面平整外，尚应保证芯样端面与芯样轴线垂直。

6. 探测钢筋位置的定位仪，应适用于现场操作，最大探测深度不应小于 60mm，探测位置偏差不宜大于 ±5mm。

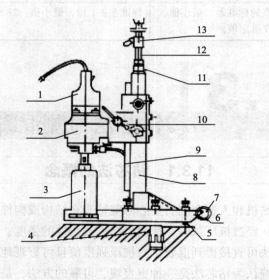

图 11-3　钻芯机的构造

1—电动机；2—变速箱；3—钻头；4—膨胀螺栓；5—支撑螺钉；6—底座；7—行走轮；8—立柱；

9—升降齿条；10—进给手柄；11—堵盖；12—支撑杆；13—紧固螺钉

11.3.4   钻芯法检测混凝土强度的使用条件

1. 对混凝土立方体试件的抗压强度产生怀疑，其反映的混凝土强度与观感质量相差较远；

2. 因材料、施工、养护不当发生了混凝土质量问题；

3. 当混凝土表层与内部的质量有明显的差异、或者遭受化学腐蚀、火灾、冻害的混凝土，不宜采用非破损方法时；

4. 采用回弹等非破损方法检测混凝土质量，需要钻芯修正测强曲线，以提高检测精度；

5. 使用多年的建筑物需做质量鉴定（其他方法不能客观反映结构混凝土的实际强度）或已有建筑物改变使用功能等而需了解结构混凝土的强度；

6. 对施工有特殊要求的结构和构件，如机场跑道、高速公路混凝土测强、测厚等；用钻取的芯样除进行抗压强度试验外，也可进行抗劈强度、抗冻性、抗渗性、吸水性等方面的测定。此外，并可检查混凝土的内部缺陷，如裂缝深度、孔洞和疏松大小及混凝土中粗骨料的级配情况等。但对于混凝土强度等级低于 C10 的结构，不宜采用钻芯法检测。《钻芯法检测混凝土强度技术规程》（CECS03:2007）总则中规定：钻芯法检测结构中强度不大于 80MPa 的普通混凝土。

11.3.5   检测依据

1. 工程设计图纸；

2.《钻芯法检测混凝土强度技术规程》（CECS03:2007）及现行国家相关技术标准等。

11.3.6   钻取芯样

1. 钻取芯样部位

（1）结构或构件受力较小的部位；

（2）混凝土强度质量具有代表性的部位；

（3）便于钻芯机安放与操作的部位；

（4）避开主筋、预埋件和管线的位置，并尽量避开其他钢筋；

（5）用钻芯法和非破损法综合测定强度时，应与非破损法取同一测区；

（6）钻取的芯样直径一般不宜小于骨料最大粒径的 3 倍，在任何情况下不得小于骨料最大粒径的 2 倍。

2. 钻取芯样的步骤

（1）钻芯机就位并安装平稳后，应将钻芯机固定；

（2）钻芯机在未安装钻头之前，应先通电检查主轴旋转方向；

（3）钻芯机用于冷却钻头和排除混凝土碎屑的冷却水的流量宜为 3L/min～5L/min；

（4）钻取芯样时应控制进钻的速度；

（5）钻取的芯样应进行标记。当所取的芯样高度和质量布能满足要求时，则应重新钻取芯样；

（6）对钻取的芯样应采取保护措施，避免在运输和储存中损坏；

（7）钻芯后留下的孔洞应及时进行修补。

11.3.7 芯样加工及技术要求

1. 锯切芯样时，试件的高度与直径之比（H/d）宜为 1.00。

2. 芯样试件内不宜含有钢筋。如不能满足此项要求时，抗压试件应符合下列要求：

（1）标准芯样试件，每个试件内最多只允许有二根直径小于 10mm 的钢筋；

（2）公称直径小于 100mm 的芯样试件，每个试件内最多只允许有一根直径小于 10mm 的钢筋；

（3）芯样内的钢筋应与芯样试件的轴线基本垂直并离开端面 10mm 以上。

3. 锯切后的芯样应进行端面处理，宜采取在磨平机上磨平端面的处理方法。承受轴向压力芯样试件端面，也可采取下列处理方法：

（1）用环氧胶泥或聚合物水泥砂浆补平；

（2）抗压强度低于 40MPa 的芯样试件，可采用水泥砂浆、水泥净浆或聚合物水泥砂浆补平，补平层厚度不宜大于 5mm；也可采用硫磺胶泥补平，补平层厚度不宜大于 1.5mm。

4. 在试验前应按下列规定测量芯样试件的尺寸。

（1）平均直径用游标卡尺在芯样试件中部相互垂直的两个位置上测量，取测量的算术平均值作为芯样试件的直径，精确至 0.5mm；

（2）芯样试件高度用钢卷尺或钢板尺进行测量，精确至 1mm；

（3）垂直度用游标量角器测量芯样试件两个端面与母线的夹角，精确至 0.1°；

（4）平整度用钢板尺或角尺紧靠在芯样试件端面上，一面转动钢板尺，一面用尺测量钢板尺与芯样试件端面之间的缝隙；也可采用其他专用设备量测。

5. 芯样试件尺寸偏差及外观质量超过下列数值时，相应的测试数据无效。

（1）芯样试件的实际高径比高径比（H/d）小于要求高径比的 0.95 或大于 1.05 时；

（2）沿芯样试件高度的任一直径与平均直径相差大于 2mm；

（3）抗压芯样试件端面的不平整度在 10mm 长度内大于 0.1mm；

（4）芯样试件端面与轴线的不垂直度大于 1°；

（5）芯样有裂缝或有其他较大缺陷。

11.3.8 芯样试件的试验和抗压强度值的计算

1. 芯样试件应在自然干燥状态下进行抗压试验。

2. 当结构工作条件比较潮湿，需要确定潮湿状态下混凝土的强度时，芯样试件适宜在 20℃ ±5℃的清水中浸泡 40h～48h，从水中取出后立即进行试验。芯样试件的含水量对强度有一定影响，含水越多则强度越低。一般来说，强度等级高的混凝土强度降低较少，强度等级低的混凝土强度降低较多。因此建议自然干燥状态与潮湿状态下的试验情况。

3. 芯样试件的抗压试验的操作应符合现行国家标准《普通混凝土力学性能试验方法》（GB/T 50081—2002）中对立方体试块抗压试验的规定。

4. 混凝土的抗压强度值，应根据混凝土原材料和施工工艺通过试验确定，也可按现行规程中的规定确定。

5. 芯样试件的混凝土抗压强度可按下式计算：

$$f_{cu,cor} = F_c/A \qquad (11\text{-}17)$$

式中：$f_{cu,cor}$——芯样试件的混凝土抗压强度值（MPa）；

F_c——芯样试件的抗压试验测得的最大压力（N）；

A——芯样试件抗压截面面积（mm²）。

11.3.9　钻芯法确定混凝土强度推定值

1. 钻芯法确定单个构件的混凝土强度推定值时，有效芯样试件的数量不应少于 3 个；对于较小构件，有效芯样试件的数量不得少于 2 个。

2. 单个构件的混凝土强度推定值不进行数据的舍弃，按有效芯样试件混凝土抗压强度值中的最小值确定。

3. 钻芯法确定检验批的混凝土强度推定值时，取样应遵守下列规定：

（1）芯样试件的数量应根据检验批的容量确定。标准芯样试件的最小样本量不宜少于 15 个，小直径芯样试件的最小样本量应适当增加。

（2）芯样应从检验批的结构构件中随机抽取，每个芯样应取自一个构件或结构的局部部位。

4. 检验批混凝土强度的推定值应按下列方法确定：

（1）检验批的混凝土强度推定值应计算推定区间，推定区间的上限值和下限值按下列公式计算：

上限值 $\qquad f_{cu,e1} = f_{cu,cor,m} - k_1 S_{cor} \qquad (11\text{-}18)$

下限值 $\qquad f_{cu,e2} = f_{cu,cor,m} - k_2 S_{cor} \qquad (11\text{-}19)$

平均值 $\qquad f_{cu,cor,m} = \dfrac{\sum\limits_{i=1}^{n} f_{cu,cor,i}}{n} \qquad (11\text{-}20)$

标准差 $\qquad S_{cor} = \sqrt{\dfrac{\sum\limits_{i=1}^{n}\left(f_{cu,cor,i} - f_{cu,cor,m}\right)^2}{n-1}} \qquad (11\text{-}21)$

式中：$f_{cu,cor,m}$——芯样试件的混凝土抗压强度平均值（MPa），精确 0.1MPa；

$f_{cu,cor,i}$——单个芯样试件的混凝土抗压强度值（MPa），精确 0.1MPa；

$f_{cu,e1}$——混凝土抗压强度上限值（MPa），精确 0.1MPa；

$f_{cu,e2}$——混凝土抗压强度下限值（MPa），精确 0.1MPa；

k_1、k_2——推定区间上限值系数和下限值系数，按附录 E 推定区间系数表查得；

S_{cor}——芯样试件强度样本的标准差（MPa），精确 0.1MPa。

（2）$f_{cu,e1}$、和 $f_{cu,e2}$ 所构成推定区间的置信度宜为 0.85，$f_{cu,e1}$、与 $f_{cu,e2}$ 之间的差值不宜大于 5.0MPa 和 0.10 $f_{cu,cor,m}$ 两者的较大值。

（3）宜以 $f_{cu,e1}$ 作为检验批混凝土强度的推定值。

实例1：

检测一框架梁的混凝土强度。现场取 100mm 直径的芯样 3 个，经过加工成标准试件，试验后 3 个芯样的最大压力值分别为 254kN、278kN、264kN，计算该框架梁的混凝土强度，并确定混凝土强度推定值。

【解】：

1. 由公式（11-17）计算分别计算 3 个试件的抗压强度值为：

试件 1： $254\times10^3 \Big/ (100/2)^2\times\pi = 32.3\text{MPa}$

试件 2： $278\times10^3 \Big/ (100/2)^2\times\pi = 35.4\text{MPa}$ ；

试件 3： $264\times10^3 \Big/ (100/2)^2\times\pi = 33.6\text{MPa}$ 。

2. 根据计算结果，该框架梁的混凝土芯样最小强度值为 32.3MPa，即为该框架梁的强度推定值。

实例2：

检测一框架结构的某一层框架柱的混凝土强度。在该层框架柱位置共取了 20 个混凝土芯样，芯样强度列于下表。试计算该检测批框架柱的混凝土柱强度上、下限值；确定该批混凝土的强度推定值。

20 个混凝土芯样的强度值（MPa）

32.2	35.1	31.9	32.8	30.9
35.6	33.5	31.7	35.1	34.2
36.2	29.8	31.5	34.6	33.2
33.4	32.7	32.9	30.7	32.7

【解】：

1. 根据公式计算芯样的强度值平均值、标准差分别为：

平均值
$$f_{cu,cor,m} = \frac{\sum_{i=1}^{n} f_{cu,cor,i}}{n} = 33.0\text{MPa}$$

标准差： $S_{cor} = 1.72\text{MPa}$

2. 查附录推定区间系数表，试件数 n 为 20 时上、下限值系数分别为 1.271、2.396，计算混凝土上限值、下限值为：

上限值： $f_{cu,e1} = f_{cu,cor,m} - k_1 S_{cor} = 33.0 - 1.271\times1.72 = 30.8\text{MPa}$

下限值： $f_{cu,e2} = f_{cu,cor,m} - k_2 S_{cor} = 33.0 - 2.396\times1.72 = 28.9\text{MPa}$

差值： $f_{cu,e1} - f_{cu,e2} = 30.8 - 28.9 = 1.90\text{MPa} < 5.0\text{MPa}$ 和 $0.10 f_{cu,cor,m} = 0.10\times33.0 = 3.30\text{MPa}$ 中的较大者。

3. 该批混凝土柱的强度上、下限值分别为 30.8MPa、28.9MPa，混凝土强度推定值为 30.8MPa。

习　题

一、填空

1. 混凝土回弹仪的标称能量为_____J。

2. 在洛氏硬度 HRC 为_____的钢砧上，回弹仪的率定值应为_____。

3. 回弹仪使用时的环境温度应为_____℃。

4. 锯切芯样时，试件的高度与直径之比（H/d）宜为_____。

5. 芯样试件内不宜含有钢筋。如不能满足此项要求时，抗压试件应符合下列要求：标准芯样试件，每个试件内最多只允许有___ 根直径小于_____mm 的钢筋；公称直径小于_____mm 的芯样试件，每个试件内最_____只允许有一根直径_____于_____mm 的钢筋；芯样内的钢筋应与芯样试件的轴线基本垂直并离开端面_____mm 以上。

6. 当结构工作条件比较潮湿，需要确定潮湿状态下混凝土的强度时，芯样试件宜在_____的清水中浸泡_____h，从水中取出后立即进行试验。

二、判断题

1. 回弹法检测混凝土强度时，在每个构件上均布置 10 个测区。　　　　　　（　　）

2. 回弹法检测混凝土强度时，其强度仅与回弹值有关。　　　　　　　　　　（　　）

3. 钻芯法检测混凝土强度时，芯样的强度值芯样试件在干燥状态下抗压试验的强度值。

　　　　　　　　　　　　　　　　　　　　　　　　　　　　　　　　　　（　　）

4. 回弹法检测混凝土强度适合任何情况下。　　　　　　　　　　　　　　　（　　）

5. 采用钻芯法检测适合所有强度等级的混凝土。　　　　　　　　　　　　　（　　）

6. 钻芯法检测混凝土强度时，均应钻取芯样直径为 100mm 的试件。　　　　（　　）

三、名词解释

混凝土无损检测；测区；测点

四、问答题

1. 简述工程质量检测的工作程序。

2. 工程检测常用的检测方法有哪些？

3. 简述回弹法检测混凝土强度的原理。

4. 回弹法检测混凝土抗压强度时，如何在构件上布置测区？

5. 简述回弹法检测混凝土抗压强度时，如何按单个构件和批量抽样检测计算混凝土的强度推定值。

6. 简述回弹法检测砌体砂浆强度时，如何确定检测单元、测区和测点？测区的强度值如何计算。

7. 钻芯法检测混凝土强度时，现场钻芯时如何确定取芯位置？

附录 A

测区混凝土强度换算表

平均回弹值 R_m	测区混凝土强度换算值 $f_{cu,i}^c$（MPa）												
	平均碳化深度值 d_m（mm）												
	0	0.5	1.0	1.5	2.0	2.5	3.0	3.5	4.0	4.5	5.0	5.5	≥6
20.0	10.3	10.1	—	—	—	—	—	—	—	—	—	—	—
20.2	10.5	10.3	10.0	—	—	—	—	—	—	—	—	—	—
20.4	10.7	10.5	10.2	—	—	—	—	—	—	—	—	—	—
20.6	11.0	10.8	10.4	10.1	—	—	—	—	—	—	—	—	—
20.8	11.2	11.0	10.6	10.3	—	—	—	—	—	—	—	—	—
21.0	11.4	11.2	10.8	10.5	10.0	—	—	—	—	—	—	—	—
21.2	11.6	11.4	11.0	10.7	10.2	—	—	—	—	—	—	—	—
21.4	11.8	11.6	11.2	10.9	10.4	10.0	—	—	—	—	—	—	—
21.6	12.0	11.8	11.4	11.0	10.6	10.2	—	—	—	—	—	—	—
21.8	12.3	12.1	11.7	11.3	10.8	10.5	10.1	—	—	—	—	—	—
22.0	12.5	12.2	11.9	11.5	11.0	10.6	10.2	—	—	—	—	—	—
22.2	12.7	12.4	12.1	11.7	11.2	10.8	10.4	10.0	—	—	—	—	—
22.4	13.0	12.7	12.4	12.0	11.4	11.0	10.7	10.3	10.0	—	—	—	—
22.6	13.2	12.9	12.5	12.1	11.6	11.2	10.8	10.4	10.2	—	—	—	—
22.8	13.4	13.1	12.7	12.3	11.8	11.4	11.0	10.6	10.3	—	—	—	—
23.0	13.7	13.4	13.0	12.6	12.1	11.6	11.2	10.8	10.5	10.1	—	—	—
23.2	13.9	13.6	13.2	12.8	12.2	11.8	11.4	11.0	10.7	10.3	10.0	—	—
23.4	14.1	13.8	13.4	13.0	12.4	12.0	11.6	11.2	10.9	10.4	10.2	—	—
23.6	14.4	14.1	13.7	13.2	12.7	12.2	11.8	11.4	11.1	10.7	10.4	10.1	—
23.8	14.6	14.3	13.9	13.4	12.8	12.4	12.0	11.5	11.2	10.8	10.5	10.2	—
24.0	14.9	14.6	14.2	13.7	13.1	12.7	12.2	11.8	11.5	11.0	10.7	10.4	10.1
24.2	15.1	14.8	14.3	13.9	13.3	12.8	12.4	11.9	11.6	11.2	10.9	10.6	10.3
24.4	15.4	15.1	14.6	14.2	13.6	13.1	12.6	12.2	11.9	11.4	11.1	10.8	10.4
24.6	15.6	15.3	14.8	14.4	13.7	13.3	12.8	12.0	11.5	12.0	11.6	10.9	10.6
24.8	15.9	15.6	15.1	14.6	14.0	13.5	13.0	12.6	12.2	11.8	11.4	11.1	10.7
25.0	16.2	15.9	15.4	14.9	14.3	13.8	13.3	12.8	12.5	12.0	11.7	11.3	10.9
25.2	16.4	16.1	15.6	15.1	14.4	13.9	13.4	13.0	12.6	12.1	11.8	11.5	11.0
25.4	16.7	16.4	15.9	15.4	14.7	14.2	13.7	13.2	12.9	12.4	12.0	11.7	11.2
25.6	16.9	16.6	16.1	15.7	14.9	14.4	13.9	13.4	13.0	12.5	12.2	11.8	11.3
25.8	17.2	16.9	16.3	15.8	15.1	14.6	14.1	13.6	13.2	12.7	12.4	12.0	11.5
26.0	17.5	17.2	16.6	16.1	15.4	14.9	14.4	13.8	13.5	13.0	12.6	12.2	11.6
26.2	17.8	17.4	16.9	16.4	15.7	15.1	14.6	14.0	13.7	13.2	12.8	12.4	11.8
26.4	18.0	17.6	17.1	16.6	15.8	15.3	14.8	14.2	13.9	13.3	13.0	12.6	12.0

续表

平均回弹值 R_m	测区混凝土强度换算值 $f^c_{cu,i}$（MPa）												
	平均碳化深度值 d_m（mm）												
	0	0.5	1.0	1.5	2.0	2.5	3.0	3.5	4.0	4.5	5.0	5.5	≥6
26.6	18.3	17.9	17.4	16.8	16.1	15.6	15.0	14.4	14.1	13.5	13.2	12.8	12.1
26.8	18.6	18.2	17.7	17.1	16.4	15.8	15.3	14.6	14.3	13.8	13.4	12.9	12.3
27.0	18.9	18.5	18.0	17.4	16.6	16.1	15.5	14.8	14.6	14.0	13.6	13.1	12.4
27.2	19.1	18.7	18.1	17.6	16.8	16.2	15.7	15.0	14.7	14.1	13.8	13.3	12.6
27.4	19.4	19.0	18.4	17.8	17.0	16.4	15.9	15.2	14.9	14.3	14.0	13.4	12.7
27.6	19.7	19.3	18.7	18.0	17.2	16.6	16.1	15.4	15.1	14.5	14.1	13.6	12.9
27.8	20.0	19.6	19.0	18.2	17.4	16.8	16.3	15.6	15.3	14.7	14.2	13.7	13.0
28.0	20.3	19.7	19.2	18.4	17.6	17.0	16.5	15.8	15.4	14.8	14.4	13.9	13.2
28.2	20.6	20.0	19.5	18.6	17.8	17.2	16.7	16.0	15.6	15.0	14.6	14.0	13.3
28.4	20.9	20.3	19.7	18.8	18.0	17.4	16.9	16.2	15.8	15.2	14.8	14.2	13.5
28.6	21.2	20.6	20.0	19.1	18.2	17.6	17.1	16.4	16.0	15.4	15.0	14.3	13.6
28.8	21.5	20.9	20.0	19.4	18.5	17.8	17.3	16.6	16.2	15.6	15.2	14.5	13.8
29.0	21.8	21.1	20.5	19.6	18.7	18.1	17.5	16.8	16.4	15.8	15.4	14.6	13.9
29.2	22.1	21.4	20.8	19.9	19.0	18.3	17.7	17.0	16.6	16.0	15.6	14.8	14.1
29.4	22.4	21.7	21.1	20.2	19.3	18.6	17.9	17.2	16.8	16.2	15.8	15.0	14.2
29.6	22.7	22.0	21.3	20.4	19.5	18.8	18.2	17.5	17.0	16.4	16.0	15.1	14.4
29.8	23.0	22.3	21.6	20.7	19.8	19.1	18.4	17.7	17.2	16.6	16.2	15.3	14.5
30.0	23.3	22.6	21.9	21.0	20.0	19.3	18.6	17.9	17.4	16.8	16.4	15.4	14.7
30.2	23.6	22.9	22.2	21.2	20.3	19.6	18.9	18.2	17.6	17.0	16.6	15.6	14.9
30.4	23.9	23.2	22.5	21.5	20.6	19.8	19.1	18.4	17.8	17.2	16.8	15.8	15.1
30.6	24.3	23.6	22.8	21.9	20.9	20.2	19.4	18.7	18.0	17.5	17.0	16.0	15.2
30.8	24.6	23.9	23.1	22.1	21.2	20.4	19.7	18.9	18.2	17.7	17.2	16.2	15.4
31.0	24.9	24.2	23.4	22.4	21.4	20.7	19.9	19.2	18.4	17.9	17.4	16.4	15.5
31.2	25.2	24.4	23.7	22.7	21.7	20.9	20.2	19.4	18.6	16.1	17.6	16.6	15.7
31.4	25.6	24.8	24.1	23.0	22.0	21.2	20.5	19.7	18.9	18.4	17.8	16.9	15.8
31.6	25.9	25.1	24.3	23.3	22.3	21.5	20.7	19.9	19.2	18.6	18.0	17.1	16.0
31.8	26.2	25.4	24.6	23.6	22.5	21.7	21.0	20.2	19.4	18.9	18.2	17.3	16.2
32.0	26.5	25.7	24.9	23.9	22.8	22.0	21.2	20.4	19.6	19.1	18.4	17.5	16.4
32.2	26.9	26.1	25.3	24.2	23.1	22.3	21.5	20.7	19.9	19.4	18.6	17.7	16.6
32.4	27.2	26.4	25.6	24.5	23.4	22.6	21.8	20.9	20.1	19.6	18.8	17.9	16.8
32.6	27.6	26.8	25.9	24.8	23.7	22.9	22.1	21.3	20.4	19.9	19.0	18.1	17.0
32.8	27.9	27.1	26.2	25.1	24.0	23.2	22.3	21.5	20.6	20.1	19.2	18.3	17.2
33.0	28.2	27.4	26.5	25.4	24.3	23.4	22.6	21.7	20.9	20.3	19.4	18.5	17.4
33.2	28.6	27.7	26.8	25.7	24.6	23.7	22.9	22.0	21.2	20.5	19.6	18.7	17.6
33.4	28.9	28.0	27.1	26.0	24.9	24.0	23.1	22.3	21.4	20.7	19.8	18.9	17.8
33.6	29.3	28.4	27.4	26.4	25.2	24.2	23.3	22.6	21.7	20.9	20.0	19.1	18.0
33.8	29.6	28.7	27.7	26.6	25.4	24.4	23.5	22.8	21.9	21.1	20.2	19.3	18.2
34.0	30.0	29.1	28.0	26.8	25.6	24.6	23.7	23.0	22.1	21.3	20.4	19.5	18.3
34.2	30.3	29.4	28.3	27.0	25.8	24.8	23.9	23.2	22.3	21.5	20.6	19.7	18.4
34.4	30.7	29.8	28.6	27.2	26.0	25.0	24.1	23.4	22.5	21.7	20.8	19.8	18.6
34.6	31.1	30.2	28.9	27.4	26.2	25.2	24.3	23.6	22.7	21.9	21.0	20.0	18.8
34.8	31.4	30.5	29.2	27.6	26.4	25.4	24.5	23.8	22.9	22.1	21.2	20.2	19.00

续表

平均回弹值 R_m	测区混凝土强度换算值 $f^c_{cu,i}$ （MPa）												
	平均碳化深度值 d_m （mm）												
	0	0.5	1.0	1.5	2.0	2.5	3.0	3.5	4.0	4.5	5.0	5.5	≥6
35.0	31.8	30.8	29.6	28.0	26.7	25.8	24.8	24.0	23.2	22.3	21.4	20.4	19.2
35.2	32.1	31.1	29.9	28.2	27.0	26.0	25.0	24.2	23.4	22.5	21.6	20.6	19.4
35.4	32.5	31.5	30.2	28.6	27.3	26.3	25.4	24.4	23.7	22.8	21.8	20.8	19.6
35.6	32.9	31.9	30.6	29.0	27.6	26.6	25.7	24.7	24.0	23.0	22.0	21.0	19.8
35.8	33.3	32.3	31.0	29.3	28.0	27.0	26.0	25.0	24.3	23.3	22.2	21.2	20.0
36.0	33.6	32.6	31.2	29.6	28.2	27.2	26.2	25.2	24.5	23.5	22.4	21.4	20.2
36.2	34.0	33.0	31.6	29.9	28.6	27.5	26.5	25.5	24.8	23.8	22.6	21.6	20.4
36.4	34.4	33.4	32.0	30.3	28.9	27.9	26.8	25.8	25.1	24.1	22.8	21.8	20.6
36.6	34.8	33.8	32.4	30.6	29.2	28.2	27.1	26.1	25.4	24.4	23.0	22.0	20.9
36.8	35.2	34.1	32.7	31.0	29.6	28.5	27.5	26.4	25.7	24.6	23.2	22.2	21.1
37.0	35.5	34.4	33.0	31.2	29.8	28.8	27.7	26.6	25.9	24.8	23.4	22.4	21.3
37.2	35.9	34.8	33.4	31.6	30.2	29.1	28.0	26.9	26.2	25.1	23.7	22.6	21.5
37.4	36.3	35.2	33.8	31.9	30.5	29.4	28.3	27.2	26.6	25.4	24.0	22.9	21.8
37.6	36.7	35.6	34.1	32.3	30.8	29.7	28.6	27.5	26.8	25.7	24.2	23.1	22.0
37.8	37.1	36.0	34.5	32.6	31.2	30.0	28.9	27.8	27.1	26.0	24.5	23.4	22.3
38.0	37.5	36.4	34.9	33.0	31.5	30.3	29.2	28.1	27.4	26.2	24.8	23.6	22.5
38.2	37.9	36.8	35.2	33.4	31.8	30.6	29.5	28.4	27.7	26.5	25.0	23.9	22.7
38.4	38.3	37.2	35.6	33.7	32.1	30.9	29.8	28.7	28.0	29.8	25.3	24.1	23.0
38.6	38.7	37.5	36.0	34.1	32.4	31.2	30.1	29.0	28.3	27.0	25.5	24.4	23.2
38.8	39.1	37.9	36.4	34.4	32.7	31.5	30.4	29.3	28.5	27.2	25.8	24.6	23.5
39.0	39.5	38.2	36.7	34.7	33.0	31.8	30.6	29.6	28.8	27.4	26.0	24.8	23.7
39.2	39.9	38.5	37.0	35.0	33.3	32.1	30.8	29.8	29.0	27.6	26.2	25.0	25.0
39.4	40.3	38.8	37.3	35.3	33.6	32.4	31.0	30.0	29.2	27.8	26.4	25.2	24.2
39.6	40.7	39.1	37.6	35.6	33.9	32.7	31.2	30.2	29.4	28.0	26.6	25.4	24.4
39.8	41.2	39.6	38.0	35.9	34.2	33.0	31.4	30.5	29.7	28.2	26.8	25.6	24.7
40.0	41.6	39.9	38.3	36.2	34.5	33.3	31.7	30.8	30.0	28.4	27.0	25.8	25.0
40.2	42.0	40.3	38.6	36.5	34.8	33.6	32.0	31.1	30.2	28.6	27.3	26.0	25.2
40.4	42.4	40.7	39.0	36.9	35.1	33.9	32.3	31.4	30.5	28.8	27.6	26.2	25.4
40.6	42.8	41.1	39.4	37.2	35.4	34.2	32.6	31.7	30.8	29.1	27.8	26.5	25.7
40.8	43.3	41.6	39.8	37.7	35.7	34.5	32.9	32.0	31.2	29.4	28.1	26.8	26.0
41.0	43.7	42.0	40.2	38.0	36.0	34.8	33.2	32.3	31.5	29.7	28.4	27.1	26.2
41.2	44.1	42.3	40.6	38.4	36.3	35.1	33.5	32.6	31.8	30.0	28.7	27.3	26.5
41.4	44.5	42.7	40.9	38.7	36.6	35.4	33.8	32.9	32.0	30.3	28.9	27.6	26.7
41.6	45.0	43.2	41.4	39.2	36.9	35.7	34.2	33.3	32.4	30.6	29.2	27.9	27.0
41.8	45.4	43.6	41.8	39.5	37.2	36.0	34.5	33.6	32.7	30.9	29.5	28.1	27.2
42.0	45.9	44.1	42.2	39.9	37.6	36.3	34.9	34.0	33.0	31.2	29.8	28.5	27.5
42.2	46.3	44.4	42.6	40.3	38.0	36.6	35.2	34.3	33.3	31.5	30.1	28.7	27.8
42.4	46.7	44.8	43.0	40.6	38.3	36.9	35.5	34.6	33.6	31.8	30.4	29.0	28.0
42.6	47.2	45.3	43.4	41.1	38.7	37.3	35.9	34.9	34.0	32.1	30.7	29.3	28.3
42.8	47.6	45.7	43.8	41.4	39.0	37.6	36.2	35.2	34.3	32.4	30.9	29.5	28.6

续表

平均回弹值 R_m	测区混凝土强度换算值 $f_{cu,i}^c$（MPa）												
	平均碳化深度值 d_m（mm）												
	0	0.5	1.0	1.5	2.0	2.5	3.0	3.5	4.0	4.5	5.0	5.5	≥6
43.0	48.1	46.2	44.2	41.8	39.4	38.0	36.6	35.6	34.6	32.7	31.3	29.8	28.9
43.2	48.5	46.6	44.6	42.2	39.8	38.3	36.9	35.9	34.9	33.0	31.5	30.1	29.1
43.4	49.0	47.0	45.1	42.6	40.2	38.7	37.2	36.3	35.3	33.3	31.8	30.4	29.4
43.6	49.4	47.4	45.4	43.0	40.5	39.0	37.5	36.6	35.6	33.6	32.1	30.6	29.6
43.8	49.9	47.9	45.9	43.4	40.9	39.4	37.9	36.9	35.9	33.9	32.4	30.9	29.9
44.0	50.4	48.4	46.4	43.8	41.3	39.8	38.3	37.3	36.3	34.3	32.8	31.2	30.2
44.2	50.8	48.8	46.7	44.2	41.7	40.1	38.6	37.6	36.6	34.5	33.0	31.5	30.5
44.4	51.3	49.2	47.2	44.6	42.1	40.5	39.0	38.0	36.9	34.9	33.3	31.8	30.8
44.6	51.7	49.6	47.6	45.0	42.4	40.8	39.3	38.3	37.2	35.2	33.6	32.1	31.0
44.8	52.2	50.1	48.0	45.4	42.8	41.2	39.7	38.6	37.6	35.5	33.9	32.4	31.3
45.0	52.7	50.6	48.5	45.8	43.2	41.6	40.1	39.0	37.9	35.8	34.3	32.7	31.6
45.2	53.2	51.1	48.9	46.3	43.6	42.0	40.4	39.4	38.3	36.2	34.6	33.0	31.9
45.4	53.6	51.5	49.4	46.6	44.0	42.3	40.7	39.7	38.6	36.4	34.8	33.2	32.2
45.6	54.1	51.9	49.8	47.1	44.4	42.7	41.1	40.0	39.0	36.8	35.2	33.5	32.5
45.8	54.6	52.4	50.2	47.5	44.8	43.1	41.5	40.4	39.3	37.1	35.5	33.9	32.8
46.0	55.0	52.8	50.6	47.9	45.2	43.5	41.9	40.8	39.7	37.5	35.8	34.2	33.1
46.2	55.5	53.3	51.1	48.3	45.5	43.8	42.2	41.1	40.0	37.7	36.1	34.4	33.3
46.4	56.0	53.8	51.5	48.7	45.9	44.2	42.6	41.4	40.3	38.1	36.4	34.7	33.6
46.6	56.5	54.2	52.0	49.2	46.3	44.6	42.9	41.8	40.7	38.4	36.7	35.0	33.9
46.8	57.0	54.7	52.4	49.6	46.7	45.0	43.3	42.2	41.0	38.8	37.0	35.3	34.2
47.0	57.5	55.2	52.9	50.0	47.2	45.2	43.7	42.6	41.4	39.1	37.4	35.6	34.5
47.2	58.0	55.7	53.4	50.5	47.6	45.8	44.1	42.9	41.8	39.4	37.7	36.0	34.8
47.4	58.5	56.2	53.8	50.9	48.0	46.2	44.5	43.3	42.1	39.8	38.0	36.3	35.1
47.6	59.0	56.6	54.3	51.3	48.4	46.6	44.8	43.7	42.5	4.1	38.4	36.6	35.4
47.8	59.5	57.1	54.7	51.8	48.8	47.0	45.2	44.0	42.8	40.5	38.7	36.9	35.7
48.0	60.0	57.6	55.2	52.2	49.2	47.4	45.6	44.4	43.2	40.8	39.0	37.2	36.0
48.2	60.0	58.0	55.7	52.6	49.6	47.8	46.0	44.8	43.6	41.1	39.3	37.5	36.3
48.4	60.0	58.6	56.1	53.1	50.0	48.2	46.4	45.1	43.9	41.5	39.6	37.8	36.6
48.6	60.0	59.0	56.6	53.5	50.4	48.6	46.7	45.5	44.3	41.8	4.0	38.1	36.9
48.8	60.0	59.5	57.1	54.0	50.9	49.0	47.1	45.9	44.6	42.2	40.3	38.4	37.2
49.0	60.0	60.0	57.5	54.4	51.3	49.4	47.5	46.2	45.0	42.5	40.6	38.8	37.5
49.2	60.0	60.0	58.0	54.8	51.7	49.8	47.9	46.6	45.4	42.8	41.0	39.1	37.8
49.4	60.0	60.0	58.5	55.3	52.1	50.2	48.3	47.1	45.8	43.2	41.3	39.4	38.2
49.6	60.0	60.0	58.9	55.7	52.5	50.6	48.7	47.4	46.2	43.6	41.7	39.7	38.5
49.8	60.0	60.0	59.4	56.2	53.0	51.0	49.1	47.8	46.5	43.9	42.0	40.1	38.8
50.0	60.0	60.0	59.9	56.7	53.4	51.4	49.5	48.2	46.9	44.3	42.3	40.4	39.1
50.2	60.0	60.0	60.0	57.1	53.8	51.9	49.9	48.5	47.2	44.6	42.6	40.7	39.4
50.4	60.0	60.0	60.0	57.6	54.3	52.3	50.3	49.0	47.7	45.0	43.0	41.0	39.7
50.6	60.0	60.0	60.0	58.0	54.7	52.7	50.7	49.4	48.0	45.4	43.4	41.4	40.0
50.8	60.0	60.0	60.0	58.5	55.1	53.1	51.1	49.8	48.4	45.7	43.7	41.7	40.3

平均回弹值 R_m	测区混凝土强度换算值 $f^c_{cu,i}$（MPa）												
	平均碳化深度值 d_m（mm）												
	0	0.5	1.0	1.5	2.0	2.5	3.0	3.5	4.0	4.5	5.0	5.5	≥6
51.0	60.0	60.0	60.0	59.0	55.6	53.5	51.5	50.1	48.8	46.1	44.1	42.0	40.7
51.2	60.0	60.0	60.0	59.4	56.0	54.0	51.9	50.5	49.2	46.4	44.4	42.3	41.0
51.4	60.0	60.0	60.0	59.9	56.4	54.4	52.3	50.9	49.6	46.8	44.7	42.7	41.3
51.6	60.0	60.0	60.0	60.0	56.9	54.8	52.7	51.3	50.0	47.2	45.1	43.0	41.6
51.8	60.0	60.0	60.0	60.0	57.3	55.2	53.1	51.7	50.3	47.5	45.4	43.3	41.8
52.0	60.0	60.0	60.0	60.0	57.8	55.7	53.6	52.1	50.7	47.9	45.8	43.7	42.3
52.2	60.0	60.0	60.0	60.0	58.2	56.1	54.0	52.5	51.1	48.3	46.2	44.0	42.6
52.4	60.0	60.0	60.0	60.0	58.7	56.5	54.4	53.0	51.5	48.7	46.5	44.4	43.0
52.6	60.0	60.0	60.0	60.0	59.1	57.0	54.8	53.4	51.9	49.0	46.9	44.7	43.3
52.8	60.0	60.0	60.0	60.0	59.6	57.4	55.2	53.8	52.3	49.4	47.3	45.1	43.6
53.0	60.0	60.0	60.0	60.0	60.0	57.8	55.6	54.2	52.7	49.8	47.6	45.4	43.9
53.2	60.0	60.0	60.0	60.0	60.0	58.3	56.1	54.6	53.1	50.2	48.0	45.8	44.3
53.4	60.0	60.0	60.0	60.0	60.0	58.7	56.5	55.0	53.5	50.5	48.3	46.1	44.6
53.6	60.0	60.0	60.0	60.0	60.0	59.2	56.9	55.4	53.9	50.9	48.7	46.4	44.9
53.8	60.0	60.0	60.0	60.0	60.0	59.6	57.3	55.8	54.3	51.3	49.0	46.8	45.3
54.0	60.0	60.0	60.0	60.0	60.0	60.0	57.8	56.3	54.7	51.7	49.4	47.1	45.6
54.2	60.0	60.0	60.0	60.0	60.0	58.2	56.7	55.1	52.1	49.8	47.5	46.0
54.4	60.0	60.0	60.0	60.0	60.0	60.0	58.6	57.1	55.6	52.5	50.2	47.9	46.3
54.6	60.0	60.0	60.0	60.0	60.0	60.0	59.1	57.5	56.0	52.9	50.5	48.2	46.6
54.8	60.0	60.0	60.0	60.0	60.0	60.0	59.5	57.9	56.4	53.2	50.9	48.5	47.0
55.0	60.0	60.0	60.0	60.0	60.0	60.0	59.9	58.4	56.8	53.6	51.3	48.9	47.3
55.2	60.0	60.0	60.0	60.0	60.0	60.0	60.0	58.8	57.2	54.0	51.6	49.3	47.7
55.4	60.0	60.0	60.0	60.0	60.0	60.0	60.0	59.2	57.6	54.4	52.0	49.6	48.0
55.6	60.0	60.0	60.0	60.0	60.0	60.0	60.0	59.7	58.0	54.8	52.4	50.0	48.4
55.8	60.0	60.0	60.0	60.0	60.0	60.0	60.0	60.0	58.5	55.2	52.8	50.3	48.7
56.0	60.0	60.0	60.0	60.0	60.0	60.0	60.0	60.0	58.9	55.6	53.2	50.7	49.1
56.2	60.0	60.0	60.0	60.0	60.0	60.0	60.0	60.0	59.3	56.0	53.5	51.1	49.4
56.4	60.0	60.0	60.0	60.0	60.0	60.0	60.0	60.0	59.7	56.4	53.9	51.4	49.8
56.6	60.0	60.0	60.0	60.0	60.0	60.0	60.0	60.0	60.0	56.8	54.3	51.8	50.1
56.8	60.0	60.0	60.0	60.0	60.0	60.0	60.0	60.0	60.0	57.2	54.7	52.2	50.5
57.0	60.0	60.0	60.0	60.0	60.0	60.0	60.0	60.0	60.0	57.6	55.1	52.5	50.8
57.2	60.0	60.0	60.0	60.0	60.0	60.0	60.0	60.0	60.0	58.0	55.5	52.9	51.2
57.4	60.0	60.0	60.0	60.0	60.0	60.0	60.0	60.0	60.0	58.4	55.9	53.3	51.6
57.6	60.0	60.0	60.0	60.0	60.0	60.0	60.0	60.0	60.0	58.9	56.3	53.7	51.9
57.8	60.0	60.0	60.0	60.0	60.0	60.0	60.0	60.0	60.0	59.3	56.7	54.0	52.3
58.0	60.0	60.0	60.0	60.0	60.0	60.0	60.0	60.0	60.0	59.7	57.0	54.4	52.7
58.2	60.0	60.0	60.0	60.0	60.0	60.0	60.0	60.0	60.0	60.0	57.4	54.8	53.0
58.4	60.0	60.0	60.0	60.0	60.0	60.0	60.0	60.0	60.0	60.0	57.8	55.2	53.4
58.6	60.0	60.0	60.0	60.0	60.0	60.0	60.0	60.0	60.0	60.0	58.2	55.6	53.8
58.8	60.0	60.0	60.0	60.0	60.0	60.0	60.0	60.0	60.0	60.0	58.6	55.9	54.1

平均回弹值 R_m	测区混凝土强度换算值 $f^c_{cu,i}$（MPa）												
	平均碳化深度值 d_m（mm）												
	0	0.5	1.0	1.5	2.0	2.5	3.0	3.5	4.0	4.5	5.0	5.5	≥6
59.0	60.0	60.0	60.0	60.0	60.0	60.0	60.0	60.0	60.0	60.0	59.0	56.3	54.5
59.2	60.0	60.0	60.0	60.0	60.0	60.0	60.0	60.0	60.0	60.0	59.4	56.7	54.9
59.4	60.0	60.0	60.0	60.0	60.0	60.0	60.0	60.0	60.0	60.0	59.8	57.1	55.2
59.6	60.0	60.0	60.0	60.0	60.0	60.0	60.0	60.0	60.0	60.0	60.0	57.5	55.6
59.8	60.0	60.0	60.0	60.0	60.0	60.0	60.0	60.0	60.0	60.0	60.0	57.9	56.0
60.0	60.0	60.0	60.0	60.0	60.0	60.0	60.0	60.0	60.0	60.0	60.0	58.3	56.4

注：表中未注明的测区混凝土强度换算值为小于 10MPa。

附录 B

泵送混凝土强度换算表

平均回弹值 R_m	测区混凝土强度换算值 $f_{cu,i}^c$（MPa）												
	平均碳化深度值 d_m（mm）												
	0	0.5	1.0	1.5	2.0	2.5	3.0	3.5	4.0	4.5	5.0	5.5	≥6
18.6	10.0												
18.8	10.2	10.0											
19.0	10.4	10.2	10.0										
19.2	10.6	10.4	10.2	10.0									
19.4	10.9	10.7	10.4	10.2	10.0								
19.6	11.1	10.9	10.6	10.4	10.2	10.0							
19.8	11.3	11.1	10.9	10.6	10.4	10.2	10.0						
20.0	11.5	11.3	11.1	10.9	10.6	10.4	10.2	10.0					
20.2	11.8	11.5	11.3	11.1	10.9	10.6	10.4	10.2	10.0				
20.4	12.0	11.7	11.5	11.3	11.1	10.8	10.6	10.4	10.2	10.0			
20.6	12.2	12.0	11.7	11.5	11.3	11.0	10.8	10.6	10.4	10.2	10.0	.	
20.8	12.4	12.2	12.0	11.7	11.5	11.3	11.0	10.8	10.6	10.4	10.2	10.0	
21.0	12.7	12.4	12.2	11.9	11.7	11.5	11.2	11.0	10.8	10.6	10.4	10.2	10.0
21.2	12.9	12.7	12.4	12.2	11.9	11.7	11.5	11.2	11.0	10.8	10.6	10.4	10.2
21.4	13.1	12.9	12.6	12.4	12.1	11.9	11.7	11.4	11.2	11.0	10.8	10.6	10.3
21.6	13.4	13.1	12.9	12.6	12.4	12.1	11.9	11.6	11.4	11.2	11.0	10.7	10.5
21.8	13.6	13.4	13.1	12.8	12.6	12.3	12.1	11.9	11.6	11.4	11.2	10.9	10.7
22.0	13.9	13.6	13.3	13.1	12.8	12.6	12.3	12.1	11.8	11.6	11.4	11.1	10.9
22.2	14.1	13.8	13.6	13.3	13.0	12.8	12.5	12.3	12.0	11.8	11.6	11.3	11.1
22.4	14.4	14.1	13.8	13.5	13.3	13.0	12.7	12.5	12.2	12.0	11.8	11.5	11.3
22.6	14.6	14.3	14.0	13.8	13.5	13.2	13.0	12.7	12.5	12.2	12.0	11.7	11.5
22.8	14.9	14.6	14.3	14.0	13.7	13.5	13.2	12.9	12.7	12.4	12.2	11.9	11.7
23.0	15.1	14.8	14.5	14.2	14.0	13.7	13.4	13.1	12.9	12.6	12.4	12.1	11.9
23.2	15.4	15.1	14.8	14.5	14.2	13.9	13.6	13.4	13.1	12.8	12.6	12.3	12.1
23.4	15.6	15.3	15.0	14.7	14.4	14.1	13.9	13.6	13.3	13.1	12.8	12.6	12.3
23.6	15.9	15.6	15.3	15.0	14.7	14.4	14.1	13.8	13.5	13.3	13.0	12.8	12.5
23.8	16.2	15.8	15.5	15.2	14.9	14.6	14.3	14.1	13.8	13.5	13.2	13.0	12.7
24.0	16.4	16.1	15.8	15.5	15.2	14.9	14.6	14.3	14.0	13.7	13.5	13.2	12.9
24.2	16.7	16.4	16.0	15.7	15.4	15.1	14.8	14.5	14.2	13.9	13.7	13.4	13.1
24.4	17.0	16.6	16.3	16.0	15.7	15.3	15.0	14.7	14.5	14.2	13.9	13.6	13.3
24.6	17.2	16.9	16.5	16.2	15.9	15.6	15.3	15.0	14.7	14.4	14.1	13.8	13.6
24.8	17.5	17.1	16.8	16.5	16.2	15.8	15.5	15.2	14.9	14.6	14.3	14.1	13.8
25.0	17.8	17.4	17.1	16.7	16.4	16.1	15.8	15.5	15.2	14.9	14.6	14.3	14.0
25.2	18.0	17.7	17.3	17.0	16.7	16.3	16.0	15.7	15.4	15.1	14.8	14.5	14.2
25.4	18.3	18.0	17.6	17.3	16.9	16.6	16.3	15.9	15.6	15.3	15.0	14.7	14.4
25.6	18.6	18.2	17.9	17.5	17.2	16.8	16.5	16.2	15.9	15.6	15.2	14.9	14.7
25.8	18.9	18.5	18.2	17.8	17.4	17.1	16.8	16.4	16.1	15.8	15.5	15.2	14.9
26.0	19.2	18.8	18.4	18.1	17.7	17.4	17.0	16.7	16.3	16.0	15.7	15.4	15.1

续表

平均回弹值 R_m	测区混凝土强度换算值 $f^c_{cu,i}$（MPa）												
	平均碳化深度值 d_m（mm）												
	0	0.5	1.0	1.5	2.0	2.5	3.0	3.5	4.0	4.5	5.0	5.5	≥6
26.2	19.5	19.1	18.7	18.3	18.0	17.6	17.3	16.9	16.6	16.3	15.9	15.6	15.3
26.4	19.8	19.4	19.0	18.6	18.2	17.9	17.5	17.2	16.8	16.5	16.2	15.9	15.6
26.6	20.0	19.6	19.3	18.9	18.5	18.1	17.8	17.4	17.1	16.8	16.4	16.1	15.8
26.8	20.3	19.9	19.5	19.2	18.8	18.4	18.0	17.7	17.3	17.0	16.7	16.3	16.0
27.0	20.6	20.2	19.8	19.4	19.1	18.7	18.3	17.9	17.6	17.2	16.9	16.6	16.2
27.2	20.9	20.5	20.1	19.7	19.3	18.9	18.6	18.2	17.8	17.5	17.1	16.8	16.5
27.4	21.2	20.8	20.4	20.0	19.6	19.2	18.8	18.5	18.1	17.7	17.4	17.1	16.7
27.6	21.5	21.1	20.7	20.3	19.9	19.5	19.1	18.7	18.4	18.0	17.6	17.3	17.0
27.8	21.8	21.4	21.0	20.6	20.2	19.8	19.4	19.0	18.6	18.3	17.9	17.5	17.2
28.0	22.1	21.7	21.3	20.9	20.4	20.0	19.6	19.3	18.9	18.5	18.1	17.8	17.4
28.2	22.4	22.0	21.6	21.1	20.7	20.3	19.9	19.5	19.1	18.8	18.4	18.0	17.7
28.4	22.8	22.3	21.9	21.4	21.0	20.6	20.2	19.8	19.4	19.0	18.6	18.3	17.9
28.6	23.1	22.6	22.2	21.7	21.3	20.9	20.5	20.1	19.7	19.3	18.9	18.5	18.2
28.8	23.4	22.9	22.5	22.0	21.6	21.2	20.7	20.3	19.9	19.5	19.2	18.8	18.4
29.0	23.7	23.2	22.8	22.3	21.9	21.5	21.0	20.6	20.2	19.8	19.4	19.0	18.7
29.2	24.0	23.5	23.1	22.6	22.2	21.7	21.3	20.9	20.5	20.1	19.7	19.3	18.9
29.4	24.3	23.9	23.4	22.9	22.5	22.0	21.6	21.2	20.8	20.3	19.9	19.5	19.2
29.6	24.7	24.2	23.7	23.2	22.8	22.3	21.9	21.4	21.0	20.6	20.2	19.8	19.4
29.8	25.0	24.5	24.0	23.5	23.1	22.6	22.2	21.7	21.3	20.9	20.5	20.1	19.7
30.0	25.3	24.8	24.3	23.8	23.4	22.9	22.5	22.0	21.6	21.2	20.7	20.3	19.9
30.2	25.6	25.1	24.6	24.2	23.7	23.2	22.8	22.3	21.9	21.4	21.0	20.6	20.2
30.4	26.0	25.5	25.0	24.5	24.0	23.5	23.0	22.6	22.1	21.7	21.3	20.9	20.4
30.6	26.3	25.8	25.3	24.8	24.3	23.8	23.3	22.9	22.4	22.0	21.6	21.1	20.7
30.8	26.6	26.1	25.6	25.1	24.6	24.1	23.6	23.2	22.7	22.3	21.8	21.4	21.0
31.0	27.0	26.4	25.9	25.4	24.9	24.4	23.9	23.5	23.0	22.5	22.1	21.7	21.2
31.2	27.3	26.8	26.2	25.7	25.2	24.7	24.2	23.8	23.3	22.8	22.4	21.9	21.5
31.4	27.7	27.1	26.6	26.0	25.5	25.0	24.5	24.1	23.6	23.1	22.7	22.2	21.8
31.6	28.0	27.4	26.9	26.4	25.9	25.3	24.8	24.4	23.9	23.4	22.9	22.5	22.0
31.8	28.3	27.8	27.2	26.7	26.2	25.7	25.1	24.7	24.2	23.7	23.2	22.8	22.3
32.0	28.7	28.1	27.6	27.0	26.5	26.0	25.5	25.0	24.5	24.0	23.5	23.0	22.6
32.2	29.0	28.5	27.9	27.4	26.8	26.3	25.8	25.3	24.8	24.3	23.8	23.3	22.9
32.4	29.4	28.8	28.2	27.7	27.1	26.6	26.1	25.6	25.1	24.6	24.1	23.6	23.1
32.6	29.7	29.2	28.6	28.0	27.5	26.9	26.4	25.9	25.4	24.9	24.4	23.9	23.4
32.8	30.1	29.5	28.9	28.3	27.8	27.2	26.7	26.2	25.7	25.2	24.7	24.2	23.7
33.0	30.4	29.8	29.3	28.7	28.1	27.6	27.0	26.5	26.0	25.5	25.0	24.5	24.0
33.2	30.8	30.2	29.6	29.0	28.4	27.9	27.3	26.8	26.3	25.8	25.2	24.7	24.3
33.4	31.2	30.6	30.0	29.4	28.8	28.2	27.7	27.1	26.6	26.1	25.5	25.0	24.5
33.6	31.5	30.9	30.3	29.7	29.1	28.5	28.0	27.4	26.9	26.4	25.8	25.3	24.8
33.8	31.9	31.3	30.7	30.0	29.5	28.9	28.3	27.7	27.2	26.7	26.1	25.6	25.1
34.0	32.3	31.6	31.0	30.4	29.8	29.2	28.6	28.1	27.5	27.0	26.4	25.9	25.4
34.2	32.6	32.0	31.4	30.7	30.1	29.5	29.0	28.4	27.8	27.3	26.7	26.2	25.7
34.4	33.0	32.4	31.7	31.1	30.5	29.9	29.3	28.7	28.1	27.6	27.0	26.5	26.0

续表

平均回弹值 R_m	测区混凝土强度换算值 $f^c_{cu,i}$（MPa）												
	平均碳化深度值 d_m（mm）												
	0	0.5	1.0	1.5	2.0	2.5	3.0	3.5	4.0	4.5	5.0	5.5	≥6
34.6	33.4	32.7	32.1	31.4	30.8	30.2	29.6	29.0	28.5	27.9	27.4	26.8	26.3
34.8	33.8	33.1	32.4	31.8	31.2	30.6	30.0	29.4	28.8	28.2	27.7	27.1	26.6
35.0	34.1	33.5	32.8	32.2	31.5	30.9	30.3	29.7	29.1	28.5	28.0	27.4	26.9
35.2	34.5	33.8	33.2	32.5	31.9	31.2	30.6	30.0	29.4	28.8	28.3	27.7	27.2
35.4	34.9	34.2	33.5	32.9	32.2	31.6	31.0	30.4	29.8	29.2	28.6	28.0	27.5
35.6	35.3	34.6	33.9	33.2	32.6	31.9	31.3	30.7	30.1	29.5	28.9	28.3	27.8
35.8	35.7	35.0	34.3	33.6	32.9	32.3	31.6	31.0	30.4	29.8	29.2	28.6	28.1
36.0	36.0	35.3	34.6	34.0	33.3	32.6	32.0	31.4	30.7	30.1	29.5	29.0	28.4
36.2	36.4	35.7	35.0	34.3	33.6	33.0	32.3	31.7	31.1	30.5	29.9	29.3	28.7
36.4	36.8	36.1	35.4	34.7	34.0	33.3	32.7	32.0	31.4	30.8	30.2	29.6	29.0
36.6	37.2	36.5	35.8	35.1	34.4	33.7	33.0	32.4	31.7	31.1	30.5	29.9	29.3
36.8	37.6	36.9	36.2	35.4	34.7	34.1	33.4	32.7	32.1	31.4	30.8	30.2	29.6
37.0	38.0	37.3	36.5	35.8	35.1	34.4	33.7	33.1	32.4	31.8	31.2	30.5	29.9
37.2	38.4	37.7	36.9	36.2	35.5	34.8	34.1	33.4	32.8	32.1	31.5	30.9	30.2
37.4	38.8	38.1	37.3	36.6	35.8	35.1	34.4	33.8	33.1	32.4	31.8	31.2	30.6
37.6	39.2	38.4	37.7	36.9	36.2	35.5	34.8	34.1	33.4	32.8	32.1	31.5	30.9
37.8	39.6	38.8	38.1	37.3	36.6	35.9	35.2	34.5	33.8	33.1	32.5	31.8	31.2
38.0	40.0	39.2	38.5	37.7	37.0	36.2	35.5	34.8	34.1	33.5	32.8	32.2	31.5
38.2	40.4	39.6	38.9	38.1	37.3	36.6	35.9	35.2	34.5	33.8	33.1	32.5	31.8
38.4	40.9	40.1	39.3	38.5	37.7	37.0	36.3	35.5	34.8	34.2	33.5	32.8	32.2
38.6	41.3	40.5	39.7	38.9	38.1	37.4	36.6	35.9	35.2	34.5	33.8	33.2	32.5
38.8	41.7	40.9	40.1	39.3	38.5	37.7	37.0	36.3	35.5	34.8	34.2	33.5	32.8
39.0	42.1	41.3	40.5	39.7	38.9	38.1	37.4	36.6	35.9	35.2	34.5	33.8	33.2
39.2	42.5	41.7	40.9	40.1	39.3	38.5	37.7	37.0	36.3	35.5	34.8	34.2	33.5
39.4	42.9	42.1	41.3	40.5	39.7	38.9	38.1	37.4	36.6	35.9	35.2	34.5	33.8
39.6	43.4	42.5	41.7	40.9	40.0	39.3	38.5	37.7	37.0	36.3	35.5	34.8	34.2
39.8	43.8	42.9	42.1	41.3	40.4	39.6	38.9	38.1	37.3	36.6	35.9	35.2	34.5
40.0	44.2	43.4	42.5	41.7	40.8	40.0	39.2	38.5	37.7	37.0	36.2	35.5	34.8
40.2	44.7	43.8	42.9	42.1	41.2	40.4	39.6	38.8	38.1	37.3	36.6	35.9	35.2
40.4	45.1	44.2	43.3	42.5	41.6	40.8	40.0	39.2	38.4	37.7	36.9	36.2	35.5
40.6	45.5	44.6	43.7	42.9	42.0	41.2	40.4	39.6	38.8	38.1	37.3	36.6	35.8
40.8	46.0	45.1	44.2	43.3	42.4	41.6	40.8	40.0	39.2	38.4	37.7	36.9	36.2
41.0	46.4	45.5	44.6	43.7	42.8	42.0	41.2	40.4	39.6	38.8	38.0	37.3	36.5
41.2	46.8	45.9	45.0	44.1	43.2	42.4	41.6	40.7	39.9	39.1	38.4	37.6	36.9
41.4	47.3	46.3	45.4	44.5	43.7	42.8	42.0	41.1	40.3	39.5	38.7	38.0	37.2
41.6	47.7	46.8	45.9	45.0	44.1	43.2	42.3	41.5	40.7	39.9	39.1	38.3	37.6
41.8	48.2	47.2	46.3	45.4	44.5	43.6	42.7	41.9	41.1	40.3	39.5	38.7	37.9
42.0	48.6	47.7	46.7	45.8	44.9	44.0	43.1	42.3	41.5	40.6	39.8	39.1	38.3
42.2	49.1	48.1	47.1	46.2	45.3	44.4	43.5	42.7	41.8	41.0	40.2	39.4	38.6
42.4	49.5	48.5	47.6	46.6	45.7	44.8	43.9	43.1	42.2	41.4	40.6	39.8	39.0
42.6	50.0	49.0	48.0	47.1	46.1	45.2	44.3	43.5	42.6	41.8	40.9	40.1	39.3
42.8	50.4	49.4	48.5	47.5	46.6	45.6	44.7	43.9	43.0	42.2	41.3	40.5	39.7

续表

平均回弹值 R_m	测区混凝土强度换算值 $f_{cu,i}^c$（MPa）												
	平均碳化深度值 d_m（mm）												
	0	0.5	1.0	1.5	2.0	2.5	3.0	3.5	4.0	4.5	5.0	5.5	≥6
43.0	50.9	49.9	48.9	47.9	47.0	46.1	45.2	44.3	43.4	42.5	41.7	40.9	40.1
43.2	51.3	50.3	49.3	48.4	47.4	46.5	45.6	44.7	43.8	42.9	42.1	41.2	40.4
43.4	51.8	50.8	49.8	48.8	47.8	46.9	46.0	45.1	44.2	43.3	42.5	41.6	40.8
43.6	52.3	51.2	50.2	49.2	48.3	47.3	46.4	45.5	44.6	43.7	42.8	42.0	41.2
43.8	52.7	51.7	50.7	49.7	48.7	47.7	46.8	45.9	45.0	44.1	43.2	42.4	41.5
44.0	53.2	52.2	51.1	50.1	49.1	48.2	47.2	46.3	45.4	44.5	43.6	42.7	41.9
44.2	53.7	52.6	51.6	50.6	49.6	48.6	47.6	46.7	45.8	44.9	44.0	43.1	42.3
44.4	54.1	53.1	52.0	51.0	50.0	49.0	48.0	47.1	46.2	45.3	44.4	43.5	42.6
44.6	54.6	53.5	52.5	51.5	50.4	49.4	48.5	47.5	46.6	45.7	44.8	43.9	43.0
44.8	55.1	54.0	52.9	51.9	50.9	49.9	48.9	47.9	47.0	46.1	45.1	44.3	43.4
45.0	55.6	54.5	53.4	52.4	51.3	50.3	49.3	48.3	47.4	46.5	45.5	44.6	43.8
45.2	56.1	55.0	53.9	52.8	51.8	50.7	49.7	48.8	47.8	46.9	45.9	45.0	44.1
45.4	56.5	55.4	54.3	53.3	52.2	51.2	50.2	49.2	48.2	47.3	46.3	45.4	44.5
45.6	57.0	55.9	54.8	53.7	52.7	51.6	50.6	49.6	48.6	47.7	46.7	45.8	44.9
45.8	57.5	56.4	55.3	54.2	53.1	52.1	51.0	50.0	49.0	48.1	47.1	46.2	45.3
46.0	58.0	56.9	55.7	54.6	53.6	52.5	51.5	50.5	49.5	48.5	47.5	46.6	45.7
46.2	58.5	57.3	56.2	55.1	54.0	52.9	51.9	50.9	49.9	48.9	47.9	47.0	46.1
46.4	59.0	57.8	56.7	55.6	54.5	53.4	52.3	51.3	50.3	49.3	48.3	47.4	46.4
46.6	59.5	58.3	57.2	56.0	54.9	53.8	52.8	51.7	50.7	49.7	48.7	47.8	46.8
46.8	60.0	58.8	57.6	56.5	55.4	54.3	53.2	52.2	51.1	50.1	49.1	48.2	47.2
47.0	60.0	59.3	58.1	57.0	55.8	54.7	53.7	52.6	51.6	50.5	49.5	48.6	47.6
47.2	60.0	59.8	58.6	57.4	56.3	55.2	54.1	53.0	52.0	51.0	50.0	49.0	48.0
47.4	60.0	60.0	59.1	57.9	56.8	55.6	54.5	53.5	52.4	51.4	50.4	49.4	48.4
47.6	60.0	60.0	59.6	58.4	57.2	56.1	55.0	53.9	52.8	51.8	50.8	49.8	48.8
47.8	60.0	60.0	60.0	58.9	57.7	56.6	55.4	54.4	53.3	52.2	51.2	50.2	49.2
48.0	60.0	60.0	60.0	59.3	58.2	57.0	55.9	54.8	53.7	52.7	51.6	50.6	49.6
48.2	60.0	60.0	60.0	59.8	58.6	57.5	56.3	55.2	54.1	53.1	52.0	51.0	50.0
48.4	60.0	60.0	60.0	60.0	59.1	57.9	56.8	55.7	54.6	53.5	52.5	51.4	50.4
48.6	60.0	60.0	60.0	60.0	59.6	58.4	57.3	56.1	55.0	53.9	52.9	51.8	50.8
48.8	60.0	60.0	60.0	60.0	60.0	58.9	57.7	56.6	55.5	54.4	53.3	52.2	51.2
49.0	60.0	60.0	60.0	60.0	60.0	59.3	58.2	57.0	55.9	54.8	53.7	52.7	51.6
49.2	60.0	60.0	60.0	60.0	60.0	59.8	58.6	57.5	56.3	55.2	54.1	53.1	52.0
49.4	60.0	60.0	60.0	60.0	60.0	60.0	59.1	57.9	56.8	55.7	54.6	53.5	52.4
49.6	60.0	60.0	60.0	60.0	60.0	60.0	59.6	58.4	57.2	56.1	55.0	53.9	52.9
49.8	60.0	60.0	60.0	60.0	60.0	60.0	60.0	58.8	57.7	56.6	55.4	54.3	53.3
50.0	60.0	60.0	60.0	60.0	60.0	60.0	60.0	59.3	58.1	57.0	55.9	54.8	53.7
50.2	60.0	60.0	60.0	60.0	60.0	60.0	60.0	59.8	58.6	57.4	56.3	55.2	54.1
50.4	60.0	60.0	60.0	60.0	60.0	60.0	60.0	60.0	59.0	57.9	56.7	55.6	54.5
50.6	60.0	60.0	60.0	60.0	60.0	60.0	60.0	60.0	59.5	58.3	57.2	56.0	54.9
50.8	60.0	60.0	60.0	60.0	60.0	60.0	60.0	60.0	60.0	58.8	57.6	56.5	55.4
51.0	60.0	60.0	60.0	60.0	60.0	60.0	60.0	60.0	60.0	59.2	58.1	56.9	55.8
51.2	60.0	60.0	60.0	60.0	60.0	60.0	60.0	60.0	60.0	59.7	58.5	57.3	56.2

平均回弹值 R_m	测区混凝土强度换算值 $f_{cu,i}^c$（MPa）												
	平均碳化深度值 d_m（mm）												
	0	0.5	1.0	1.5	2.0	2.5	3.0	3.5	4.0	4.5	5.0	5.5	≥6
51.4	60.0	60.0	60.0	60.0	60.0	60.0	60.0	60.0	60.0	60.0	58.9	57.8	56.6
51.6	60.0	60.0	60.0	60.0	60.0	60.0	60.0	60.0	60.0	60.0	59.4	58.2	57.1
51.8	60.0	60.0	60.0	60.0	60.0	60.0	60.0	60.0	60.0	60.0	59.8	58.7	57.5
52.0	60.0	60.0	60.0	60.0	60.0	60.0	60.0	60.0	60.0	60.0	60.0	59.1	57.9
52.2	60.0	60.0	60.0	60.0	60.0	60.0	60.0	60.0	60.0	60.0	60.0	59.5	58.4
52.4	60.0	60.0	60.0	60.0	60.0	60.0	60.0	60.0	60.0	60.0	60.0	60.0	58.8
52.6	60.0	60.0	60.0	60.0	60.0	60.0	60.0	60.0	60.0	60.0	60.0	60.0	59.2
52.8	60.0	60.0	60.0	60.0	60.0	60.0	60.0	60.0	60.0	60.0	60.0	60.0	59.7

注：表中未注明的测区混凝土强度换算值为小于 10MPa。

附录 C

非水平方向检测时的回弹值修正值

$R_m\alpha$	检测角度							
	向 上				向 下			
	90	60	45	30	−30	−45	−60	−90
20	−6.0	−5.0	−4.0	−3.0	+2.5	+3.0	+3.5	+4.0
21	−5.9	−4.9	−4.0	−3.0	+2.5	+3.0	+3.5	+4.0
22	−5.8	−4.8	−3.9	−2.9	+2.4	+2.9	+3.4	+3.9
23	−5.7	−4.7	−3.9	−2.9	+2.4	+2.9	+3.4	+3.9
24	−5.6	−4.6	−3.8	−2.8	+2.3	+2.8	+3.3	+3.8
25	−5.5	−4.5	−3.8	−2.8	+2.3	+2.8	+3.3	+3.8
26	−5.4	−4.4	−3.7	−2.7	+2.2	+2.7	+3.2	+3.7
27	−5.3	−4.3	−3.7	−2.7	+2.2	+2.7	+3.2	+3.7
28	−5.2	−4.2	−3.6	−2.6	+2.1	+2.6	+3.1	+3.6
29	−5.1	−4.1	−3.6	−2.6	+2.1	+2.6	+3.1	+3.6
30	−5.0	−4.0	−3.5	−2.5	+2.0	+2.5	+3.0	+3.5
31	−4.9	−4.0	−3.5	−2.5	+2.0	+2.5	+3.0	+3.5
32	−4.8	−3.9	−3.4	−2.4	+1.9	+2.4	+2.9	+3.4
33	−4.7	−3.9	−3.4	−2.4	+1.9	+2.4	+2.9	+3.4
34	−4.6	−3.8	−3.3	−2.3	+1.8	+2.3	+2.8	+3.3
35	−4.5	−3.8	−3.3	−2.3	+1.8	+2.3	+2.8	+3.3
36	−4.4	−3.7	−3.2	−2.2	+1.7	+2.2	+2.7	+3.2
37	−4.3	−3.7	−3.2	−2.2	+1.7	+2.2	+2.7	+3.2
38	−4.2	−3.6	−3.1	−2.1	+1.6	+2.1	+2.6	+3.1
39	−4.1	−3.6	−3.1	−2.1	+1.6	+2.1	+2.6	+3.1
40	−4.0	−3.5	−3.0	−2.0	+1.5	+2.0	+2.5	+3.0
41	−4.0	−3.5	−3.0	−2.0	+1.5	+2.0	+2.5	+3.0
42	−3.9	−3.4	−2.9	−1.9	+1.4	+1.9	+2.4	+2.9
43	−3.9	−3.4	−2.9	−1.9	+1.4	+1.9	+2.4	+2.9
44	−3.8	−3.3	−2.8	−1.8	+1.3	+1.8	+2.3	+2.8
45	−3.8	−3.3	−2.8	−1.8	+1.3	+1.8	+2.3	+2.8
46	−3.7	−3.2	−2.7	−1.7	+1.2	+1.7	+2.2	+2.7
47	−3.7	−3.2	−2.7	−1.7	+1.2	+1.7	+2.2	+2.7

$R_m\alpha$	检测角度							
	向 上				向 下			
	90	60	45	30	−30	−45	−60	−90
48	−3.6	−3.1	−2.6	−1.6	+1.1	+1.6	+2.1	+2.6
49	−3.6	−3.1	−2.6	−1.6	+1.1	+1.6	+2.1	+2.6
50	−3.5	−3.0	−2.5	−1.5	+1.0	+1.5	+2.0	+2.5

注：1. R_m^t 或 R_m^b 小于 20 或大于 50 时，分别按 20 或 50 查表。

2. 表中未列入相应于 R_m^t 或 R_m^b 的 R_a^t 或 R_a^b，可用内插法求得，精确至 0.1。

附录 D

不同浇筑面的回弹值修正值

R_m^t 或 R_m^b	表面修正值 R_a^t	底面修正值 R_a^b	R_m^t 或 R_m^b	表面修正值 R_a^t	底面修正值 R_a^b
20	+ 2.5	− 3.0	36	+ 0.9	− 1.4
21	+ 2.4	− 2.9	37	+ 0.9	− 1.3
22	+ 2.3	− 2.8	38	+ 0.7	− 1.2
23	+ 2.2	− 2.7	39	+ 0.6	− 1.1
24	+ 2.1	− 2.6	40	+ 0.5	− 1.0
25	+ 2.0	− 2.5	41	+ 0.4	− 0.9
26	+ 1.9	− 2.4	42	+ 0.3	− 0.8
27	+ 1.8	− 2.3	43	+ 0.2	− 0.7
28	+ 1.7	− 2.2	44	+ 0.1	− 0.6
29	+ 1.6	− 2.1	45	0	0.5
30	+ 1.5	− 2.0	46	0	0.4
31	+ 1.4	− 1.9	47	0	0.3
32	+ 1.3	− 1.8	48	0	0.2
33	+ 1.2	− 1.7	49	0	0.1
34	+ 1.1	− 1.6	50	0	0
35	+ 1.0	− 1.5			

注：1. R_m^t 或 R_m^b 小于或大于 50 时，分别按 20 或 50 查表。

2. 表中有关混凝土浇筑表面的修正系数，是指一般原浆抹面的修正值。

3. 表中有关混凝土浇筑底面的修正系数，是指构件底面与侧面采用同一类模板在正常浇筑情况下的修正值。

4. 表中未列入相应于 R_m^t 或 R_m^b 的 R_a^t 或 R_a^b，可用内插法求得，精确至 0.1。

附录 E

推定区间系数表

在置信度 0.85 条件下，试件数与上限值系数、下限值系数的关系。

试件数 n	k_1（0.10）	k_2（0.05）	试件数 n	k_1（0.10）	k_2（0.05）
15	1.222	2.566	37	1.360	2.149
16	1.234	2.524	38	1.363	2.141
17	1.244	2.486	39	1.366	2.133
18	1.254	2.453	40	1.369	2.125
19	1.263	2.423	41	1.372	2.118
20	1.271	2.396	42	1.375	2.111
21	1.279	2.371	43	1.378	2.105
22	1.286	2.349	44	1.381	2.098
23	1.293	2.328	45	1.383	2.092
24	1.300	2.309	46	1.386	2.086
25	1.306	2.292	47	1.389	2.081
26	1.311	2.275	48	1.391	2.075
27	1.317	2.260	49	1.393	2.070
28	1.322	2.246	50	1.396	2.065
29	1.327	2.232	60	1.415	2.022
30	1.332	2.220	70	1.431	1.990
31	1.336	2.208	80	1.444	1.964
32	1.341	2.197	90	1.454	1.944
33	1.345	2.186	100	1.463	1.927
34	1.349	2.176	110	1.471	1.912
35	1.352	2.167	120	1.478	1.899
36	1.356	2.158	—	—	—

[1] 薛用芳, 王世珍等. JC/T 479—2013, 建筑生石灰[S].北京：中国建材工业出版社, 2013.

[2] 郑建国, 汪卓敏, 袁运法等. GB／T9776—2008, 建筑石膏[S]. 北京：中国标准出版社, 2008.

[3] 颜碧兰, 江丽珍等. GB 175—2007, 通用硅酸盐水泥[S].北京：中国标准出版社, 2009.

[4] 甘向晨, 金福锦, 赵婷婷等. GB12573—2008, 水泥取样方法[S]. 北京：中国标准出版社, 2008.

[5] 江丽珍, 刘晨等. GB/T 1346—2011, 水泥标准稠度用水量、凝结时间、安定性检验方法[S]. 北京：中国标准出版社, 2011.

[6] 陈家珑, 杨斌等. GB/T14684—2011, 建筑用砂[S]. 北京：中国标准出版社, 2011.

[7] 陈家珑, 周文娟等. GB/T14685—2011, 建设用卵石、碎石[S]. 北京：中国标准出版社, 2011.

[8] 徐有邻, 程志军等. GB50204—2011 混凝土结构工程施工质量验收规范 [S]. 北京：中国建筑工业出版社, 2011.

[9] 赵基达, 徐有邻等. GB50010—2010, 混凝土结构设计规范[S].北京：中国建筑工业出版社, 2011.

[10] 冷发光, 丁威等. GB 50164—2011, 混凝土质量控制标准[S].北京：中国建筑工业出版社, 2011.

[11] 张仁瑜, 韩素芳等. GB/T 50107—2010, 混凝土强度检验评定标准[S].北京：中国建筑工业出版社, 2010.

[12] 冷发光, 戎君明, 丁威等. GB/T 50082—2009, 普通混凝土长期性能和耐久性能试验方法标准[S].北京：中国建筑工业出版社, 2009.

[13] 李荣, 孙占利, 张秀芳等. JGJ/98—2010, 砌筑砂浆配合比设计规程[S].北京：中国建筑工业出版社, 2010.

[14] 李荣, 赵立群, 王文奎等. JGJ/T 70—2009, 建筑砂浆基本性能试验方法标准[S]. 北京：中国建筑工业出版社, 2009.

[15] 张昌叙, 高宗祺, 吴体等. GB 50203—2011, 砌体结构工程施工质量验收规范[S]. 北京：中国建筑工业出版社, 2011.

[16] 王宝财, 蔡小兵等. GB13544—2011, 烧结多孔砖和多孔砌块[S]. 北京：中国标准出版社, 2011.

[17] 李晓明, 王晓锋, 徐有邻等. GB/T 14040—2007, 预应力混凝土空心板[S].北京：中国标准出版社, 2008.

[18] 刘徐源, 朴志民, 王晓虎等. GB/T1591—2008, 低合金高强度结构钢[S]. 北京：中国标准出版社, 2009.

[19] 朱建国, 冯超, 李志敏等. GB1499.1—2008, 钢筋混凝土用钢第 1 部分：热轧光圆钢筋[S].北京：中国标准出版社, 2008.

[20] 何成杰, 王丽敏, 张炳成等. GB1499.2—2007, 钢筋混凝土用钢第 2 部分：热轧带肋钢筋[S].北京：中国标准出版社, 2007.

[21] 王萍，刘卫平，董莉等. GB/T 232—2010，金属材料弯曲试验方法[S].北京：中国标准出版社，2010.

[22] 方拓野，宋强，刘玉兰等. GB/T 701—2008，低碳钢热轧圆盘条[S].北京：中国标准出版社，2008.

[23] JTG E20—2011，公路工程沥青及沥青混合料试验规程[S]. 北京：人民交通出版社，2011.

[24] 张小英. GB/T494—2010，建筑石油沥青[S]. 北京：中国标准出版社，2011.

[25] 张小英，高琦琳. GB/T 4509—2010，石油沥青针入度测定法[S]. 北京：中国标准出版社，2011.

[26] 王翠红，张玉贞. GB/T 4508—2010，沥青延度测定法[S]. 北京：中国标准出版社，2011.

[27] 张小英，王翠红，黄鹤等. GB/T 4507—2014，沥青软化点测定法 环球法[S]. 北京：中国标准出版社，2014.

[28] 杨斌，朱志远等. JC/T 690—2008，沥青复合胎柔性防水卷材[S]. 北京：中国标准出版社，2008.

[29] 王玉兰，刘志付等. GB11614—2009，平板玻璃[S]. 北京：中国标准出版社，2009.

[30] 王玉和，徐翠华等. GB6566—2010，室内装饰装修材料建筑材料放射性核素限量[S]. 北京：中国标准出版社，2010

[31] 周俊兴，张世红等. GB/T18601—2009，天然花岗石建筑板材[S]. 北京：中国标准出版社，2009.

[32] 马林，张晓等. JGJ/T 23—2011，回弹法检测混凝土抗压强度技术规程[S]. 北京：中国建筑工业出版社，2011.

[33] 林文修，孔旭文等. CECS 03：2007，钻芯法检测混凝土强度技术规程[S]. 北京：中国建筑工业出版社，2007.

[34] 闫宏生. 建筑材料检测与应用[M]. 北京：机械工业出版社，2012.

[35] 卢经杨等. 建筑材料与检测[M]. 北京：中国建筑工业出版社，2010.

[36] 白燕等. 建筑材料检测[M]. 北京：机械工业出版社，2013.

[37] 蔡丽朋. 建筑材料[M]. 北京：化学工业出版社，2010.